1,000+
SUDOKU

MEDIUM PUZZLES

Collin   Deloach

Contents

Your mission

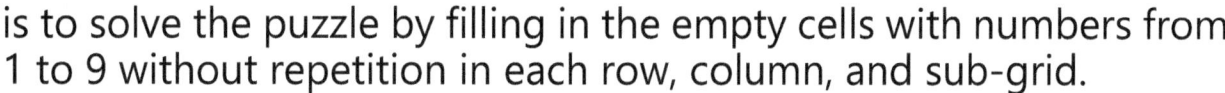

is to solve the puzzle by filling in the empty cells with numbers from 1 to 9 without repetition in each row, column, and sub-grid.

The goal is to use logic and deduction to find the missing numbers and complete the puzzle.

Without repetition in each sub-grid

						3		2
				8		4	9	1
	1				3			
2			7	4	1	9		6
6			8	9	2			7
9		1	6	3	5			4
			4				8	
8	4	6		7				
7		9						

Without repetition in each column

						3		2
					8	4	9	1
		1			3	5		
2						9		6
6			8		2	1		7
9		1				8		4
			4			7	8	
8	4	6		7		2		
7		9				6		

Without repetition in each row

						3		2
				8		4	9	1
	1				3			
2						9		6
6			8		2			7
9		1						4
1	2	3	4	5	6	7	8	9
8	4	6		7				
7		9						

Enjoy!

MEDIUM

Puzzles

Medium # 1

```
6 . . | . . . | 1 . .
. 4 . | 2 . . | . . .
. . . | 5 7 8 | 6 . .
------+-------+------
. . . | . 1 6 | . . .
7 . . | 6 . 8 | . . 3
. . 4 | 7 . . | . . .
------+-------+------
. 2 9 | 1 3 . | . . .
. . . | . 9 . | 5 . .
. . 7 | . . . | . . 4
```

Medium # 2

```
. . . | . 9 . | . . 2
8 . . | 3 4 . | 6 . .
. . . | . 2 . | . . 1
------+-------+------
. 8 . | . . 9 | . 1 .
5 . 6 | . . . | 8 . 9
. 3 . | 6 . . | 7 . .
------+-------+------
9 . . | . 6 . | . . .
. . 3 | . 2 5 | . . 7
2 . . | . 3 . | . . .
```

Medium # 3

```
. . . | 3 . . | . 5 .
4 . . | 1 . . | . . .
. . 1 | 7 2 8 | . . .
------+-------+------
. . . | 9 . . | 3 2 .
. 7 . | 8 . 3 | . 1 .
3 6 . | 2 . . | . . .
------+-------+------
. . 4 | 2 6 . | 5 . .
. . . | . . 7 | . . 9
. 5 . | . 8 . | . . .
```

Medium # 4

```
9 . . | . . 8 | . . 6
. . 5 | . 7 6 | . 3 .
. . . | 1 . . | . 5 .
------+-------+------
. . . | . . 7 | . 2 .
1 8 . | . . . | . 4 5
. 6 . | 8 . . | . . .
------+-------+------
. 3 . | . . 1 | . . .
. 4 . | 2 6 . | 5 . .
7 . . | 3 . . | . . 4
```

Medium # 5

```
. . . | 2 . . | . . .
. 9 . | . . 5 | . 6 3
. . 8 | . . . | . 7 9
------+-------+------
. . . | 9 8 . | . . 6
. . 9 | 6 . 2 | 1 . .
6 . . | 1 3 . | . . .
------+-------+------
4 8 . | . . 6 | . . .
3 6 . | 4 . . | 2 . .
. . . | . 7 . | . . .
```

Medium # 6

```
9 5 . | . . 3 | . . .
. 7 2 | . . . | 6 . .
4 . . | . . 5 | . 7 .
------+-------+------
. . . | 3 . . | . 1 .
3 . 6 | . . . | 7 . 8
. 4 . | . . 9 | . . .
------+-------+------
. 3 . | 1 . . | . . 7
. 9 . | . . . | 1 5 .
. . 6 | . . . | . 4 3
```

Medium # 7

	4		1				9	
	2			9				
9			5					7
	7		3	8	1			2
2		5	9	7			6	
7					1			4
			2			8		
	5				7		1	

Medium # 8

2					3			
5		9		6			7	
		3				4	8	
	5		2		6			9
6			9		4		2	
	2	4				7		
	8			5		1		2
			1					6

Medium # 9

1			5					
5	7	4				3		
		8	9	4		6		
	9			7				
			1		8			
			3			6		
		2		8	5	7		
		6				5	4	9
				4				8

Medium # 10

						5		
8		2					6	
4			1	5		7		
	1				4			
			9		6			
			3				7	
		1		6	8			3
	7					2		4
		5						

Medium # 11

		8			2	6		
				4			3	
4					9			
2		1	4				5	
	7	6				3	1	
	9				1	7		8
			7					3
	4			8				
		7	6			1		

Medium # 12

1	2			8				
			5	9		1		
8					4	6		
6		1	2				3	
	5				8	2		6
		8	9					2
		9		3	1			
			5				4	3

Medium # 13

```
. . 6 | . . . | 7 . .
4 . . | . . 1 | . . 3
. . 3 | 5 8 . | . . 9
------+-------+------
. . . | 2 4 . | . . 5
. . 2 | . . . | 3 . .
9 . . | . 1 5 | . . .
------+-------+------
8 . . | . 9 2 | 1 . .
7 . . | 1 . . | . . 2
. 6 . | . . . | 7 . .
```

Medium # 14

```
. . . | . 3 9 | . . 7
9 . . | . . . | . . 1
. 3 1 | 5 2 . | . . 4
------+-------+------
6 . . | 9 . . | . . .
. 7 . | . . . | . 2 .
. . . | . . 7 | . . 5
------+-------+------
8 . . | . 7 4 | 1 6 .
1 . . | . . . | . . 3
4 . . | 3 8 . | . . .
```

Medium # 15

```
. . . | 4 5 . | 9 . 1
. 5 . | . . . | . 2 .
. . . | 7 1 . | . . 8
------+-------+------
. . 2 | . . . | 6 4 .
. . . | 2 . 5 | . . .
4 1 . | . . . | 2 . .
------+-------+------
9 . . | 1 2 . | . . .
. 6 . | . . . | . 7 .
1 . 7 | . 8 6 | . . .
```

Medium # 16

```
. 6 7 | . 9 . | 1 . .
. . . | . . . | . . .
. . . | 2 . 4 | 9 5 .
------+-------+------
. . . | 6 2 5 | . . 7
. 4 . | . . . | 3 . .
1 . 6 | 3 4 . | . . .
------+-------+------
2 1 8 | . 7 . | . . .
. . . | . . . | . . .
. . 5 | . 1 . | 7 8 .
```

Medium # 17

```
. . . | . . 1 | . . 3
. 4 8 | . . 3 | . . .
3 . . | 4 6 . | 7 . .
------+-------+------
9 . . | . . . | . 1 .
. 1 5 | . . . | 2 4 .
. 2 . | . . . | . . 7
------+-------+------
. 7 . | 8 9 . | . . 2
. . . | 6 . . | 8 5 .
5 . . | 1 . . | . . .
```

Medium # 18

```
. 8 . | . 4 5 | 6 . .
. 5 4 | 7 . . | . . .
. . . | . . . | 3 . .
------+-------+------
3 . . | . 9 7 | . . .
. . 2 | 8 . . | 4 1 .
. . . | 2 5 . | . . 9
------+-------+------
. 3 . | . . . | . . .
. . . | . . . | 9 2 1
. . 7 | 4 2 . | . 8 .
```

Medium # 19

			7					
				8	3		4	
3		4		2			5	
5		1				2		
8			4		9			3
		6				5		7
	8			9			4	2
7		9	1					
					4			

Medium # 20

					6		9	
2						8		6
	6		8	5			1	
		7				3	6	
		3		2				
	2	9				1		
	3			8	4		2	
7		2						9
	5		6					

Medium # 21

			7	6				1
	4	8			9	5		
		9		5				6
	5	4						
2								8
						7	3	
3				7		9		
		2	9			8	1	
9				8	2			

Medium # 22

							8	6
3	6							2
					7	4	9	
	2			6	4		5	
		5			7			
	8		7	1			3	
	7	6	9					
2							1	5
4	9							

Medium # 23

							5	
		3		9		6		
		7	5					3
	6	2			9			8
		8		4		9		
9			3			7	4	
2					6	1		
		4		1		8		
	3							

Medium # 24

	1			4		5		
		9	6					
						3	8	4
		7			8		2	
1				4		9		5
	6			5			9	
9	7	1						
					4	2		
		4		3			7	

Medium # 25

					4	3	1	
						5	8	
	8	4						
		1	6	4			7	9
			9		2			
9	6			5	7	4		
						1	9	
	7	8						
	9	3	5					

Medium # 26

		2		4	5		8	
	7		8			6		3
	4		1					
		4					6	
9								7
	5					2		
					1		5	
4		7			6		2	
	3		4	7		9		

Medium # 27

	8	2		3		4		
		1	4	2			7	3
		4	6		2		1	
	5		8		1	9		
5	1			9	3	2		
		7		8		6	3	

Medium # 28

	6					5	2	
		7		1	9			
			4					8
2				5		4		
1	7						6	2
		6		3				1
3				1				
			5	2		1		
	1	2					4	

Medium # 29

		6		3			8	
9	8			5				
2			9		4			
		8		2				6
6								9
1			6		5			
		4	1					3
			2			4	5	
	3		6		2			

Medium # 30

4	1	7	5					
		8		9				
		9			3		8	
3	4	2						
			2		8			
						5	2	3
	2		1			7		
			7			4		
				4		2	1	6

Medium # 31

2			6					3
		8		7				
	6	1	5					8
		4					7	2
		7			6			
5	8					9		
3				4	1	6		
			7		5			
9				5				7

Medium # 32

		3						
	6	5			9		3	
		8	3			6		4
			1					6
5			4		3			7
1			9					
6		1			8	4		
	3		1			2	9	
						5		

Medium # 33

	8		2		6			
9				1				
	3					7	5	1
	2	3		9				
	5					4		
			3			6	2	
5	9	1				3		
			9					8
			5		2		7	

Medium # 34

		3						7
	4			5		9		
	5	2		3	4			
						9		1
	1		5			3		
8		2						
	4	3		7	8			
	8		9				7	
7						2		

Medium # 35

	1	5	4			2		
				1	3			
				9				6
	5			9		7	8	
7								3
	2	1		7			9	
6			2					
		4	9					
	8				4	5	6	

Medium # 36

		2			3			
6	5			8				7
		1		5			6	
1			7	9			5	
	7			3	5			8
	4			7		8		
8				6			9	4
			9			1		

Medium # 37

			4			9	5	
			2			6	7	
4		3						2
		8	1			2	9	
	5	9				3	8	
8						3		6
	3	2			6			
	9	4			2			

Medium # 38

	7				5			2
			4					5
	1	5	9			3		
4						6		
			7		1			
		2						1
		6				2	5	7
9						4		
3			8				1	

Medium # 39

			6	4	5	3		
5				3		8	4	
								9
	9	7			6			
		8				4		
			4			1	6	
8								
	1	6		8				5
		5	3	1	9			

Medium # 40

					7	4	1	9
				9				
5				1		6		
6		3				1	4	
4								5
	8	7				9		3
	6		9					4
			5					
7	4	2	8					

Medium # 41

	6		8			2		
7			3				4	
				4		6		1
			4			5	7	
				3				
	9	5				6		
6			9			1		
	2					3		5
		4				8		6

Medium # 42

6		1	2					
2				3	5			
							7	
		9			8	1	2	
7			3		6			5
	1	8	4			6		
	7							
			5	8				3
					1	4		6

Medium # 43

3			6				1	7
		6			9			8
5					1			
		2		9			5	
		5				6		
	4			2		9		
			7					9
9			4			3		
4	6				3			2

Medium # 44

							6	
6			5	8				
	2	8					1	
4	9			7	8			
		6		1		2		
			4	3			9	6
	3					4	7	
			5	1				8
	6							

Medium # 45

	2		4		5			7
	8	4						
3					6			1
		6		1				
		9	5		7	8		
			6		9			
9			1					3
					2	5		
5			3		2		7	

Medium # 46

	4	1	2			7		
						8		
6			5				2	3
			9	8				
3		7				6		4
			7	6				
4	2				3			5
		6						
		5			2	9	8	

Medium # 47

	7							
3	5		7		6	9		
6	9					4		
			3	4			1	
	3						9	
	8			6	2			
		5					8	9
		2	1		9		6	3
								5

Medium # 48

				8	6		3	
				1			7	
4			2			1		
	9	7	5					
		1				4		
				8	2	6		
		8			7			3
	4				2			
	6			4	9			

Medium # 49

3			2		4	5		
	6						7	3
7	5	1		3				
			6					
	7						1	
				8				
			1			2	9	5
5	3						8	
		4	8		5			7

Medium # 50

5	2							4
	4	3		6		5		1
	5		7			9		
	8		2		9		6	
		1			5		3	
4		6		7		1	2	
1							4	9

Medium # 51

4			1				3	
		8	9					
3	7							8
	3		8			2		5
		7				4		
1		4		6		8		
2						5	6	
				4	9			
	8			9				2

Medium # 52

			2	7			6	
	5							
1				9	4			
	3	2		9			8	
		9				3		
	4			8		7	2	
		6	8					4
						7		
	9			3	5			

Medium # 53

						6		3
	2			4				8
6			7		2			
	5	6	1	7		2		
		9		6	8	1	5	
			5		9			7
9				3			6	
1		7						

Medium # 54

6	5				4			
		7	8				1	
					7	6		3
		5						6
	1		7		6		4	
9					5			
1		9	4					
	8			3	1			
			2				7	4

Medium # 55

			5		8		3	
		9	2					
		8		3		7		
			1			3		6
1	8						7	2
7		6			4			
		3		6		5		
						1	2	
	6		3		2			

Medium # 56

			1			6		
5						8		3
			5	7	2			
		8				9		7
4	1						6	5
6		5				4		
		7	3	2				
9		2						8
		6			5			

Medium # 57

5			9			6		
3					2			
	8			3			9	
7				6	5		8	
	1						4	
	2		8	4				7
	9			1			2	
			5					1
		8			6			9

Medium # 58

		8		5	2			7
	6	4	7					9
							2	
		9			3			
3			5		4			6
			1			9		
	2							
7				6		1	4	
9			8	3		2		

Medium # 59

			7		2		9	5
					1			4
		6		8				
6		2						
	1	9	2		4	6	7	
					4			9
				2		7		
1		3						
9	6		1		8			

Medium # 60

					6	5	1	4
1					9			
5					1	8		
					2	7		
	4			5			9	
		3	6					
		1	7					2
			4					6
8	9	7	2					

Medium # 61

		6						5
			8			4		
	8			2	7			
	9				2			6
2		3	9		6	4		8
4			1			7		
			2	4			5	
	3					9		
1					9			

Medium # 62

			6			3		
2			7			4		
6				9	3			1
	7		1					
4		2				5		6
			3			7		
3			4	6				5
	5			7				4
	1			5				

Medium # 63

6			7				1	5
			8					2
		4	5		7			
		5			9			7
3								8
2		6			1			
		7	4		8			
9			6					
4	3			2				1

Medium # 64

6						2		
	5	9						4
		7	3					
1			7	6			5	
4				1				6
	7		4	3				1
					5	7		
3					9	6		
	8							5

Medium # 65

			2					4
		3				1		
	4	6		8				5
	2			5	3		9	1
7	9		6	4			8	
4				6			5	3
	1					7		
5					9			

Medium # 66

8				2	5			
			3			7	2	
7		5	6					3
	5							8
		2				4		
6						5		
1					9	3		6
	4	9		1				
			8	7				1

Medium # 67

	3		1		8			
				3	2			
1		7						
9	8			1		5		
3								1
		6		4			7	3
						7		9
		2	7					
			2		1		5	

Medium # 68

5								
8		2	3		6			
9				4			1	
	5	9			3			7
	6					9		
3			8			5	4	
	1			2				9
			1		4	6		2
								4

Medium # 69

4			2			6		
				5				2
1	2	7						
		5	8			7		
	7		5		2		3	
		2			9	5		
						9	7	6
2			9					
		6			1			4

Medium # 70

6	8	9					5	
1				2		6		
						8		
	3		6	8		1		
			1		2			
		1		3	9		2	
		6						
		7		5				9
	9					2	3	7

Medium # 71

	9			6	2			
							5	
7			8			3		
	1		7	2		8		
3		2				5		1
		5		1	6		7	
		4			8			7
	3							
			4	7			2	

Medium # 72

4			9		6	7	8	
	3		2					4
					9			
	6		7				9	
5								3
	9				4		8	
			8					
1					2		4	
		4	6	3		7		9

Medium # 73

5				1				
				9	4		8	
		4	7	6	3			
								9
7	9						4	2
3								
		6	2	5		9		
1		2	8					
				4				3

Medium # 74

		9	3				7	
							5	
3	7		5					1
	2	4			7			6
			6		1			
9			2			5	8	
7				2			6	3
	4							
	6				5	2		

Medium # 75

		5		8			4	7
4		7		9	3			
			1					
5		8		7				2
1			9			5		6
				2				
		3	7			1		5
9	7			4		2		

Medium # 76

		5		1				
	3	9	6					
				3				5
8			1			5	4	
	2		3		6		9	
	6	7		4				2
6			1					
				9		8	7	
			4			2		

Medium # 77

	7	6	3					
			4	9				1
				5	8	4		
	8	7						4
		4			2			
1						7	3	
	4	1	6					
9				7	2			
				4	1	2		

Medium # 78

	8						1	
		9	5	1				3
			6			2		
			1	5	8	9		7
6			1	2	3	7		
		3			1			
8				2	3	5		
	6						2	

Medium # 79

5		7			1		3	
			3					
			5		7	2	9	
	5			8		3		
		3				7		
		6		9			2	
	9	8	1		3			
				2				
	7		4			9		2

Medium # 80

3	4	9			1			8
			3					
7					9	5		
		2	6	7				5
8				3	2	6		
		5	9					4
					6			
9			8			3	5	2

Medium # 81

			2	9	8			1
2	9				1			
		7						
		6		5			1	
4	7						2	5
	5			1		8		
						3		
			1				4	7
8			6	3	7			

Medium # 82

					7			1
	3	9						6
			4	9	8			
		2			5		3	
	9			8			7	
	4		7			1		
			5	1	3			
5						4	2	
7			8					

Medium # 83

4		8				7		
	2		7	9	3			
				6	1			
			1		4		6	
	6					3		
3		2		7				
		5	1					
			2	4	8		1	
	4					2		8

Medium # 84

		4	2			3		
			1	3	8	6		
7		8			5			
						2	1	
3								8
	2	5						
			4			9		7
	4	2	1	3				
		6				2	4	

Medium # 85

5	2		4		6			
	1							
				5			7	9
		5		7		3		
7			1		3			2
		8		4		6		
6	8				1			
							4	
			2		4		6	8

Medium # 86

	2		9			3		
	3	1						
		9	8					7
7		5		6	8			
			1	7		6		8
5					6	1		
						2	9	
		8			2		3	

Medium # 87

			7					
		3		2			5	
				5			8	1
		8	2	9		7		6
9								5
2		7		1	4	9		
6	7		8					
	2			3		1		
				6				

Medium # 88

9			8					
				1		4	6	
							3	1
	4				9	6		
	2		3		7		5	
		9	5				4	
5	9							
	3	8		7				
				6				4

Medium # 89

	1	8		2	3	9		
				9		6		7
9					8			
		9				5		
7								3
		6				2		
			5					1
4		1		7				
		5	3	1		8	6	

Medium # 90

2	8				5			
4				2				6
3				7	1			
		6		4				
9	5						4	1
			5		9			
		7	2					4
6			4					7
		9					6	5

Medium # 91

5					7			
	1	6		9				2
						7	3	
3		5	1				4	
			2		4			
	2				8	9		3
	4	2						
1				5		8	9	
			8					6

Medium # 92

8			5				6	2
	2	1			8		9	
					3			
			5					6
5			6		4			7
3				8				
			7					
	3		1			8	2	
2	1				5			3

Medium # 93

		9	6					8
		1		9			5	
					1		2	
8			9	2			6	5
1	6			3	4			7
	7		1					
	2			5		6		
3					8	2		

Medium # 94

				4	2		9	
			9			2	6	
7					5			
5	8		2		1			
9								5
			4		5		3	9
		6						2
	1	8			7			
	5		3	2				

Medium # 95

		1	6				7	
				5			9	
	2	6	8				4	
		8		7	3			
5								4
			9	6		7		
	4				6	9	8	
	9			2				
	3				8	1		

Medium # 96

					9		4	
		7	8	4			1	
						7		2
3	7				5	1		
		9				6		
		5	1				2	3
9		6						
	1			2	4	3		
	5		6					

Medium # 97

					6			
5				2		1	8	
		6	4				7	
6	1			8				5
			5		3			
9				7			4	8
	5				8	7		
	8	2		3				4
			9					

Medium # 98

	2	9	7					
	6	7		1				
			2				7	
				7			6	
3		6	9		4	1		7
	9		8					
	5			9				
			2			3	5	
				1		6	8	

Medium # 99

	2						5	
		5		1	2			
8			3					1
2				4		3		
5	9						4	7
	4			7				6
9					1			8
			8	5		4		
	7						1	

Medium # 100

4		8			3			
	2	8						5
						2		3
	8			9				4
	6	9				8	5	
3				7			6	
9		7						
1				6	4			
			4			5		1

Medium # 101

		8		7				5
	2		4	3				
7	1	9			8			
1						3		
			8		9			
	6							8
		2				4	7	9
			7	4			8	
4			3			6		

Medium # 102

7				2				
		2	6	1			4	8
			4		7			
		1	2	8				
	2						8	
			5	4	6			
		3		6				
3	7			9	5	1		
			4					9

Medium # 103

			3			4		
		9			2			
		4			8		5	6
3	6			5				9
	2						8	
1				9			3	2
4	7		1			9		
			6			7		
		1			5			

Medium # 104

					2			
				6			9	
	7	5	9			2		
6		8	7					5
9				8				3
5					1	8		2
		4			6	5	1	
	8			5				
		8						

Medium # 105

3			9				7	
1		6				5		
					4	6	2	
7	6							4
			1		6			
9							6	2
	9	1	3					
		7			3			8
	4				9			6

Medium # 106

7				2		9		
2			6	9		1		4
1								
4				9				
	8		7		4		2	
			5					3
								2
9		3		4	7			6
		1		3				9

Medium # 107

			2		8			7
5					1			
			6		8	2		
				3			6	
	9	2	8		1	5	3	
	8			5				
	7	4		9				
		6						9
8				7		3		

Medium # 108

2								
				9	5	3		
	9			8			5	2
5	4				3	8		
9								7
		2	7				9	5
3	6			1			4	
		5	6	7				
								9

Medium # 109

			9			6	8	
6				8		2		
2			6					
	4	1		2				
5								6
				1		9	7	
					3			2
		9		7				1
	8	3			9			

Medium # 110

9		4	6		7			
6		3						9
			2					4
	6		5		3			
	5				9			
		4		9		7		
4			8					
8						4		3
		3		2	5			6

Medium # 111

8	1		6		7			
3					8		2	
	6		2					
						1		3
	9		4		8		7	
6		3						
				4		1		
5		8						4
			7		5		9	8

Medium # 112

	1		5		7		3	4
	8			4				
			1	8		2		
7			8		9			
		6		2				7
	2		8	7				
			9			5		
6	7		1		5		9	

Medium # 113

3			4					9
				6		7		
	8				1	6	3	
			9					7
4			2		7			5
8			1					
7	9	1				2		
	4		9					
6						7		4

Medium # 114

7	9		3		1			4
						6		
		8						2
			1			2	3	
			9	2	6			
	4	9	5					
4						5		
	8							
5			7		2		4	1

Medium # 115

		7			3		9	6
	6							
2		4			8			
			1	2	9	7		
8								4
	7	3	5	4				
			9			3		7
						5		
9	3		6			1		

Medium # 116

9							8	
8			6	3	1			
1			7			5		
			2			6		
	7	5				4	2	
		8		4				
		2			9			3
		9	8	3				1
	4							9

Medium # 117

			2				7	5
1				9				
			1		6		2	
		6		8	5	1		
4								8
	1	7	4			3		
	6		7		5			
				1				6
9	4				3			

Medium # 118

			2	7	8			
				1		6	2	
		1					8	
		2				8	5	
6			9		2			1
	1	9				4		
	3					1		
	9	7		5				
			6	9	7			

Medium # 119

				4		6		
			2				9	
4		5	6					7
6			5			4		3
1								8
3		7			4			9
5					9	8		1
	9				2			
		8		1				

Medium # 120

				8	4			
		9	2	3				8
		1						
7		3						2
6		5	3		8	7		4
8						3		9
						5		
2			6	5	9			
			4	2				

Medium # 121

						7	3	8
		7		4				
1				8		4		
3				7				6
	2		1		6		5	
5			2					3
	3		5					7
				2		4		
8	7	9						

Medium # 122

			3		1	4		5
						2		
			5			1	9	
4		5		1				
		1	7		8	5		
			6			3		7
	8	6		9				
	4							
7			2	8		4		

Medium # 123

	7						2	8
9	5			4	7	1		
6			8					
		6					9	
			5					
	9				8			
				3				9
		3	9	6			7	2
5	2					6		

Medium # 124

	1			9	5			
		3					1	
2		8					3	7
6			4					
		5		3		8		
					6			3
5	6					2		4
	2					3		
			7	8			6	

Medium # 125

	7					1	2	
		4		6	9			
				7				9
		7		2				3
3			5		8			1
6				9		5		
7				1				
			7	5		6		
	4	5					8	

Medium # 126

			3				8	6
3			7					
7		8	4			1		9
		2				3	1	
	7	4				2		
2		1			7	8		5
				6				1
4	8			2				

Medium # 127

```
6 . . | . 8 . | 2 1 .
. . 7 | . . . | . . .
8 . . | . 6 1 | . 4 .
------+-------+------
1 . . | . . 8 | . . .
. 7 5 | . . . | 3 9 .
. . 9 | . . . | . . 2
------+-------+------
. 2 . | 4 9 . | . . 1
. . . | . . 4 | . . .
. 5 6 | . 2 . | . . 9
```

Medium # 128

```
. 4 . | . . . | . 9 7
5 1 . | . . . | 4 . 8
. . . | 6 . 5 | . . .
------+-------+------
. . . | 2 6 . | 1 8 .
. . . | . . . | . . .
. 8 1 | . 5 7 | . . .
------+-------+------
. . . | 7 . 4 | . . .
6 . 4 | . . . | . 2 9
1 2 . | . . . | . 7 .
```

Medium # 129

```
. 2 . | . 3 . | . . .
7 . . | 2 . . | . . .
. 5 8 | 4 . . | 6 . .
------+-------+------
6 . . | 8 . 3 | . 7 2
3 4 . | 6 . 7 | . . 8
. . 7 | . . 2 | 5 4 .
------+-------+------
. . . | . 6 . | . . 9
. . . | 1 . . | 6 . .
. . . | . . . | . . .
```

Medium # 130

```
. . . | 5 . 7 | . . .
6 8 . | . . 3 | 5 4 .
3 . . | . . . | . . 9
------+-------+------
. . . | 6 . . | 2 . .
. 9 . | . 3 . | . 7 .
. . . | 4 . . | 7 . .
------+-------+------
4 . . | . . . | . . 1
. 3 1 | 2 . . | . 8 6
. . 5 | . 8 . | . . .
```

Medium # 131

```
. . . | . 4 7 | . . .
. 6 . | . 5 . | 2 . .
1 . . | . . . | 4 . .
------+-------+------
6 2 . | 3 . . | 8 . .
7 . . | 2 . 9 | . . 5
. 3 . | . . 8 | . 2 1
------+-------+------
. 5 . | . . . | . . 6
. . 7 | . 9 . | . 1 .
. . . | 1 3 . | . . .
```

Medium # 132

```
1 . . | . 6 5 | . . .
. . 7 | 2 . . | . . .
. . 5 | . 7 6 | . . 9
------+-------+------
. . . | . 8 . | 9 . .
3 8 . | . . . | 4 2 .
. 9 . | 6 . . | . . .
------+-------+------
9 . . | 2 5 . | 3 . .
. . . | . 9 1 | . . .
. . . | 8 2 . | . . 7
```

Medium # 133

	3	7					1	
					1			
			4	9		6		
5			8			1	9	
6	2						3	5
	7	1			6			2
	8			4	3			
			5					
	9					2	4	

Medium # 134

					1			8
5	6		2					
		3	4	6	9			
1		2	5					
7								3
				6	1			9
			1	7	3	8		
				2			4	7
3			8					

Medium # 135

	7		2	1				
	8				6		4	1
9		1	8					
	2							3
			1		3			
1						5		
				1	3			2
8	4		9				1	
			3	5		6		

Medium # 136

4				2				
			6		5		1	
	5	9					2	
1			5		9	8		
	2					7		
		6	1		2			3
	7					2	9	
	3		4		7			
			9					5

Medium # 137

9	6				2		7	
7					1			
				6	5			9
			2				9	
	8	9				3	2	
	7			4				
2			8	3				
			1					5
	5		7				3	6

Medium # 138

	3			8	4			
5		2	7					9
1			2					
7		1				4		
	6						7	
		9				6		2
					8			7
6					5	9		1
			1	6			2	

Medium # 139

```
. 4 . | . 7 . | . . 3
. 1 9 | . . . | . . .
. . 5 | . . . | 2 9 .
------+-------+------
. 5 6 | . . 1 | . . .
. 8 . | 6 . 9 | . 3 .
. . . | 4 . . | 5 7 .
------+-------+------
. 3 7 | . . . | 8 . .
. . . | . . . | 9 2 .
9 . . | . 4 . | . 5 .
```

Medium # 140

```
6 1 . | . . . | . . 3
. . . | . 9 . | . . 4
. 3 . | . 2 8 | . . .
------+-------+------
. . 7 | 2 8 . | 4 . 6
. . . | . . . | . . .
2 . 9 | . 5 3 | 7 . .
------+-------+------
. . . | 8 7 . | . 2 .
5 . . | . 1 . | . . .
7 . . | . . . | . 4 5
```

Medium # 141

```
. 2 7 | 5 . . | . . 9
. . 3 | . 4 . | . . 8
. 9 . | 2 . . | . 5 .
------+-------+------
. . . | . . 5 | . . 7
9 . . | . . . | . . 1
7 . . | 4 . . | . . .
------+-------+------
. 6 . | . . 1 | . 9 .
3 . . | . 2 . | 8 . .
1 . . | . . 3 | 4 6 .
```

Medium # 142

```
. . . | . . 5 | . . .
2 7 . | 6 . . | . 8 .
. . 8 | . 1 . | . 4 6
------+-------+------
. . 1 | . . . | . . 2
. 2 . | . 6 . | . 3 .
5 . . | . 3 . | . . .
------+-------+------
4 3 . | . 7 . | 1 . .
. 6 . | . . 4 | . 2 9
. . . | 8 . . | . . .
```

Medium # 143

```
1 8 . | 7 6 2 | . . .
. . 4 | 3 . . | 9 . 7
. . . | . . . | . . .
------+-------+------
2 . 6 | . . . | . . 3
. 5 . | . . . | . 4 .
7 . . | . . 6 | . . 8
------+-------+------
. . . | . . . | . . .
4 . 3 | . . 8 | 1 . .
. . . | 1 4 5 | . 2 6
```

Medium # 144

```
. . . | . . 5 | . . .
. . . | . . 3 | 5 2 7
. . 7 | 2 8 . | . 1 .
------+-------+------
. . . | . . . | 2 . 1
4 . . | . 6 . | . . 9
7 . 2 | . . . | . . .
------+-------+------
. 1 . | . 9 6 | 3 . .
2 8 3 | 1 . . | . . .
. . . | 3 . . | . . .
```

Medium # 145

```
. . . | 6 5 . | . . 3
. 7 . | 8 . . | 2 4 .
. 4 . | . . 1 | . . .
------+-------+------
. . 5 | . 3 . | . . .
. 1 . | 7 . 5 | . . .
. . 8 | . 9 . | . . .
------+-------+------
. 5 . | . . 4 | . . .
6 3 . | 9 . 7 | . . .
8 . . | 6 7 . | . . .
```

Medium # 146

```
. . . | 6 . . | 4 . .
. . . | 8 . . | 7 9 .
. 5 . | 7 . . | 8 . .
------+-------+------
. . . | 9 7 . | . 2 .
. 6 . | . 5 . | . 1 .
1 . 3 | 2 . . | . . .
------+-------+------
. . 4 | . 9 . | 1 . .
5 2 . | 1 . . | . . .
. . 1 | . 8 . | . . .
```

Medium # 147

```
. . . | . 9 . | . . 3
. . 3 | 8 . . | . . .
8 6 . | . 4 . | 2 1 .
------+-------+------
2 . . | . . . | 4 . .
6 3 . | . . . | 1 8 .
. 1 . | . . . | . . 5
------+-------+------
5 8 . | 9 . . | 6 4 .
. . . | 7 2 . | . . .
9 . 4 | . . . | . . .
```

Medium # 148

```
7 . . | . . . | 3 . .
8 . . | 3 . . | 5 . .
. 1 . | 2 . . | . 7 6
------+-------+------
9 . . | 1 . . | . . .
. 6 . | 9 . 8 | 4 . .
. . . | . 6 . | . . 9
------+-------+------
6 3 . | . 7 . | 9 . .
. 2 . | . 4 . | . . 1
. 4 . | . . . | . . 3
```

Medium # 149

```
3 . . | . . . | . . .
. . . | 9 2 . | . . 7
7 1 . | . . . | . . 9
------+-------+------
4 8 . | 3 . . | 9 . .
. 9 . | 6 . 1 | 7 . .
. 6 . | . 8 . | 2 . 5
------+-------+------
8 . . | . . . | 5 . 2
5 . . | 4 8 . | . . .
. . . | . . . | . . 1
```

Medium # 150

```
. 3 5 | . 6 9 | . . .
7 . . | . 5 . | . . 4
. . . | . 7 . | . . 8
------+-------+------
1 . 3 | 2 . . | . . .
. 2 . | . . . | 8 . .
. . . | 3 . . | 4 . 1
------+-------+------
9 . . | 1 . . | . . .
4 . . | 6 . . | . . 7
. . . | 8 7 . | 1 5 .
```

Medium # 151

7			4	5	8	9		
							3	6
1			2					
		4	3					
	2	1				3	6	
					9	8		
					6			2
6	8							
		2	8	9	4			7

Medium # 152

			2				6	
9	5							
		1	9		5	4	7	
	9			4				8
			1		3			
1				9			5	
	8	7	3		2	6		
							3	7
	2				6			

Medium # 153

					3			
5			9		8			3
1				5			7	4
				9	6	1		
9								5
	8	2	1					
2	3			6				9
8		5		3				1
			5					

Medium # 154

		9			1			
		5		8		3		
8			4			9	6	
			6				1	4
	7					3		
1	4			7				
	1	4			8			3
		6		7		5		
			5			1		

Medium # 155

	8		4			6		5
				8	3			9
9						4		
		2			9		1	
7								8
	9		1			3		
	3							4
4			9	7				
1		7			8		5	

Medium # 156

4					9			
	3			1			4	6
				2		9		8
	6				5			
5	8						7	2
			2				6	
2		3		9				
8	7			6			1	
			5					4

Medium # 157

							3	2
	4		5	8		9		
9					4			
2			9			6		5
3		6			8			4
			7					6
		8		9	2		1	
1	2							

Medium # 158

				5			2	
		9	8				6	
		3			1	4		
		8			4			9
		1		7		3		
3			6			2		
		2	1			6		
	4			3	5			
	8			6				

Medium # 159

8		1	6			4		
				5	6			
6				1		2		
	3	5	7					
7								1
				2	7	8		
	7		8					4
		3	9					
	6			7		9		8

Medium # 160

			7	6		4		
7					5		1	
	4						8	
			6	5		2	4	
	2						9	
	1	6		4	2			
	8					3		
	3		8					7
		2		9	7			

Medium # 161

		7		9		3	5	
								1
8		6	5			9		
			1			2		
	3		9		7	1		
	7			5				
	2				6	1		3
6								
4	5		3			9		

Medium # 162

8					4			7
	3		2		1			
		9				6	2	
	9							6
	4		8		3		9	
6						5		
	8	5				2		
			9		7		6	
9			3					5

Medium # 163

6	3							
9		1	6		7			
				9			8	6
			8					3
		8		5		7		
7					6			
3	2			6				
			2		1	6		8
							4	9

Medium # 164

9			5			2		4
6	4			7				
	3				2	9		
7		8		9				
			6			8		9
		7	2				4	
			4				9	7
4		9			1			8

Medium # 165

	6	5	4	8				
	8					9		6
	9			2		5		
3		4						
			9		2			
						1		8
		2		5			7	
6		8					1	
			1	7	8	4		

Medium # 166

	4							
6			1			4	3	
			9	3			6	
9		4	5					
		6	7		1	9		
			3			7		5
	2		9	8				
	5	1			2			7
						2		

Medium # 167

			2	6	7			8
2		9					4	
		7	4					
	5			1				9
7								1
3				9			6	
					6	9		
	2					1		5
5			9	2	8			

Medium # 168

7			2				5	3
	6	3					9	
	9			4				
						3	7	
	4						8	
		8	9					
				9		6		
	8					2	4	
9	3				1			5

Medium # 169

1				9		2		
		6	3					
			6					8
3	9				8	4	1	
		8				9		
	1	5	9				3	7
9				7				
				2	1			
		1		8				5

Medium # 170

				2				1
8	9					3		
4		3	5			9		
	7		3				1	
			8		6			
	4				2		8	
		5		9	6			4
		4					9	5
6			7					

Medium # 171

		6		5				9
5				1				
7		9	4			6		
2	4		6	3				
			5	2		7	1	
	9			4	6		7	
			9				2	
1			7			8		

Medium # 172

		9	5					
4	6		1					
			4	7		9		
5				3				7
9		8				5		4
1			5					3
		1		2	5			
				6			7	2
			4			1		

Medium # 173

							4	
		6		4	2	1		
		8	7			3		
5					8	9	4	
	2					7		
9	6	7						5
	4			5	6			
	1	9	3		2			
	7							

Medium # 174

6		8	9					
	7					3		
			1			7	5	
	5		8					6
8	6						7	4
7				2		8		
	4	2		5				
		6				2		
				6	5			3

Medium # 175

7			3	9		2		
			7			5	9	6
	4				3	8		
	7						5	
		5	1				2	
4	6	3			5			
		2		8	4			7

Medium # 176

6				8		7		
			9					1
	5	2	6					
			7			6	3	
2								9
	7	1		9				
						2	8	4
9				5				
		8		1				3

Medium # 177

4			3		8			
8							9	6
	1	6	9					
				2	5			7
			1		7			
6		3	4					
				3	1	8		
7	2							9
		5		9				2

Medium # 178

		1	6	8				
	3		5			2		
			1					8
	1	6					7	9
		2				5		
9	5					6	2	
3					5			
		9			2	3		
			3	9		7		

Medium # 179

5					7	2	6	
		8						
1			9	3				
3				4		8		
	8		7		2		9	
	6		5					1
				7	9			5
						1		
		3	7	8				4

Medium # 180

	9			8	5			
		7		9				4
	3					5		2
			5			4		
2	6						3	1
		8		1				
7		1				4		
4			6			8		
			7	4			1	

Medium # 181

```
. . . | . . 1 | 2 5 .
. . 9 | . 5 . | . . 7
. . 7 | . . . | 4 9 .
------+-------+------
. . . | 7 1 . | . . 5
9 . . | . . . | . . 2
6 . . | . 2 8 | . . .
------+-------+------
. 6 2 | . . . | 5 . .
1 . . | . 8 . | 6 . .
. 5 3 | 4 . . | . . .
```

Medium # 182

```
. 9 . | . . 3 | . . .
. . . | 7 9 . | 4 . .
. . 2 | . . . | . 1 .
------+-------+------
. . . | 9 3 7 | 8 . .
9 . . | . 4 . | . . 7
. . 6 | 5 1 8 | . . .
------+-------+------
. 8 . | . . . | 1 . .
. . 3 | . 8 9 | . . .
. . . | 4 . . | . 7 .
```

Medium # 183

```
. 6 . | 4 . . | . . .
. 2 . | . . . | . 5 .
3 . . | . 5 8 | . . .
------+-------+------
. 7 . | . 3 . | 6 1 .
6 . 1 | . . 4 | . 5 .
5 8 . | 1 . . | 2 . .
------+-------+------
. . 7 | 8 . . | . . 2
. 5 . | . . . | 3 . .
. . . | . 7 . | 4 . .
```

Medium # 184

```
. 1 . | . 5 . | . . 8
. . . | . 7 5 | 6 . .
. . 9 | . 2 . | . . .
------+-------+------
1 8 . | 6 . . | . 2 .
. . 6 | . . . | 1 . .
. 2 . | . . 1 | . 8 7
------+-------+------
. . . | 3 . . | 2 . .
. 3 5 | 2 . . | . . .
4 . . | . 9 . | . 5 .
```

Medium # 185

```
8 . . | . 1 5 | 3 . .
. . . | 2 . . | . 5 .
. . 7 | 8 . . | . 4 .
------+-------+------
. . . | 5 . . | . 7 .
4 5 . | . . . | . 6 8
. 7 . | . . 8 | . . .
------+-------+------
. 2 . | . . 1 | 5 . .
. 8 . | . . 2 | . . .
. . 5 | 7 6 . | . . 4
```

Medium # 186

```
. . . | . 6 5 | . . .
3 . . | . . . | 9 . .
. 8 1 | . . 7 | 2 . .
------+-------+------
. . 2 | 7 . . | . . 6
8 . . | 4 . 6 | . . 1
5 . . | . . 3 | 8 . .
------+-------+------
. 9 . | 5 . . | 1 3 .
. 3 . | . . . | . . 2
. . . | 3 2 . | . . .
```

Medium # 187

		6	2					
	7		6		8			
			3		4			2
9			8		5			
2			1		6			9
	1			9				3
8		9	7					
	3		1		9			
				5	3			

Medium # 188

			1		5		9	
1		2	6			7		
				9				3
3			2	8				
	7						4	
			4	3				6
4			2					
		6			4	2		7
9		7		6				

Medium # 189

	7				2			
	6				9			
			7			2		8
5	3	2		9		6		
				5				
		7		1		5	4	3
7		8			1			
			6				3	
			4				1	

Medium # 190

	5		7					9
3	1		6	2				
				8				
8	4				5			
6			8		2			7
		9					6	4
			1					
			6	4			3	8
7					3		4	

Medium # 191

					3	7		6
7	1	4		9				
		8	5					
						1	9	
9			6		4			5
	2	1						
					5	2		
			2			9	5	4
2		5	7					

Medium # 192

		6					5	
9				7		2		6
7				2	4			
					1		3	
		4		9		1		
	2		5					
			4	5				2
5		7		6				1
	3					8		

Medium # 193

	9					5		
			8					
	4		6			9	2	8
	2				5		6	7
			2		9			
5	6		3				4	
4	5	2				8		1
						7		
		3					9	

Medium # 194

5	1							
6	9		2				8	
					5	9		
			3					4
	7	5	6			3	1	
8			1					
		4	3					
	2				4		5	3
							7	6

Medium # 195

					7	1	9	
8			5			7		
			6				4	
	9	2				8	7	
				8				
4	1					9	2	
	6				1			
		1			2			5
	5	3	8					

Medium # 196

4		7						
8			4	3		7		
							1	8
9		2		1				
			7		6			
				2		8		5
3	1							
		4		5	8			9
						2		6

Medium # 197

	3		4		1			
		8	7		6			3
								1
8	2	1		4		7		
	9		5			1	8	2
6								
2			8		3	9		
			1		2		6	

Medium # 198

			4	3		7		
	1			7	4			3
			9					2
2		7				9		
5								4
	3					1		7
1				2				
7		8	5				4	
	6		3	8				

Medium # 199

		4						5
			2			1		
	7		8			2		9
3					5		2	
	9			6			5	
	1		4					8
7		5			4		9	
		1			8			
8						7		

Medium # 200

7		3				5	6	
	2		5					
	5			4				9
		7			2		5	
			8		7			
	4		9			8		
5				6			3	
				4			1	
	3	9				6		2

Medium # 201

							6	
9		6	5			3		
			2	7		9		
	2	1		4	3			
4								9
			8	6		1	3	
		5		9	8			
		7			1	2		8
	6							

Medium # 202

9				2				
7							8	1
	6	2			1			
		6	9	5				
5	8						4	9
			7	3	8			
			7			1	3	
6	3							4
			9					6

Medium # 203

						5	7	
	5			2	3	8		
	1	3	9					
	9	1		4				7
4				8		6	9	
					9	7	6	
		8	1	7			5	
	3	5						

Medium # 204

	5			8			3	4
						1		
		8		1	3		5	
2			8		5			
5								2
			7		9			1
	2		9	5		3		
		7						
6	8			7			4	

Medium # 205

8					7			
9		2		3				4
6			5		2		3	
1								
		4	2		8	9		
								7
	6		3		5			8
7				8		3		9
			6					2

Medium # 206

4			5		7		1	
	1			4				
	7					6		
3		5	4	6				
7								9
			2	8	4			3
		2					3	
			8				7	
	5		9		2			8

Medium # 207

	7		4					6
			5				9	
			8		4			5
	5		7			9		4
	6						2	
4		3			5		1	
5		6		2				
	2				6			
1					9		3	

Medium # 208

8	9	1					3	
						7	2	
	6		8				9	
7		6		8				
		9	4					
		5				2		1
	5			3		4		
	7	4						
	1					8	7	6

Medium # 209

	5			4			2	
		9			5			1
8		4		6				
1			7					
9				6				3
				1				7
			2			1		8
6		2			7			
	8			7			5	

Medium # 210

8		4	2				6	
		6						9
			3	9			8	
1	8	3				2		
		2				6	4	1
	4			1	2			
7						1		
	5				4	9		3

Medium # 211

		6	5				9	4
			2	9				
8					5		7	
9				1				
5		1				3		8
				6				9
2		5						6
			4	9				
3	9				8	4		

Medium # 212

3			6	5				
				3			1	4
8						3		
		3	4	1		9		
	7						2	
		2		3	9	4		
	7							5
6	4				3			
				2	6			8

Medium # 213

2	5			3	1			
			8	6				
	1						5	
		8			4		3	9
			1		7			
5	9		6			2		
	4					2		
				2	9			
			5	1			6	3

Medium # 214

		2	6	1	4			
				4				
4			8	5				1
	3		1			2		
	6					3		
	8				3		4	
8				9	5			3
					6			
		9	2	1		6		

Medium # 215

6			3					
			5		4	1		
						6	3	
	9		5	3		1	8	
		1			2			
2	3		7	8		9		
3	2							
		5	8		2			
				4				5

Medium # 216

						9	3	
		6		9				
9	4	2	7					
			4	2			8	
4								6
	3		8	7				
					5	8	6	9
			3			1		
	2	8						

Medium # 217

.	.	.	2	8	.	.	7	.
.	.	3	.	1	.	.	5	.
.	1	.	.	.	7	9	.	.
9	.	.	8	.	.	.	.	.
5	.	2	.	.	.	6	.	9
.	.	.	.	.	6	.	.	3
.	.	4	1	.	.	3	.	.
.	5	.	.	4	.	8	.	.
.	9	.	2	8	.	.	.	.

Medium # 218

.	5	7	8	9	.	.	.	2
.	.	.	1	.	.	5	.	.
1	.	9	.	.	.	.	.	.
.	8	.	6	.	.	7	.	.
.	9	.	.	.	.	.	8	.
.	3	.	.	9	.	2	.	.
.	.	.	.	.	.	1	.	7
.	2	.	4	.	.	.	.	.
8	.	.	.	6	3	2	4	.

Medium # 219

.	.	.	1	3	.	4	.	5
.	5	.	.	.	.	.	6	1
.	.	.	.	8	.	.	.	.
2	1	.	4	.	3	.	.	.
.	.	6	.	.	8	.	.	.
.	.	.	7	.	1	.	4	2
.	.	.	3	.	.	.	.	.
7	8	.	.	.	.	.	2	.
5	.	2	.	9	6	.	.	.

Medium # 220

.	.	5	.	.	2	4	9	.
.	.	.	8	.	.	3	.	.
8	.	.	9	.	7	.	.	.
4	.	2	7	.	.	.	.	3
9	.	.	.	.	6	2	.	1
.	.	.	6	.	3	.	.	4
.	.	3	.	5	.	.	.	.
.	3	.	5	.	.	.	.	.
.	7	6	1	.	.	5	.	.

Medium # 221

8	4	1	3	.	.	9	.	.
.	.	.	.	.	.	.	.	1
.	3	.	.	9	2	.	.	.
.	.	.	7	1	.	.	.	2
.	.	5	.	.	8	.	.	.
7	.	.	6	2	.	.	.	.
.	.	.	9	1	.	.	8	.
6	.	.	.	.	.	.	.	.
.	.	3	.	.	6	7	1	9

Medium # 222

.	.	.	5	.	.	3	.	.
.	2	6	.	.	.	.	.	9
4	.	7	3	.	.	5	6	.
.	.	.	.	9	.	.	2	.
5	.	.	.	.	.	.	.	8
.	6	.	8	.	.	.	.	.
.	3	4	.	9	.	1	.	2
9	.	.	.	.	2	4	.	.
.	8	.	.	6	.	.	.	.

Medium # 223

			5		2		7	
			9	1				
	8	7				5		
9			2			4		
3		5				1		9
		8			5			2
		3				2	6	
				4	6			
	9		7			1		

Medium # 224

7					6			
							8	
8	2			1		9	6	
		6	5	7		3		
		8				1		
		3		9	1	7		
	4	1		2			9	3
	3							
			6					5

Medium # 225

							7	3
1	4			9		2		
2					4			
4			7			1	5	
			5		6			
	7	1			9			2
			8					4
		4		7			3	6
8	2							

Medium # 226

		4						
	2	3					8	
			1	2		7	4	
	7		8				9	5
8	2				9		7	
	3	6		4	2			
	5				8	6		
						1		

Medium # 227

9		8	3					
						2		8
			6			1	7	
1	6			2	4			3
5			9	1			2	4
	9	2			8			
6		7						
					3	9		2

Medium # 228

	8		6	1				
	6	5		8	7			
		1				9		
1							4	
	7		8		2		9	
	2							5
		2				4		
			7	4		8	2	
				3	5		6	

Medium # 229

1				5		2		
			1	7		4		
	7				8			
	9		3					4
7	2						3	8
3					9		6	
			8				2	
		3		4	1			
		5		2				9

Medium # 230

3		9						
4		8				2		3
			2	9				
	4		1	5	2	7		
		7	4	8	6		2	
			7	1				
5		2				8		9
						6		7

Medium # 231

			4				2	
	4	1		7				
		2	6	8				4
3				9		1	6	
	8	7		2				5
8				4	9	6		
				6			7	1
	1				8			

Medium # 232

		8				5		
6							4	9
		2		9	3			
9	6		7					
8			3		6			5
					2		1	6
			8	4		6		
1	3							2
		6				1		

Medium # 233

					5			7
6	4		1				9	
	2			3			1	
9	3				6			
		4				6		
			7				4	3
	5			9			8	
	9				3		7	4
1			5					

Medium # 234

3			7					
6			8	4				
						7	2	4
		9		6			4	2
7								3
8	5			3		6		
4	1	8						
			9	4				7
				5				1

Medium # 235

3		2			5			
	9		6					
4			7			8	5	
					1	6	2	
	1	5	9					
	7	9			3			8
					9		1	
			5			9		7

Medium # 236

		2	7		9			
		9	6				4	
		6		1				3
		7			5			
1	6						5	7
			4			8		
6				8		1		
	4					6	2	
			9			3	6	

Medium # 237

6				1	7	3		
		9						1
					2			6
			4	5		8		
2	1						6	5
		7		9	6			
8			3					
1					7			
		6	1	7				9

Medium # 238

						7	3	
4	6		2					
	1		4			6		
		6		5				
9	7						6	8
			1			9		
		9			8		7	
				4			2	6
		8	2					

Medium # 239

	9	2		1				
7			5					
8						4		3
				5	2		6	
		1	9		3	2		
	3		1	6				
3		5						2
				7				4
			2		8	3		

Medium # 240

			1		4			
6		1		2				3
7		3						
1	9			3				7
	3				1			
2		7			3			9
				8				6
3		6			1			8
	5		9					

Medium # 241

2		8					6	
			5			9	4	
7			2					
	9				1	8		
		6		8				
	3	7				9		
					2			4
	8	2		4				
	3					2		6

Medium # 242

4		9						
	9			2	3			
		7		4		9	1	
							9	2
	5		8		4		7	
8	3							
	4	3		5		7		
			6	7			4	
				2				1

Medium # 243

			2	8			5	
	6					1	4	2
2					7			
4				2				
		2	4		5	6		
				7				9
			5					8
5	3	6					9	
	2				1	6		

Medium # 244

	7	6	5		3			9
			2					
	1							7
9			2	5	6		4	
		8	3	9	4			5
4							3	
			1					
5			4		7	9	2	

Medium # 245

			4					6
	9		8	6				2
		2			3			7
			3		9	8		
	4						7	
	2	1		8				
7			9			4		
5				2	7		6	
2				8				

Medium # 246

		6		8			3	2
		9		5				4
1	5				2			
5			9					8
4					5			9
			8				7	6
9				3		8		
6	8			1		2		

Medium # 247

	6			1		2	8	
		1						
2	9		3					6
4		2			8			
	3						7	
			1			5		4
9					6		5	7
						1		
	8	7		4			9	

Medium # 248

	5		2	6		1		3
	8	7					9	
	2	8						1
4			1		7			8
5						9	2	
	9					5	1	
7		6		1	4		8	

Medium # 249

			5		7			1
	4			9		8		
			4				5	9
		4	6					
8	5						6	2
				3	4			
6	7				1			
		8		6			9	
1			9		2			

Medium # 250

		3	6		4		2	
9						5		
2							6	7
6		2	4					
	7						4	
				9	6			1
1	5							6
		7						8
		9		2		1	4	

Medium # 251

	6	9			4	5		
4	2				6			
7				2				
3							9	4
			6		8			
2	4							5
				1				2
			4				3	1
		7	3			6	4	

Medium # 252

	2			5				
6		8		7	3	2		
5			6				3	
4	8				6			
			1				4	8
	1				7			5
	2	4	6			9		7
			2				6	

Medium # 253

			3			8	6	
4								7
		7	5		4		9	
		6		4	3	5		
		3	6	1		4		
	3		8		6	9		
7								2
	1	5			2			

Medium # 254

	5	1		7			8	9
	3	7						
			5				2	
			4			3		
8		4				2		1
		6			1			
	4				5			
						5	9	
6	9			2		8	7	

Medium # 255

	1			5				
			8			4		6
	9	6			3			8
8	7		2					1
1					7		9	3
9			7			6	4	
5		1			6			
				2			3	

Medium # 256

3				6		7		
	1			5	4			
			7			9		
			5	9	1			8
7								9
8		9	3	2				
	2			6				
		8	4				3	
	7		8					2

Medium # 257

			3			9		
	5	4	2			3		
					8	7	5	
6			8		5			7
8			4		6			5
	3	2	9					
		9			3	5	7	
		7			2			

Medium # 258

		2		1			7	
6	5		7					
			6					2
2	9							
5	4	7				1	6	9
							8	4
8				1				
			4				5	8
	3			2		4		

Medium # 259

				1		8	7	
			3	9		5		
		2	7					4
7						3	9	
			9		6			
	6	9						2
5					3	7		
	3		2	6				
	9	1		8				

Medium # 260

2	7							
		9		2	8		3	
8			3	6			4	
		7			5			
5								6
			4			5		
	3			9	6			7
	9		5	1		3		
							6	2

Medium # 261

							9	2
		7				4	3	
			2	8		7		
9		8		1	2			
		4				2		
			9	5		8		1
	9		6	3				
	6	5				3		
1	7							

Medium # 262

	6							1
2			8		4		9	
			1	7				
				2	7			5
	1		9		6		4	
4		3	7					
			2	9				
	4		3		1			7
5							2	

Medium # 263

6		2	4			3		
	9							
1			9	6		5		
						1		5
	7			8			2	
5		1						
		8		4	3			1
						7		
		7			5	9		8

Medium # 264

5			3	2				6
3					5			
	9		4			7		
				3	1	9		
7								8
	6	2	5					
	3				6		1	
	9							7
4				9	8			5

Medium # 265

5	7							
					1		2	
			3			9	7	4
4						7	5	
		2		9		8		
	3	7						6
7	2	3		1				
	1		6					
							4	8

Medium # 266

	5		9					
			4			8		2
7							9	
			2		6			8
4	8			5			6	9
3			1		9			
	7							5
6		2			4			
				3		4		

Medium # 267

9		1	5					
				9	8	4		
	2							9
	9				4			6
		4	6		5			
3		7				9		
8						6		
	7	5	2					
			8		1		3	

Medium # 268

			9			8		
			6			1		
4				1		3	7	
		2	1	6	5			
8								2
		9	3	2		8		
3	8		7					4
	6			9				
	2			5				

Medium # 269

	2		7					
8			1		9			6
		3				5		
	5				6		1	4
		1			5			
9	7		8				2	
	9				8			
7			2		8			5
				4		6		

Medium # 270

			1	3				
						7	1	8
		7		4		9		
	4			2	1		3	
		3				5		
	5		8	7			6	
		5		8		2		
3	7	2						
				5	2			

Medium # 271

```
. . . | 8 4 . | 1 . .
. 1 . | . 6 . | . . .
6 . . | 3 . . | 4 7 .
------+-------+------
. 4 3 | 7 . . | . . .
. . 6 | . . . | 4 . .
. . . | 2 5 6 | . . .
------+-------+------
5 8 . | . 2 . | . . 1
. . 4 | . . . | 8 . .
. 7 . | 6 9 . | . . .
```

Medium # 272

```
5 . . | 2 . . | . 6 .
. . 9 | . . . | . . .
. . 1 | . . 7 | 9 8 3
------+-------+------
6 . 2 | 5 . . | . . .
. . 7 | . 3 . | . . .
. . . | . 9 8 | . . 5
------+-------+------
8 5 6 | 3 . . | 2 . .
. . . | . . . | 6 . .
. 2 . | . 8 . | . . 4
```

Medium # 273

```
. . . | . . 9 | 2 . 5
. 6 . | 2 . . | 3 . .
. . . | . 5 . | . 6 .
------+-------+------
. . 6 | . 8 . | 5 2 .
. . 4 | . . . | 7 . .
. 5 8 | . 3 . | 4 . .
------+-------+------
. 4 . | . 1 . | . . .
. . 2 | . . 6 | . 4 .
7 . 3 | 9 . . | . . .
```

Medium # 274

```
. . . | 3 . . | 9 . 1
5 . 2 | . . . | . . .
. 4 . | 1 2 . | . . .
------+-------+------
6 . . | 3 . . | 1 . .
. 9 1 | . . . | 8 4 .
. . 8 | . . 9 | . . 3
------+-------+------
. . . | 4 1 . | . 3 .
. . . | . . . | 5 . 6
8 . 7 | . 5 . | . . .
```

Medium # 275

```
. 2 . | 6 . 3 | . . .
5 . 6 | . 4 3 | . . .
4 1 . | . . . | . . .
------+-------+------
9 . . | . 6 . | . . 1
. . 8 | . . 6 | . . .
3 . . | 5 . . | . . 8
------+-------+------
. . . | . . . | . 4 6
. . 4 | 7 . . | 8 . 2
. . 2 | . 1 . | . 3 .
```

Medium # 276

```
2 . . | . . . | . 5 7
. . 4 | 3 8 . | . . .
. . 6 | . . 2 | . . 9
------+-------+------
. 4 2 | 6 . . | . . .
. . 5 | . . . | 7 . .
. . . | . . 3 | 2 4 .
------+-------+------
5 . . | 7 . . | 9 . .
. . . | . 3 9 | 5 . .
8 3 . | . . . | . . 6
```

Medium # 277

		1						9
	6					7		
4		7		5	6			1
6					8	2		7
3		9	2					6
7			3	4		6		5
	4					2		
5						8		

Medium # 278

				7			8	
5						2		
	6	8	1				3	
	4			6	7			
2		9				5		8
			5	9			4	
	2				3	6	5	
		7						4
	8			1				

Medium # 279

			2				8	1
8	6					7	5	
					9	4		
		8		5			1	
	1						4	
	5			7		2		
		2	6					
	3	1					7	8
6	7				3			

Medium # 280

5							4	
6				3				8
	1		6				2	
	4		5					7
9	8						6	4
7				2		5		
	6				7		1	
8			1					6
	7							5

Medium # 281

1	9	7			6			
			9			7		2
	4						3	
			4		8			
		5	7		9	4		
		2		5				
	5						9	
3		8			1			
			5			6	8	4

Medium # 282

	2			5				6
1	7	6						
			6			2		
3					8	1		
2			6		7			8
		8	4					5
		1		7				
						3	5	9
8				3			2	

Medium # 283

```
3 . . | . 7 9 | . . .
. . 2 | . . . | . . .
4 . . | . 2 8 | 7 . .
------+-------+------
1 . . | 7 . . | . 9 .
. 4 6 | . . . | 2 1 .
. 7 . | . . 1 | . . 4
------+-------+------
. 3 7 | 6 . . | . . 8
. . . | . . . | 1 . .
. . . | 5 8 . | . . 6
```

Medium # 284

```
5 3 . | . 9 . | . 8 .
. . . | . 2 9 | 7 . .
. . . | 7 . . | . . 1
------+-------+------
3 . 2 | . 6 8 | . . .
. . 5 | 8 . . | 1 . 2
6 . . | . 2 . | . . .
------+-------+------
. 5 3 | 6 . . | . . .
. 1 . | . 4 . | . 6 3
. . . | . . . | . . .
```

Medium # 285

```
. . 3 | 4 . . | . 2 7
4 . . | . 6 . | . 5 .
. . . | 5 8 . | . . 1
------+-------+------
. . 4 | . . . | 7 . .
1 . . | . . . | . . 3
. . 9 | . . . | 2 . .
------+-------+------
9 . . | . 7 6 | . . .
. 5 . | . 4 . | . . 9
2 4 . | . . 9 | 8 . .
```

Medium # 286

```
5 . 3 | 1 . . | . . .
. . . | 6 . . | . . 5
4 . . | . . 3 | . 2 .
------+-------+------
8 2 . | . . . | 4 . .
1 . . | 6 . . | 8 . 2
. . 5 | . . . | . 9 6
------+-------+------
. 1 . | . 5 . | . . 3
9 . . | . 4 . | . . .
. . . | . . . | 2 5 1
```

Medium # 287

```
. . 1 | 9 4 3 | . . 8
. . 2 | 7 . . | . . 4
. . . | . . . | . . .
------+-------+------
. 9 . | . . . | 4 . .
2 4 . | 5 . 8 | . 7 9
. 7 . | . . . | 6 . .
------+-------+------
. . . | . . . | . . .
3 . . | . 9 4 | . . .
6 . 4 | 2 7 . | 5 . .
```

Medium # 288

```
. . . | . . . | 7 9 .
. . . | 1 . . | 2 8 7
8 . . | 4 6 . | . . .
------+-------+------
6 . . | . . . | . . .
4 2 . | . . . | . 7 5
. . . | . . . | . . 6
------+-------+------
. . . | 3 6 . | . . 1
5 7 1 | . 4 . | . . .
. . 6 | 2 . . | . . .
```

Medium # 289

		3					4	
		7			9			8
			4	3		2		
		6	1					7
3		4				8		1
9					5	3		
		1		6	7			
6			8			7		
	5					9		

Medium # 290

			9	4		3	8	
			6	1		5		
	1					2		
1						7		9
	8					4		
3	5							6
	3					9		
	2	7	1					
	7	9		2	8			

Medium # 291

9	3	1				6		
2			6					
				8	2			
		3	1	8			7	
		7			4			
	2			5	9	8		
		2	8					
					7			4
		6				9	2	1

Medium # 292

5								
4				1	7			
		6			9		5	
2	6		3				4	
7				9				8
	1				5		3	6
	2		9			7		
			8	5				2
								9

Medium # 293

			6		9		8	
1			7					
7						4		1
	8		9	2		6		
2								8
		1		6	4		5	
9		5						3
					2			6
	3		4		7			

Medium # 294

			6	1				7
		5	7			2		
		3			5			8
8							6	2
			4		2			
7	2							5
1			5			7		
	6				9	5		
9			8	3				

Medium # 295

9	1			6	3			5
8		5				4		
				8				3
	2					5		
				7				
		8					1	
6				4				
		7				9		8
5			2	1			4	6

Medium # 296

6			4			7		
				3				8
4			7			5		
		7	8			6		
	3			2			5	
		6			1	9		
		8		6				2
2			3					
		4			8			7

Medium # 297

9	7				3			8
						7	1	
2					5			
	9		5					6
	3		2		8		5	
8				6		4		
		9						7
	6	1						
5			3			6	2	

Medium # 298

	1		2	9	7			
3		7						
5			1				8	
1		4		6				
	5						3	
				1		2		6
	2			8				5
						9		4
			6	4	3		2	

Medium # 299

6		3		1			4	
2								5
			6	9		2		
	9				1			
		2				3		
			8				1	
		4		7	8			
5								3
	1			4		6		8

Medium # 300

8			3		2			
6	9		4	7				
						6		
4					6	5		8
7		6	8					9
	5							
			5	1			9	3
			9			1		6

Medium # 301

	8		5	2		3	6	
1		5				8		
		7		3			8	
	4		7		1		9	
	2			6		5		
		8				4		3
	7	2		1	9		5	

Medium # 302

		8		5			4	6
				6			7	
		2		9				
			6	1				3
9	6						5	4
1			9	4				
			2			4		
	1		6					
7	5			1		9		

Medium # 303

						1	2	
2						5	7	
		5				4		1
				2			1	
		8		7		6		
	4		6					
6			9			3		
		3	8					5
		9	4					

Medium # 304

1		5			8			
	7	3						
			5	2		4		7
		9		5				
4		7				8		2
				8		7		
5		4		9	7			
						1	3	
				1		9		4

Medium # 305

	6	1			4	9		8
	3	5	7					
8					3			
	9							5
			2		9			
3							4	
			8					4
				5	1	6		
2			6	4			7	8

Medium # 306

		9				8		
			4	8			1	
5		7		6				3
		1		3				
4			9		6			5
				8		9		
2				7		3		8
	7		3	5				
		5				7		

Medium # 307

	9							
			4	9	2		8	
8		5			2			
7		2			1			3
6								1
4			3			8		9
			5			6		4
1		8	6	7				
							8	

Medium # 308

		5		4	8		6	
	7			9				3
		9		2		1		
7		2			9			
			4			5		2
		8		6		9		
4				3			5	
	2			8	5		7	

Medium # 309

		6		1				8
			8		3	6		
7					9			
		8	9	5				
9		2				3		5
			8	7	4			
			5					6
		3	2		4			
2				3		9		

Medium # 310

			7	5	1		3	
		4		3				
8	1		4					
	3					7	1	
		9				6		
	5	6					4	
				2			6	4
			4			5		
	6		5	8	9			

Medium # 311

	3	8	5					
			2			5	6	
						4		8
	7			8				1
			9					
6			2				4	
3		4						
	5	9	3					
					1	7	5	

Medium # 312

			9				7	3
	7		4				8	6
	3							
2		4	6			3		
			7					
	7			5	1			9
						6		
3	2			8			1	
9	1		6					

Medium # 313

```
2 . 5 | . . . | . 9 1
. . . | 9 . . | . . .
. 8 1 | . . 5 | . 4 .
------+-------+------
. . 3 | . 6 . | . . .
5 . . | 1 . 3 | . . 2
. . . | 8 . 7 | . . .
------+-------+------
. 2 . | 7 . . | 8 5 .
. . . | . . 9 | . . .
7 4 . | . . . | 9 . 6
```

Medium # 314

```
2 1 . | . . . | . 8 .
3 . . | . 8 . | . 7 5
7 . . | 9 . . | . . .
------+-------+------
. . . | 3 . . | . . 9
. 6 . | . 5 . | . 1 .
4 . . | . 7 . | . . .
------+-------+------
. . . | . . 1 | . . 4
8 4 . | 2 . . | . . 7
. 2 . | . . . | . 3 8
```

Medium # 315

```
. . . | . . . | . . .
4 . 3 | . . 5 | 1 2 .
. . . | 2 6 3 | . 5 .
------+-------+------
2 4 . | 6 . . | . . .
7 . . | . . . | . . 3
. . . | . 4 . | . 7 9
------+-------+------
. 6 . | 3 4 8 | . . .
. 3 2 | 9 . . | 6 . 8
. . . | . . . | . . .
```

Medium # 316

```
4 . 9 | 2 . . | 6 . .
1 . . | . . . | . . 8
7 8 . | 4 . . | . . .
------+-------+------
. . . | . 1 . | 9 . .
. 6 . | . . 5 | . . .
. 2 . | 3 . . | . . .
------+-------+------
. . . | 4 . . | 5 9 .
8 . . | . . . | . 6 .
. 3 . | . 8 2 | . 4 .
```

Medium # 317

```
8 . . | . . 4 | . . .
. . 5 | . 8 . | . . 9
. 4 . | . 2 . | . . .
------+-------+------
3 5 1 | . 8 . | . 4 .
. 2 . | . . . | . 8 .
. 8 . | . 6 . | 9 3 2
------+-------+------
. . . | . 9 . | . 5 .
6 . . | 2 . . | 1 . .
. . . | 1 . . | . . 3
```

Medium # 318

```
4 . . | 5 . 6 | . 7 .
6 7 . | . 8 . | . . .
. . 9 | . . . | 2 . .
------+-------+------
. 9 3 | . . . | . . 6
. . . | 4 . 1 | . . .
7 . . | . . . | 2 9 .
------+-------+------
. 2 . | . . . | 4 . .
. . . | 3 . . | . 8 2
. 5 . | 9 . 4 | . . 1
```

Medium # 319

		1		2	9			
6								
		7			1	4		9
	3	6	8	4			1	
	5			1	3	9	2	
5		2	3			7		
								6
			1	5		3		

Medium # 320

	2		5	4				8
			7		1			9
		1		6				
	4					6		7
			2		6			
3		8					2	
				2		7		
4				3		9		
2				7	5		4	

Medium # 321

						9	1	
2	7					1		
				6		4		7
		5				2		6
	3		7		2		8	
1		2				3		
5		6		2				
			9				4	3
		4	6					

Medium # 322

					6	3	2	
			7	5	1		9	
					6			
8	1			6			3	
2								9
	5			9			8	7
		4						
	7		8	2	5			
	8	5	4					

Medium # 323

	5			2				
		3	5					6
			7				3	9
		8	6		5	1		7
3			6	1		4	2	
7	6				2			
4					9	7		
				5			8	

Medium # 324

		1				8		3
				1			6	5
			4					7
	2			7			8	1
		9		4				
9	5		1				2	
5			3					
8	7		2					
6		3				7		

Medium # 325

```
. . 7 | 4 . . | . . 9
6 4 . | . . 8 | . . 2
3 . . | 5 . 1 | . . .
------+-------+------
7 . . | . . 8 | . . .
. . . | 6 . . | . . .
. . 5 | . . . | . . 4
------+-------+------
. . . | 1 . 7 | . . 8
1 . . | 2 . . | . 3 7
8 . . | . . 5 | 4 . .
```

Medium # 326

```
. . . | 2 . . | 3 . 1
7 . . | . . . | . 9 .
. . 6 | 3 . . | 8 . .
------+-------+------
6 7 . | 2 . 5 | . . 9
. . . | . . . | . . .
1 . . | 6 . 8 | . 3 2
------+-------+------
. . 5 | . . 2 | 7 . .
. 9 . | . . . | . . 3
8 . 2 | . 1 . | . . .
```

Medium # 327

```
. . 7 | 5 . . | . . .
. 8 . | . . . | . 5 3
9 . . | . . 6 | . . 8
------+-------+------
. 2 . | . 7 4 | . . 5
. . . | 6 . 8 | . . .
6 . . | 1 3 . | 4 . .
------+-------+------
7 . . | 4 . . | . . 2
2 3 . | . . . | 7 . .
. . . | . 2 9 | . . .
```

Medium # 328

```
. 1 3 | 9 . . | . . .
. . . | 5 8 . | 7 . .
. . . | . . . | 5 . 9
------+-------+------
. 5 . | 2 . . | 1 7 .
. . . | 3 . 6 | . . .
. 6 9 | . . 5 | . 8 .
------+-------+------
1 . 5 | . . . | . . .
. 7 . | 3 9 . | . . .
. . . | . 4 6 | 9 . .
```

Medium # 329

```
. 2 7 | . 9 . | . 6 .
. . 4 | . . . | . . .
. . . | . . . | 9 8 5
------+-------+------
6 . . | . 8 9 | . . .
1 . . | 5 . 3 | . . 7
. . . | 6 4 . | . . 9
------+-------+------
7 6 2 | . . . | . . .
. . . | . . . | 1 . .
. 8 . | . 3 . | 2 7 .
```

Medium # 330

```
. . 7 | 6 . . | 5 . 4
. . . | 5 . . | . . .
4 . 1 | . 9 . | . . 2
------+-------+------
. 9 4 | . 2 . | . . .
. . . | 6 . . | . . .
. . 8 | . . . | 6 9 .
------+-------+------
1 . . | 4 . . | 3 . 8
. . 3 | . . . | . . .
5 . 6 | . . 8 | 9 . .
```

Medium # 331

					6		2	9
								7
		6	8	4				
			3	4		9		
7		1				2		3
	9		7	2				
				7	1	4		
6								
5	3		4					

Medium # 332

	8	1						
3				4		2		
4			5	8		9	1	
5		9			1			
			2			1		6
	3	8		5	4			1
	7			6				2
					4	7		

Medium # 333

5	4	6		8				
3			9					8
				2				7
	2				1			
8		3			7			6
			2			8		
7				3				
2					8			5
				4		6	9	3

Medium # 334

1			7			9		
7		9						3
4				5	6	7		
	3				2			
2								4
			8			6		
		5	2	4				8
3						4		1
	1				9			6

Medium # 335

8						2		7
			6					
			4		5	1	3	
				7		9	4	1
			1			3		
5	6	9			1			
	5	3	2			8		
						9		
6			2					9

Medium # 336

5		2	1					
7	9		8			3		
				4				
			6			5	1	
3	2						4	9
	8	5			3			
			7					
	3				9		6	5
					4	9		7

Medium # 337

			6		9	2		
	4			5	2			
2					5			
8			3			9		
	2		1		5		3	
		4			8			2
		7						4
			5	9			8	
		5	8		6			

Medium # 338

	9		3					
2	6	1					5	
					4	7		
7			8	4				9
			7		6			
8				3	5			7
		8	1					
	5					1	3	8
					9		4	

Medium # 339

3			9		1	2	5	
	6		2	4				
2				6				9
	5	6			8	7		
8			1					2
			2	3		6		
	1	9	8		7			3

Medium # 340

							9	1
7		6	8			2		
			5	6	3			
6				4				
8			2					7
			9					2
			1	5	2			
		1			9	7		3
9	2							

Medium # 341

9				3				7
	6				7			
2			8	5				
		3			9	1	8	
	2						9	
	9	4	1			7		
				6	5			1
			2				7	
6				9				4

Medium # 342

4	8	1						
						8	7	
6				9			2	
			1				4	
1		4	5		8	6		3
	7				3			
	9			4				8
	1	8						
						3	1	7

Medium # 343

```
. 8 3 | . 7 . | . . .
. . 7 | 6 . 3 | . . .
. . . | . 8 . | 3 . .
------+-------+------
. . 8 | . 5 1 | . 7 .
. . . | 9 . 7 | . . .
. 5 . | 8 3 . | 9 . .
------+-------+------
. . 6 | . 9 . | . . .
. . . | 5 . 6 | 4 . .
. . . | . 1 . | 5 3 .
```

Medium # 344

```
. . . | . 5 . | . 8 .
2 4 . | 6 . . | . . .
8 . . | 1 . . | 9 . 7
------+-------+------
1 8 . | . . . | 2 . .
. . . | . 1 . | . . .
. . 3 | . . . | . 4 8
------+-------+------
3 . 4 | . . 9 | . . 5
. . . | . 3 . | . 1 9
. 2 . | . 8 . | . . .
```

Medium # 345

```
. 6 5 | 8 . 3 | . 2 .
. . . | . . 4 | . 8 .
. . 3 | . 9 . | 4 . .
------+-------+------
. . . | . . 1 | . 6 .
8 . . | . . . | . . 9
. 1 . | 2 . . | . . .
------+-------+------
. . 7 | . 4 . | 6 . .
. 4 . | 5 . . | . . .
. 5 . | . 7 . | 8 3 4
```

Medium # 346

```
. . . | . 3 . | 5 . .
. . . | . . . | 9 8 .
7 5 . | . 1 4 | . . .
------+-------+------
. 8 4 | . 2 . | . 7 .
5 . . | . . . | . . 6
. 2 . | . 7 . | 4 3 .
------+-------+------
. . . | 1 4 . | . 2 3
. 4 8 | . . . | . . .
. . 3 | . 5 . | . . .
```

Medium # 347

```
. . 3 | 6 . . | 2 . .
. . . | . 4 . | . 9 .
. . . | 9 8 . | 4 . 5
------+-------+------
. 5 . | . . . | 9 . 6
. . 8 | . . . | 5 . .
2 . 9 | . . . | . 4 .
------+-------+------
4 . 5 | . 2 7 | . . .
. 7 . | 8 . . | . . .
. . 2 | . . 5 | 1 . .
```

Medium # 348

```
2 . . | 8 . 1 | . 7 .
. 5 . | . . . | . . .
. . . | . . . | 2 . 3
------+-------+------
8 . 7 | . 9 . | . 5 .
. . 3 | . . . | 6 . .
. 9 . | . 3 . | 1 . 8
------+-------+------
5 . 4 | . . . | . . .
. . . | . . . | 5 . .
. 8 . | 5 . 3 | . . 2
```

Medium # 349

		6						3
			9					
	1				5	2	9	6
	2			5		9		
9			2		6			1
		5		1			7	
5	3	2	7				4	
					3			
6						8		

Medium # 350

	9				7	2		
4		5		1				
			6				9	
		7				5	4	
6		2				7		1
	4	1		6				
	8			4				
			7			9		3
		3	5				8	

Medium # 351

		5			6			
7					1			
4	9	8		5			6	
		6					3	7
		1			6			
3	8				5			
	3			8		1	9	5
			4					6
			2			8		

Medium # 352

	7							6
2		8	1				4	
			7			3		
				7	5	8		
	8			2			7	
	4	5	8					
		9			1			
	5				3	7		2
8						5		

Medium # 353

	5		2				8	7
	2			1	8		6	
				6		4		
		7					4	
			9		5			
	8					2		
		4		2				
	7		8	4			2	
2	3				1		7	

Medium # 354

6						1		
2			5	4				
3	4				2			
		7		9				
4			3		1			2
			7			5		
			1				9	3
			5	9				6
	6							1

Medium # 355

	5	6	2				9	
9	3				1			
					6			
5		7	6	3				2
8				9	4	3		7
		4						
			9				1	5
	2				7	4	3	

Medium # 356

1								
		7			8	4		1
	4	8	5					
9				8				4
		5	4		9	8		
4				1				5
				4	1	3		
6		2	1			7		
								2

Medium # 357

		7	9		8			6
	8	6				4	3	
			7				9	5
	1			6			2	
8	7				1			
	2	3				7	6	
1			5		7	9		

Medium # 358

	7	3		4				
							4	
8		9		6	2			
	3			5				2
4			7		6			8
1				2			7	
			9	3		2		4
	1							
				7		6	8	

Medium # 359

					9			3
5				1				
2		6		3			4	
8							5	7
	9						6	
6	5							4
	7			4		3		8
					3			2
1			8					

Medium # 360

5		4		9			7	
	2							6
9						1		
2			8				1	
4			2		6			9
	7				5			3
		8						1
1						3		
	6			1		8		7

Medium # 361

```
. . . | . . . | . . 9
2 . . | . 3 . | . . .
3 . 9 | 7 . . | 5 . .
------+-------+------
6 . . | . 9 . | 4 . .
. 3 2 | 4 . 1 | 7 6 .
. 1 . | 3 . . | . . 5
------+-------+------
. 5 . | . 4 8 | . 6 .
. . . | 6 . . | . . 1
4 . . | . . . | . . .
```

Medium # 362

```
. 5 . | 6 . 3 | . . .
. . . | 2 . . | 6 . .
. 4 . | 5 8 . | . 7 .
------+-------+------
. 8 . | 1 . . | . . .
9 . 7 | . . . | 1 . 4
. . . | . . 4 | . 6 .
------+-------+------
. 6 . | 3 9 . | . 8 .
. . 1 | . 4 . | . . .
. . . | 7 . 6 | . 4 .
```

Medium # 363

```
. . . | 5 9 . | 4 7 .
. 2 . | 6 . . | . . .
6 . . | . 7 5 | . . .
------+-------+------
. . . | . . 8 | . 1 .
. . 1 | 9 2 . | . . .
7 . 9 | . . . | . . .
------+-------+------
. . 6 | 5 . . | . . 4
. . . | 7 . 3 | . . .
1 3 . | 6 2 . | . . .
```

Medium # 364

```
4 . . | . 6 . | 1 . 5
. 6 . | . . . | 8 . 9
. . . | 9 . . | 7 . .
------+-------+------
. . . | . . 5 | 3 . .
2 . . | 7 . 3 | . . 1
. . 7 | 1 . . | . . .
------+-------+------
. . 4 | . . 6 | . . .
9 . 6 | . . . | . 4 .
1 . 5 | . 3 . | . . 6
```

Medium # 365

```
. . 5 | . . 8 | . . .
. . . | . . 3 | 9 2 5
2 1 . | . . . | . . .
------+-------+------
6 . 4 | . 2 . | . . 8
. . . | 4 . 5 | . . .
9 . . | 7 . 5 | . 2 .
------+-------+------
. . . | . . . | . 3 1
4 2 7 | 1 . . | . . .
. . . | 9 . 2 | . . .
```

Medium # 366

```
. . . | 8 . . | 3 . 4
9 4 . | 5 . . | . . .
. . 2 | . 3 7 | . . .
------+-------+------
. . . | . . . | 8 . 3
8 . . | 2 . 1 | . . 6
1 . 7 | . . . | . . .
------+-------+------
. . . | . 9 7 | . 6 .
. . . | . . 4 | . 9 5
2 . 4 | . . 6 | . . .
```

Medium # 367

	4	8				2	1	
	2			4	7			
					4			
					6	3		8
			4		3			
6		1	8					
		4						
			1	9			7	
	7	3				1	2	

Medium # 368

			5		7	4		
4			9				3	
8								1
9						5		6
		4		1		3		
7		5						2
2								4
		8			3			9
		9	1		2			

Medium # 369

			6				5	8
					9			7
				2	8		4	6
	5				1		2	
		4				8		
	7		9				3	
5	9		4	7				
1			3					
2	6				5			

Medium # 370

	5		4					1
						4		5
	4			2	9			3
			8			6		2
	1						3	
9		8			1			
7			6	8			5	
8		2						
4					7		9	

Medium # 371

					7			
	7	5	4					
6			3			1	5	
	3			2				9
2		6				8		7
7				9			5	
			1	2			3	4
					5	9	1	
				3				

Medium # 372

	3		4					6
	6				1		3	2
				8				
7			5			6		
2				3				1
	8				2			5
				6				
3	7		8				9	
4					3		7	

Medium # 373

2			3					
		5		8		2		1
	8						6	9
8					9	6		
	6						2	
		9	8					5
3	5					1		
7		4		6		5		
				2				7

Medium # 374

	4	5	7	1				
				2				3
1						2		
		7	2				9	1
3								2
9	6				5	3		
		4						8
6				5				
			4	9	7	5		

Medium # 375

9								
		1	8			5		3
4				6			7	
		4	6	2		9		
	9						2	
		5		8	7	6		
	8			1				5
3		7			8	2		
								4

Medium # 376

8					6	4		
			3			5		
			4				2	
	4			7			3	
5		3		4		2		7
	8			9			1	
	5				9			
	4				1			
	1	7						3

Medium # 377

					9	4		
			1	5			7	
8					6		9	
	8	2		3				9
9								2
6				7		3	5	
	2		6					4
	5			2	7			
		6	8					

Medium # 378

		2			4			9
	8		5					
6	4			8				2
		3	2	7				
2								5
			1	6	8			
5				4			9	1
				8		3		
1			7			2		

Medium # 379

9						4		
	7	6			5			
			1	2		7		
	3				6			
	6	9	4		2	1	3	
			8				4	
		2		9	8			
			6			2	9	
		5						7

Medium # 380

								8
3		5		1	6			
1			8				5	
		1	6		9		7	
4								5
	9		3			7	8	
	2				1			7
			7	2		6		9
9								

Medium # 381

7	1	3						
					9			
		9		7				5
		6			8		4	1
		1	5		4	3		
2	8		9			7		
4				1		2		
			6					
						8	3	4

Medium # 382

			9				4	3
2		8		7				
		3		5				1
							6	7
		9	3		7	2		
1	2							
4				3		1		
				4		9		5
8	7				1			

Medium # 383

	9							
			5	8				7
	5					8	1	6
		3		9		2	6	
7								1
	6	1		5		3		
3	1	2					9	
6				4	2			
								5

Medium # 384

				7	2			
9				8		7	2	
2								1
			9	5			1	7
		9				8		
7	4			3	6			
5								4
	7	6		9				3
			8	6				

Medium # 385

```
. 3 . | . . . | . . 7
. . . | 1 8 . | . 3 .
. 7 . | . . 9 | 4 . .
------+-------+------
. . . | . . . | . 7 2
. . 6 | 9 . 8 | 1 . .
3 9 . | . . . | . . .
------+-------+------
. . 3 | 8 . . | . 1 .
. 4 . | . 7 2 | . . .
6 . . | . . . | . 5 .
```

Medium # 386

```
. . . | . 9 . | . . .
1 . 2 | . . . | . . .
4 8 . | 3 1 . | . 2 .
------+-------+------
. 2 . | 8 . . | 7 . 6
. . 8 | . . . | 9 . .
3 . 5 | . 1 . | . 8 .
------+-------+------
. 5 . | 3 7 . | . 9 8
. . . | . . . | 6 . 1
. . . | 2 . . | . . .
```

Medium # 387

```
. . . | 3 . 5 | . . .
. . . | 9 . . | . 4 .
. 1 5 | 8 . . | . 6 .
------+-------+------
7 . . | . 6 3 | . . .
6 5 . | . . . | . 7 1
. . 2 | 4 . . | . . 6
------+-------+------
. 3 . | . 4 . | 7 8 .
. 4 . | . 5 . | . . .
. . . | 6 . 1 | . . .
```

Medium # 388

```
. . . | 8 . . | 2 . .
. . . | . 6 . | . 1 .
1 9 3 | . . . | 4 . .
------+-------+------
. 4 . | 6 3 . | 7 . 9
3 . 5 | . 7 4 | . 2 .
. 7 . | . . . | 5 6 1
------+-------+------
. 3 . | . 1 . | . . .
. . 4 | . . 9 | . . .
. . . | . . . | . . .
```

Medium # 389

```
. . . | 2 9 5 | . . 3
. . . | . 3 . | 6 . .
. . . | 8 . . | 9 . 7
------+-------+------
. . 3 | 4 . . | . 9 .
7 . . | . . . | . . 8
. 1 . | . . 7 | 2 . .
------+-------+------
1 . 7 | . 2 . | . . .
. 4 . | 5 . . | . . .
2 . . | 9 8 6 | . . .
```

Medium # 390

```
. . . | 1 . . | 7 . .
. 5 9 | 6 . . | 8 4 .
. . . | 4 . . | 5 . 9
------+-------+------
. . . | . 7 1 | . . 5
. . . | . . . | . . .
9 . . | 6 8 . | . . .
------+-------+------
5 . 2 | . . 4 | . . .
. 6 4 | . 8 . | . 2 9
. 7 . | . 2 . | . . .
```

Medium # 391

		5		9				
7					4			
	2				1		9	8
					9			4
9		2				5		7
1			7					
4	3		5				6	
			6					1
				1		2		

Medium # 392

2	4	1			6		9	
					3			
3								
9			4		2	6	1	
	2						8	
	5	8	6		7			9
								3
		8						
	3		9			7	5	6

Medium # 393

4		6	2					
			8	7				6
			6		3	7		
1		7	2					
6								4
			1		6			8
	5	9	4					
3			8	7				
					1	5		2

Medium # 394

			3	8		6	4	
		6					5	
			1	5		3		
			6				2	
	8		7		2		9	
	9				8			
		5		6	3			
	6					9		
	3	1		2	7			

Medium # 395

2	3				8			7
			9	6			3	
	8					6		
3				4				
4	9						5	2
				9				1
		7					8	
	2			7	6			
6			8				9	5

Medium # 396

			1		4	9	5	
								1
	7	6					8	
6			2			1		
		8		4		7		
		1		6				3
	8					5	3	
9								
	6	5	3		9			

Medium # 397

		9			4			
				8	7			
2	1			5				
	6		7				1	
	2		6	3	5		4	
	3				1		6	
			8				7	2
		5	3					
			4		5			

Medium # 398

	5		7					
			3	4		7		
		8	3				6	9
				6	2	1		
		6				5		
		1	4	5				
1	3					2	4	
		7		1	3			
				4			8	

Medium # 399

	7				5	8	6	
8					3			
	5			8		3	7	
			2			5		
1								6
		5			1			
	4	7		2		5		
			4					9
	3	2	9			4		

Medium # 400

6			5				1	
7			2			6		
	2			4	8			
			6			5		
3			7		4			1
		9		8				
			4	7			2	
		1			6			7
	6				5			8

Medium # 401

			5				2	8
2							3	
		6	1			7		
3			4			8		
		4				6		
	9				5			7
		1			4	3		
	7							2
5	4				9			

Medium # 402

		3	5				9	
1		9						7
			4		6	5	3	
9							5	
		5				9		
	6							3
	3	1	6		7			
4						3		6
	2				4	8		

Medium # 403

```
. . . | . . 7 | . . .
. . 9 | 3 . . | . . 8
. 6 . | . . 1 | 5 3 2
------+-------+------
7 . . | . 6 . | 8 2 .
. . . | . . . | . . .
. 1 2 | . 7 . | . . 4
------+-------+------
1 2 4 | 6 . . | . 8 .
8 . . | . . 2 | 9 . .
. . . | 8 . . | . . .
```

Medium # 404

```
2 . . | 5 . . | . . .
4 6 . | . 3 . | 9 . .
. 5 . | . 7 . | 8 6 .
------+-------+------
7 . 2 | . . . | . . .
. 1 . | . . . | . 2 .
. . . | . . . | 5 . 3
------+-------+------
. 4 6 | . 5 . | . 8 .
. . 8 | . 1 . | . 5 4
. . . | . . 6 | . . 7
```

Medium # 405

```
1 . 6 | . . . | . 5 .
7 . . | . . 3 | . . .
. . . | 1 . 3 | 4 . .
------+-------+------
. 6 . | 5 . . | . . 3
. 5 . | 2 . 4 | . 1 .
3 . . | . . 6 | . 7 .
------+-------+------
. 1 9 | . 8 . | . . .
. . . | 3 . . | . . 4
. 2 . | . . . | 9 . 6
```

Medium # 406

```
. 3 . | 6 . . | 9 . 1
. . . | 2 . . | . 8 .
. . 7 | . 1 . | 6 . .
------+-------+------
. . . | 6 . . | . . 9
. 1 . | 5 . 8 | . 7 .
8 . . | 2 . . | . . .
------+-------+------
. . 2 | 9 . . | 1 . .
. 4 . | . 2 . | . . .
7 . 3 | . 5 . | 2 . .
```

Medium # 407

```
. . . | 7 . 1 | . . .
6 . 7 | . 3 . | . . .
. . . | 5 2 3 | . . .
------+-------+------
. 1 3 | . . . | 2 4 .
. . 4 | . 7 . | . . .
8 9 . | . 3 5 | . . .
------+-------+------
. 6 5 | 1 . . | . . .
. . . | 9 . . | 4 . 3
. . . | 1 . 3 | . . .
```

Medium # 408

```
. 2 5 | 6 . . | . . .
. . . | 4 1 . | 6 . .
. 6 . | . 3 . | . . 7
------+-------+------
. . . | . . 3 | . . 6
6 8 . | . . . | . 5 1
5 . 7 | . . . | . . .
------+-------+------
1 . . | . 7 . | . 4 .
. . 8 | . 5 2 | . . .
. . . | . . 4 | 7 8 .
```

Medium # 409

	6			4		9		
				8	1			6
1		5						
8		9		4		6		
3								7
	2		3			8		1
						4		8
9		6	2					
		1	3			5		

Medium # 410

				4	8			
	5		9	3				
3			7			2		9
7			4					
	3	6				4	1	
				6				5
4		2		6				8
			5	2			6	
		9	1					

Medium # 411

		4						6
9			3	5		7	8	
			7			3		2
			8					1
			2		6			
6				1				
4		9			5			
	5	2		9	7			8
3					6			

Medium # 412

2			6	4				
	7				8	5		4
			9					
	9						1	3
4			7		3			6
8	6					7		
				1				
9		4	2				6	
			5	9				1

Medium # 413

	9	4	6				2	
	1	6	9					
5			4					
				1	7	3		
1								2
	3	8	2					
				7				9
				9	2	4		
	4			5	6	1		

Medium # 414

1			8					
7				9		8		
5	6		7	4				
		6						2
	2		5		4		7	
8					3			
			2	8			9	6
	5		9					4
				1				3

Medium # 415

		4	8					7
3			5	1			6	2
		6		4		3		
8			6		1			9
		2		8		1		
1	6			2	9			3
9					5	8		

Medium # 416

			1	3		9	6	
		1	5					8
4	5							
1				7			9	
		9				7		
	3			9				1
							3	7
6					9	4		
	4	5		8	3			

Medium # 417

			9	1		6	3	5
		1		5				8
	1	9			5			
	4			3			8	
			6			9	2	
5				4		2		
7	9	3		8	2			

Medium # 418

3	5			1				
4					7			
			8				2	
1			7		8	6		
	9			2			5	
		6	3		5			8
	6				1			
			5					2
				8			4	3

Medium # 419

				1	5			
	4				7			3
	9	7				1		
2			1	4		5		
8								6
		6		2	9			1
		2				8	6	
9				2			1	
			3	7				

Medium # 420

							8	
6								
7				6	8	4	9	
	2		8			9		3
		9	6		3	2		
3		5			7		1	
	4	6	9	1				5
								9
	9							

Medium # 421

8	1	2		9	5	4		
				6				3
						8		
	4		9	5		1		
		6		2	1		4	
	6							
1				4				
		8	2	1		6	7	5

Medium # 422

	8	4			7			
	9	2			3	1		
						2		5
3			9	8				
	2						4	
			4	5				3
6		9						
		7	3			9	2	
			6			5	1	

Medium # 423

7			9				6	
	9			4				
8			2			5		9
							2	1
		8	1		3	6		
4	3							
1		3		8				2
			2			4		
	8				4			6

Medium # 424

	3	2			8			
	5		4					
	1		9	2				5
6		5						
			4	3	7			
						9		2
3			9	5		7		
		7				2		
		8				5	1	

Medium # 425

		5				6		
2			7	6		4		
			8		1	3		
						1	5	
4			3		8			7
	2	3						
	9		1		4			
	7			9	5			6
		2				4		

Medium # 426

			3	5	2			
	4	9		7				1
						9		
			9	2				6
	3			6			8	
1			8	5				
		4						
2			6			5	3	
		8	5	2				

Medium # 427

		8	5					3
			4		6			
7		3			1			
1				9	7			
	5			7			9	
		6	1					8
			9			8		5
			6		2			
5					3	1		

Medium # 428

			9	1			4	
7		5	3		4			6
			7			1		
							8	3
		1				5		
9	6							
		9		3				
5			7			9	4	
	8			4	1			2

Medium # 429

2					1	9		
			2	4			7	
7				3		6	4	
3		6		8				
				9		4		6
1	7		4					8
	8			3	2			
		3	5					2

Medium # 430

1				8	6			4
	5					1		
			6			5	3	
			9			2		
6	1						4	5
	4			3				
	7	4		6				
	2					8		
8		9	3					1

Medium # 431

		3			4	6		
	2		7	6				
	8		5					
			8					7
	9	6		7		8	1	
7			4					
					3		9	
			5	2			3	
		4	6			5		

Medium # 432

						7	3	
4		1				5		8
		9	5		4	1		
5			4	3				
			2	6				1
		5	1			7	8	
7		8				4		6
	9	4						

Medium # 433

		7		3			9	
			6					
	2				9	5		
4			7		1		3	
	7	9				8	2	
	1		8		2			7
		4	1				6	
				8				
	3			4		1		

Medium # 434

	9		5					
							2	7
3			4			6	1	
2		5	8	7				
				1				
			5	4	7			3
	4	2	6					8
9	5							
				1		7		

Medium # 435

						2	7	
		1	4	5		8		
				7			3	
	3				6			8
9		8				3		2
7			1			9		
	4			9				
		2		3	4	1		
		1	7					

Medium # 436

8				7			3	
			2					
3			5	9	6		1	
	4							
1	9	7				2	5	8
							4	
		4		8	7	6		2
					5			
	1			9				7

Medium # 437

5			8			2		
7	9							
			9		3			
2	3		5				9	8
		1			5			
8	5			9		6	3	
		2		7				
						3	5	
		5			1			6

Medium # 438

	4	5	7		3			
				2				
			1				8	7
2		9	5	6		1		
		3		7	8	6		4
5	3				9			
			4					
		6			2	8	9	

Medium # 439

```
. . . | . 9 . | . 3 .
. . 3 | . 6 5 | 1 . 9
. . 6 | 1 . 3 | . . .
------+-------+------
. 5 . | 6 . . | . . .
7 . . | . . . | . . 1
. . . | . . 4 | . 8 .
------+-------+------
. . . | 3 . 1 | 7 . .
6 . 4 | 9 8 . | 3 . .
. 8 . | . 7 . | . . .
```

Medium # 440

```
7 . . | 8 2 5 | . 1 .
. . . | . . . | . . .
4 . . | . . . | 6 2 .
------+-------+------
. . 5 | 6 . . | . 9 .
3 2 . | . . . | . 8 1
. 4 . | . . 8 | 7 . .
------+-------+------
. . 6 | 9 . . | . . 7
. . . | . . . | . . .
. 1 . | 3 7 4 | . . 6
```

Medium # 441

```
. 1 7 | . . . | . . .
. . . | . . . | . 1 5
5 . . | 4 9 2 | . . .
------+-------+------
. 7 . | 6 . . | 5 9 .
. 6 . | . . . | 3 . .
9 5 . | 1 . . | 4 . .
------+-------+------
. . 6 | 9 5 . | . . 7
1 3 . | . . . | . . .
. . . | . . . | 3 6 .
```

Medium # 442

```
. . 1 | . 4 . | . 6 8
. . 6 | 7 . . | . . .
. . . | . . . | 8 4 .
------+-------+------
9 . . | 4 . . | 8 . .
. . 3 | . 6 . | 2 . .
. . 5 | . . 7 | . . 1
------+-------+------
. . 8 | 2 . . | . . .
. . . | . . . | 1 7 .
5 2 . | . 3 . | . 1 .
```

Medium # 443

```
. . 1 | . 6 . | 7 . 9
8 2 . | 1 . . | . . .
. . . | 5 8 . | . . .
------+-------+------
. 9 4 | . . . | . . 6
. 5 . | . . . | 2 . .
6 . . | . . 8 | 9 . .
------+-------+------
. . . | 7 3 . | . . .
. . . | . 2 . | . 7 5
9 . 5 | . 4 . | 1 . .
```

Medium # 444

```
8 . . | 1 . . | . . 5
. 1 . | . 9 5 | . . .
7 . . | 8 . . | . . 3
------+-------+------
. . 1 | 4 6 . | . . .
. 4 . | . . . | 5 . .
. . . | 5 3 7 | . . .
------+-------+------
1 . . | . 2 . | . . 8
. . 6 | 8 . . | 1 . .
3 . . | . 4 . | . . 2
```

Medium # 445

				7			1	
			4	1	6		9	
4								5
		3	2			4		
5			1		7			6
		1			5	2		
2								7
	8		7	6	4			
	5			9				

Medium # 446

						2	6	
8	1			7				
7		9		2				
2				7	6			8
			6		3			
1		6	8					4
			7			8		1
			8				2	5
	4	8						

Medium # 447

6	3					1		
			9		3			
9		1	6	5				
4	2		5			9		
	6				2		5	7
			3	7	2			4
			8		5			
		8					7	3

Medium # 448

1						3		
	5		1		2	4		9
	4			8				
		3			4			
5	7						1	2
			2			6		
				6			5	
9		7	4		8		2	
	8							3

Medium # 449

6				4				8
5	9	8	2		7			
						2		
		2			9	3		
			4		6			
		1	8			5		
	8							
			3		8	1	4	9
9				1				2

Medium # 450

			6	3	2	5		4
				4				
	7						6	8
	9			6		2		
			2		1			
		2		8			3	
8	5						1	
				2				
6			1	4	7	8		

Medium # 451

4				6		2		
				3		8		
3			4		1	9		
		2	1			3	8	
	8	9			7	5		
		3	8		4			9
		4		7				
		5		9				2

Medium # 452

			6	2	8			1
		8			7		9	2
	5			3	1	7	4	
	9	7	4	8			6	
5	8			1			4	
1			2	7	3			

Medium # 453

					2	7		4
4			3		7			5
1								
	6	8						9
		1	5		4	8		
2						6	3	
								8
5			8		9			3
6			7	4				

Medium # 454

		8			7		3	
3		2				5		
			8					
	9		3	2		8		6
	6						1	
8		3		5	4		9	
				6				
		6				1		7
	3			1		4		

Medium # 455

	4	6		1	7	8		
		9					3	4
8								
			2	4			9	
	8						5	
	1			6	9			
								2
3	2				5			
		5	8	2		7	6	

Medium # 456

	1				5	7		
8						6		
			3	6	8	2		
4	2				1		3	
	3		2				4	8
	6	1	3	5				
	7							5
		3	7			1		

Medium # 457

						8		9
5					1		4	
	4	1	9		2			
	9						3	
			6	7	9			
	2						9	
			1		4	9	2	
	1		7					5
4		3						

Medium # 458

			5			4		
8		2			1		7	3
		5						9
9			4			3		
		6				7		
	4				5			1
3						8		
5	7		9			3		2
	6			8				

Medium # 459

1			5			7	3	
	5			4		6	9	
	4							
			8		6	1		9
5		4	9		1			
						6		
	6	7	2			4		
	1	9			5			2

Medium # 460

						9	6	
			8					3
1	5			6		2	7	
		9		3				5
		5				6		
7				5		8		
	7	6		8			1	4
5					2			
	8	4						

Medium # 461

			8		6			
7		5	3	2				
	1			7		4		
5				8				6
		1			5			
9			7					4
	6		8			3		
			5	4	2			9
		9		1				

Medium # 462

	5	2	6					3
1		6				9		
			8	5	9			
				2		7		
2								1
		7		6				
			1	8	2			
	9					1		2
3				7	4	6		

Medium # 463

```
. . 9 | 5 7 . | . . 2
. . . | . . 3 | . . .
. 5 . | 6 1 . | . 9 8
------+-------+------
. . 2 | . . . | . . 1
. . . | 1 . 8 | . . .
6 . . | . . . | 7 . .
------+-------+------
8 9 . | . 6 7 | . 3 .
. . 5 | . . . | . . .
3 . . | . 5 4 | 8 . .
```

Medium # 464

```
. . 3 | . . 5 | . 7 .
. 6 . | . 4 . | . 9 .
. . . | . . 2 | . . 5
------+-------+------
. 4 . | 6 8 . | . . .
. 9 . | . . . | 7 . .
. . . | 5 9 . | . 8 .
------+-------+------
3 . . | 9 . . | . . .
. 9 . | . 7 . | . 1 .
. 2 . | 8 . . | 4 . .
```

Medium # 465

```
. . 7 | 6 . . | 2 . 4
. . . | 5 . 8 | . . 7
1 . . | . 4 . | . . .
------+-------+------
. 8 . | . . . | . . 9
. . 2 | . 9 . | 5 . .
3 . . | . . . | . 1 .
------+-------+------
. . . | . 6 . | . . 1
8 . . | 7 . 9 | . . .
4 . 5 | . . 1 | 8 . .
```

Medium # 466

```
. . . | . 4 8 | . . .
. 2 . | . 3 . | . 1 .
. 3 . | . 5 2 | . . 6
------+-------+------
. 4 6 | . . . | 1 . .
7 . . | . . . | . . 4
. . 1 | . . . | 6 5 .
------+-------+------
3 . 9 | 1 . . | . 4 .
. 8 . | . 6 . | . 9 .
. . . | 4 9 . | . . .
```

Medium # 467

```
. . . | 9 6 . | . 5 .
. 2 1 | . 5 . | . . 6
6 8 . | . . . | . . .
------+-------+------
. . . | 8 . . | 7 . .
. 6 . | . . . | . 9 .
. . 7 | . . 2 | . . .
------+-------+------
. . . | . . . | . 2 5
7 . . | . 1 . | 8 4 .
. 5 . | . 4 6 | . . .
```

Medium # 468

```
. 3 9 | . . 8 | . . .
. . . | . . 6 | . . 9
. . 2 | . 7 4 | . . 6
------+-------+------
. . . | . . . | . 5 3
. . . | 6 . 1 | . . .
8 6 . | . . . | . . .
------+-------+------
2 . . | 1 6 . | 8 . .
7 . . | 5 . . | . . .
. . . | 4 . . | 3 9 .
```

Medium # 469

```
. 8 . | . 3 . | 4 . .
. . . | 2 . . | . 1 6
. . . | 6 . . | . . 8
------+-------+------
6 . 9 | 3 . 1 | 5 . .
. . . | . . . | . . .
. . 5 | 9 . 8 | 3 . 1
------+-------+------
2 . . | . . 4 | . . .
8 7 . | . . 2 | . . .
. . 4 | . 9 . | . 7 .
```

Medium # 470

```
. . 6 | 7 . . | . . 9
. 5 . | . 6 . | . . 2
. . . | . 9 . | . . 7
------+-------+------
1 . . | 4 . . | . . 8
. 3 2 | . . 1 | 6 . .
4 . . | . 7 . | . . 5
------+-------+------
6 . . | 1 . . | . . .
8 . . | . 6 . | 9 . .
5 . . | . 3 7 | . . .
```

Medium # 471

```
2 . . | . . . | . . 8
. . . | 4 3 1 | . . .
. 7 8 | . . . | . . .
------+-------+------
7 . . | 9 . . | 2 . .
9 . . | 3 . 1 | . . 6
. . 5 | . . 6 | . . 3
------+-------+------
. . . | . . . | 6 5 .
. 4 7 | 5 . . | . . .
1 . . | . . . | . . 9
```

Medium # 472

```
9 . 1 | 7 . . | . . 4
. 8 . | . . 5 | . 1 3
. . . | . . 1 | . . .
------+-------+------
1 . . | . 5 . | 6 . .
3 . . | . . . | . . 8
. . 6 | . 4 . | . . 2
------+-------+------
. . 2 | . . . | . . .
8 7 . | 1 . . | . 4 .
6 . . | . 9 7 | . . 1
```

Medium # 473

```
. 2 . | . . . | . 7 1
. . . | . . . | 9 3 .
4 1 . | 9 3 . | . . .
------+-------+------
. . . | . 5 9 | . . 6
. . . | . 8 . | . . .
1 . . | 3 2 . | . . .
------+-------+------
. . . | . 7 8 | . 5 4
. 7 3 | . . . | . . .
2 5 . | . . . | . 9 .
```

Medium # 474

```
. . . | . . 6 | . . 5
. . 9 | . . . | . . 2
. . 7 | 2 8 3 | . . .
------+-------+------
. 6 8 | . . 5 | . 9 .
. . . | . 9 . | . . .
. 3 . | . 1 . | . 7 8
------+-------+------
. . . | 4 2 7 | 6 . .
4 . . | . . . | 9 . .
1 . . | 5 . . | . . .
```

Medium # 475

		2				9	3	
	5	8						2
			3	4				7
	6		1	4				
		7				3		
			6	3		5		
8			5	7				
3					6	2		
	9	4				8		

Medium # 476

1		9		6			2	
		5		3		1	8	
3						4		
	7							
6			1		8			9
						4		
		5						7
	1	3	2		5			
	6			1		5		4

Medium # 477

	1		6	8				
6						7		4
	2	7		1			6	
5		2	3					
				9	8		7	
7				9		1	4	
2		1						8
				7	3		9	

Medium # 478

				1		6		
	3	2	4				1	
		9		8				3
			1	3			8	
	8						2	
	1			5	7			
3				9		7		
		5			1	9	3	
		1		7				

Medium # 479

8						9		
	9						2	1
	7		6		1			
3		5			7			
	2		9		4		8	
			2		4			6
			1		9		7	
2	1						6	
		7						5

Medium # 480

2		3					1	8
			9	2			7	
				1	5			
		5	1					6
		1				4		
3					7	8		
			4	8				
	9			7	1			
4	1					2		5

Medium # 481

	2					1	9	
5		4				2		
					5	4	3	6
				9				
7		2				1		3
				4				
1	5	8	7					
		6				8		1
		7	3			2		

Medium # 482

		2	8				3	
4				3				
7					4		8	1
6			4	5				7
1				2	6			3
3	1		9					8
				1				4
	9				7	2		

Medium # 483

			8	1			2	
	2	5		4				
	8	4				5		6
	6			8				
3								2
			4			7		
7		1				6	8	
			8		9	1		
	5		1	3				

Medium # 484

7		4						
		2						3
					1		8	2
	9		5			3		
	1	3		4	9			
	8			9		6		
2	5		7					
9						7		
						3		4

Medium # 485

			1			3		
						4	8	
		1			8	6		9
	6		8	4				2
	8						3	
5			9	3				6
3			4	6			1	
	7	8						
		6		2				

Medium # 486

		2	3					
					8			4
		9				2	3	
				5	2	6		
2		6	9			5		1
	3	5	1					
7	2					8		
8			4					
					3	6		

Medium # 487

			7	4		2		
		8	2			3		
	5					4		9
				1				8
8			9		7			6
5				2				
7		3					5	
		5			3	9		
		6		9	1			

Medium # 488

	9	3	7					
	1							2
8	4			9			6	
				4				
		9	6		1	8		
				7				
	5			1			3	4
7							2	
					2	6	8	

Medium # 489

		8			4	7	9	
					6			5
	2		7					1
3				2				
			9	4	6			
				3				8
7					5		6	
8		4						
	3	1	2			8		

Medium # 490

	3			2	1		9	
	6			4				
7		4	9				6	
					5			
	5	1				2	4	
		3						
	9			2	7			5
			7			8		
	7		1	9			3	

Medium # 491

			6	9			4	
3				4		5		
			1				9	
5		4	7			3		
	6						5	
		3			2	4		1
	3				4			
		9		1				6
	5			2	9			

Medium # 492

	9		7	5			8	
2	8	1						
		5				9		
			3	2				
3			8		1			2
				9	4			
		2				5		
						7	6	8
	5			3	9		1	

Medium # 493

	6	4	9	1				
			7					8
	3				2			
	9			5		7		
	7	8				9	3	
		5		9			6	
			1				7	
1					5			
				6	4	3	1	

Medium # 494

			2			6	1	
	2			7	4			
	3			1				
4				8				6
8		2				5		9
1				4				3
				3		6		
		6	5			7		
	6	9			8			

Medium # 495

		4		1	7			8
			9			4		
		2				5		
			6			1		2
1			5		3			4
5		7		4				
		9				8		
		5			2			
4			6	7		3		

Medium # 496

	2		6				9	
5				8		7		
			4	5				8
6	4							3
	3					5		
8							1	7
3			2	5				
	7		4					5
	9			6		3		

Medium # 497

	5			3	8		1	
						5		
4		9		1	2			
		4						1
		3	8		7	6		
8					7			
			4	2		8		6
		7						
	3		9	7		5		

Medium # 498

		8						
	2		4		5			7
6		3		2				
8		4			1		6	
3								8
	5		2			4		1
				6		7		3
9			5		7		2	
						1		

Medium # 499

```
. . . | . . 5 | . . .
. 1 . | . . . | 9 . .
. . 8 | 1 6 . | . 7 4
------+-------+------
. 7 . | 5 . 8 | . 2 .
4 . . | . . . | . . 9
. 8 . | 3 . 2 | . 5 .
------+-------+------
2 4 . | . 1 3 | 8 . .
. . 1 | . . . | . 6 .
. . . | 2 . . | . . .
```

Medium # 500

```
. . . | 7 . . | . . 5
. 4 3 | . . 1 | . 6 .
. . 8 | . . . | 3 . 9
------+-------+------
4 . 2 | . . . | . . .
. . . | 7 8 2 | . . .
. . . | . . . | 8 . 3
------+-------+------
9 . 7 | . . . | 4 . .
. 2 . | 5 . . | 7 1 .
1 . . | . 4 . | . . .
```

Medium # 501

```
. . . | 6 . . | 4 3 .
. 5 . | . 3 7 | . . .
. . . | . 4 6 | . . 7
------+-------+------
. 4 . | . 8 . | . . 1
. . 2 | . . 9 | . . .
3 . . | 9 . . | . 4 .
------+-------+------
2 . 8 | 7 . . | . . .
. . . | 4 9 . | . 6 .
. 9 7 | . . 5 | . . .
```

Medium # 502

```
5 4 . | . . . | 6 9 .
. 3 . | . . . | . 1 .
1 . . | 4 9 3 | . . .
------+-------+------
. . . | 1 6 . | . . .
. . 8 | . 5 . | . . .
. . 4 | 3 . . | . . .
------+-------+------
. 1 3 | 7 . . | . 8 .
3 . . | . . . | 2 . .
6 2 . | . . . | 9 7 .
```

Medium # 503

```
3 . . | . . . | . . 2
. . . | 6 . . | 9 4 1
. 2 . | 9 . . | 7 . .
------+-------+------
9 . 5 | . 4 . | 8 . .
. . . | . . . | . . .
. . 2 | . 3 . | 5 . 9
------+-------+------
. . 9 | . . 8 | . 1 .
5 3 1 | . . 6 | . . .
4 . . | . . . | . . 7
```

Medium # 504

```
. . . | . . 8 | . 2 .
. . 5 | . 2 . | . . 7
2 7 5 | . 3 . | . . .
------+-------+------
5 9 6 | . . . | . . .
7 . . | . . . | 1 . .
. . . | . . 9 | 6 2 .
------+-------+------
. . . | 2 . . | 5 3 9
5 . . | . 3 . | 7 . .
6 . 8 | . . . | . . .
```

Medium # 505

```
. . . | 2 . 1 | . . 3
3 . . | . 8 . | . . .
. . 6 | . . . | . 7 8
------+-------+------
. . . | 4 . . | . . 5
7 . 5 | . 3 . | 1 . 6
2 . . | . . 8 | . . .
------+-------+------
8 7 . | . . . | 3 . .
. . . | . 5 . | . . 9
1 . . | 8 . 4 | . . .
```

Medium # 506

```
. . . | 4 6 8 | . . 1
. . 7 | . . 9 | . . 6
. 4 . | . . . | . . .
------+-------+------
3 2 . | . 7 . | . 1 .
. . 5 | . . . | 9 . .
. 9 . | 3 . . | . 2 4
------+-------+------
. . . | . . . | . 9 .
7 . . | 6 . . | 4 . .
4 . 2 | 9 3 . | . . .
```

Medium # 507

```
. 4 . | 3 . . | . . .
. . . | 2 8 6 | . . .
. . 7 | . 9 5 | . . 2
------+-------+------
. . . | 5 . . | 9 4 .
. . 1 | . . . | 3 . .
. 5 6 | . . 2 | . . .
------+-------+------
7 . . | 8 5 . | 1 . .
. . 8 | 2 4 . | . . .
. . . | . . 1 | . 5 .
```

Medium # 508

```
. . . | 7 . . | 2 . .
. 3 . | 2 1 . | . . .
. . . | 4 . . | 3 . 6
------+-------+------
. . 3 | 9 . . | . . 7
. 2 5 | . . . | 8 9 .
4 . . | 5 . . | 2 . .
------+-------+------
5 . 6 | . . 7 | . . .
. . . | 4 8 . | 1 . .
. 7 . | 3 . . | . . .
```

Medium # 509

```
. . 4 | . . . | . . 7
. . . | 8 4 . | 2 . .
1 . 6 | . 3 . | . . .
------+-------+------
. 3 . | . . 2 | . . .
4 . 1 | 6 . 2 | 9 . 5
. . 9 | . . . | . 1 .
------+-------+------
. . . | 2 . . | 8 . 1
. 9 . | . 1 8 | . . .
6 . . | . . . | 7 . .
```

Medium # 510

```
. 7 . | . . . | . . 4
. 5 . | . 2 . | . . .
1 . . | 4 3 . | . . .
------+-------+------
7 . . | 8 . . | 4 . .
3 . 4 | 6 . . | 9 . 7
. 1 . | 3 . . | . . 8
------+-------+------
. . . | 8 2 . | . . 3
. . 1 | . . 7 | . . .
9 . . | . . . | 2 . .
```

Medium # 511

				2	6			3
8			5					
6		7	4					1
			2			4		
1	8						9	6
		9			3			
7					5	3		9
					2			4
9			3	1				

Medium # 512

		6			5	7		
8		5						
7			9		4		3	
3			8	5				
					1	2		8
	2		4		1			9
						2		6
		9	7			8		

Medium # 513

			3	2	1			8
		4			8			2
			7				6	9
							9	6
	8						5	
9	1							
8	4				7			
6			1			7		
5			2	3	6			

Medium # 514

		2				1		
		5					7	8
		8	3	5				9
4		7		1				
			8		4			
			9			4		5
2					4	9	7	
8	5						3	
			6				5	

Medium # 515

	1	6	4	2				
				9	8	7		
					1		4	
6		7			2			
5								8
			8			2		6
	5		2					
		2	9	8				
			7	3	1	6		

Medium # 516

8								
	1			6	4	5		
	7	9	1				2	
		7	8		1			
		3				7		
		4		9	3			
	2			7	6	9		
		4	6	8			1	
								5

Medium # 517

9		2						
			8	4				3
		3			6		4	
				6	3		1	
6	3						7	4
	7		1	8				
	6		3			7		
2				1	7			
						1		8

Medium # 518

		5	2					8
		6				3		
	8		7	4	3			
			3				1	
	9	8				5	2	
	1				2			
			8	2	1		7	
		2				1		
6					9	2		

Medium # 519

				6				
	2		4				7	1
5	1	8			7			
		7			3			
1		2				3		6
			8			4		
			6			5	4	3
7	4				9		6	
				1				

Medium # 520

	8		9			7		3
	4		8					
	7	6						
	9		2					
4		2	1		8	5		9
					4		2	
						6	1	
					7		5	
7		5			2		8	

Medium # 521

3			5	8			9	
		2						
1		7		9				
		8		5	9	2		
			6			8		
		3	2	7		9		
				6			8	1
						3		
	4			3	7			6

Medium # 522

			7					5
3		5			2	7		
	2	7		3	9			
1	8							
			4		7			
							4	3
		3	9			6	2	
	2	6				5		9
6				5				

Medium # 523

.	9	6	.	4	.	.	.	1
8	4	.	3	.	.	.	.	.
.	.	.	.	9	.	.	2	.
.	6	5	.	.	.	4	.	.
.	.	.	6	.	2	.	.	.
.	.	8	.	.	.	2	9	.
.	3	.	.	2	.	.	.	.
.	.	.	.	.	9	.	7	2
4	.	.	.	7	.	5	6	.

Medium # 524

.	8	.	2	.	.	.	.	.
.	.	1	.	9	.	.	2	.
.	5	.	6	.	.	.	.	7
.	4	5	.	.	6	.	.	.
6	.	.	4	.	7	.	.	2
.	.	.	8	.	.	5	4	.
9	.	.	.	8	.	6	.	.
.	1	.	.	2	.	8	.	.
.	.	.	.	.	4	.	1	.

Medium # 525

5	4	.	.	.	.	.	.	.
.	.	2	.	.	.	.	5	6
9	.	.	4	1	.	.	.	.
8	.	.	7	.	5	.	.	.
.	3	.	9	.	1	.	7	.
.	.	4	.	3	.	.	.	9
.	.	.	9	4	.	.	.	8
4	7	.	.	.	2	.	.	.
.	.	.	.	.	.	.	3	4

Medium # 526

2	5	.	8	.	.	.	.	.
.	.	.	.	.	1	2	.	.
.	9	8	.	5	.	.	.	7
.	.	.	.	3	.	.	1	5
.	.	4	.	9	.	.	.	.
8	4	.	.	6	.	.	.	.
4	.	.	.	1	.	3	9	.
.	.	1	9	.	.	.	.	.
.	.	.	.	.	2	.	7	1

Medium # 527

.	5	.	6	.	.	.	1	.
.	.	.	.	8	.	.	.	.
1	7	.	.	2	.	.	.	8
4	.	.	.	.	.	.	6	.
.	1	3	.	4	.	9	7	.
.	8	.	.	.	.	.	.	4
8	.	.	3	.	.	.	2	6
.	.	5	.	.	.	.	.	.
.	9	.	.	.	7	.	4	.

Medium # 528

8	.	.	9	.	5	.	.	.
.	4	.	.	.	1	.	.	.
.	.	2	.	4	.	3	.	.
.	.	.	8	5	.	4	.	9
.	.	.	9	.	1	.	.	.
1	.	8	.	2	7	.	.	.
.	5	.	6	.	8	.	.	.
.	2	.	.	.	.	6	.	.
.	.	6	.	4	.	.	.	8

Medium # 529

	1	7	2					
2		5		6			1	
		9		1				
		6			5			9
		8				1		
5			9			7		
				2		9		
	8			7		3		1
					6	8	2	

Medium # 530

		3					6	
			6				5	
	5		9		1			
9			1	5				2
	4					7		
5			3	7				1
	6		3			7		
	2			8				
	8				3			

Medium # 531

				4				7
	9				6	2		
	6				7		3	
9			8					
8		1			9			3
				5				4
	4		2				9	
	2	3					1	
5				8				

Medium # 532

		6		8		3		
				3			4	
	2					5		7
5						4		
	8		6		3		5	
		9						8
8		2					1	
	6			5				
	1			2		7		

Medium # 533

				1			3	
6			5		2			
5	7			9				
			4			1		7
	8	7				2	6	
3		2			8			
				4			7	2
			9		6			5
	9			7				

Medium # 534

6	5	7						
				9			6	
9				2	5		3	
		8		1	5			
4								8
			6	8		3		
	2			7	3			1
	8			9				
						4	9	3

Medium # 535

1			5		7		9	
						1	8	
	2					4	5	
					9		4	6
				4				
3	6		2					
		2	8				7	
	5	1						
	9		6		5			2

Medium # 536

							7	
	2			9	7	8	1	
			3					6
9	3				5			1
		1				9		
6			1				2	4
2				6				
	4	5	8	7			9	
	8							

Medium # 537

							1	5
			2	9			3	
	6	1						
		9			1			8
	8	3	1	7	4			
7		4		8				
						7	8	
	5			6	9			
6	2							

Medium # 538

4			6				7	2
		2	7	5			1	
8	9							
					5			
7	2						5	8
			8					
							3	5
	1			2	9	6		
5	8			7				9

Medium # 539

		4	2					
2			5			8		1
5		7				4		
		2	4		7			
	9					2		
			9		3	4		
	1					7		4
7		3		1				6
				5	9			

Medium # 540

		7	6			2		9
				2	8	5		
	5		1					
9	6					3		
			9		3			
	4					9	1	
				5		6		
	8	5	2					
7		1			6	3		

Medium # 541

5			3	8				9
		4			1	2		
			9			5		
4							6	
	2		7		8		1	
	1							2
		1			5			
		9	6			8		
3				9	2			5

Medium # 542

	4				6			7
1	2	8			3			
			4				2	
			8			6	3	
			6		9			
	9	6		5				
	7			4				
			2			8	1	3
9			5				7	

Medium # 543

	7						8	
		4		9		5		
2		8		7	1			
			7	2		3		
	9						7	
		1		4	3			
			5	8		9		3
		2		1		8		
	4						5	

Medium # 544

			8		3		6	
		2	1		9		4	3
		3		5				
							3	2
	3						1	
8	9							
			6			3		
5	2		7		8	6		
	7		2		4			

Medium # 545

7	2				6			1
				4	9			
	8			9		2		
3				1	2			
5								6
			8	7				4
		2		3			7	
		5	2					
6			4				1	2

Medium # 546

					5	2	3	6
			6		3		8	5
		2	4			7		
8			2		9			3
		6			1	5		
6	8		5		4			
9	4	5	8					

Medium # 547

		4	7		9			
8								5
9	2		1	6				
	9		2				4	
3								1
	1				7		2	
			3	6		8	4	
6								2
			4		8	5		

Medium # 548

2				5	6			3
		4		2			5	
			3				1	
								8
1		8		4		7		6
7								
	6			7				
	5			3		9		
3			9	1				5

Medium # 549

5			6			4		
				9	8			
	2					3	8	
		3		2		7		
4	7						9	6
		5		6		8		
8	4						7	
			8	1				
	6				5			3

Medium # 550

				5				
	6	1	3					
	5	4				1	2	7
					6			8
8	9						5	7
	4		1					
	2	3	5				9	4
					9	5	6	
			2					

Medium # 551

1	3		8	6				
2			1					5
				4				
8		5					7	
	6	9		8	5			
	4					3		2
			5					
9					6			8
				1	3		4	9

Medium # 552

		4		7				1
1	3			5				
2		9	4			5		
		8			1			
	1						7	
			6			4		
	9				6	7		4
		7					8	9
5				8		1		

Medium # 553

							2	
			8	6			4	1
	3			2		6		
		6						7
2	5		7		1		8	9
8					4			
	2		3				9	
5	6		8	9				
	1							

Medium # 554

			2					5
			7	8	2			
3		2			4	6		
				3	1	7		
	8						5	
	7	9	2					
	5	4				9		6
	4	5	3					
8			6					

Medium # 555

		8						5
	6			1			2	
1			9	3				
		1	2				8	
3		9				5		2
	8				6	4		
			9	5				6
	1			6			9	
7					8			

Medium # 556

5	2			9				1
			1	5				
8					6	3		4
4		9						
		2				7		
						1		6
2		7	6					9
			2	1				
3			4				1	2

Medium # 557

5			2				8	
7		6	3			9		
4					7			
	5			6				
	8		1		5		6	
				2			3	
			9					3
		3			1	2		4
	9				8			5

Medium # 558

3				5		9		
			6					
			2		3	7	6	
6		8						4
1			3		2			6
5						3		9
	4	2	7		5			
						1		
		5		4				2

Medium # 559

				5		6	7	
	1		7					9
			4	8				1
6			5	3				
	3					5		
			9	2				6
5			2	6				
8					4		9	
	9	2		8				

Medium # 560

6			9		2	4		
	8						5	9
		3			6			1
	2		4					
			6		9			
				5		6		
9			5			8		
3	7						9	
		1	3		4			7

Medium # 561

							3	8
			2				9	
		3	7	6			2	
		9	1				5	3
6								2
5	3				2	6		
	6			3	1	9		
	4				5			
3	1							

Medium # 562

				1		8	2	
	4							
1	5		4		8			
8	7		6				1	
4								3
	1				4		8	9
			7		5		9	2
							7	
	3	5		2				

Medium # 563

	5				9			8
			8			4		2
			7			5		
				2	7	1		9
		7				3		
8		5	6	3				
		4			2			
9		6			4			
7			9				1	

Medium # 564

	2				6			
		4	1		3			6
	9	3	2					
	5					3	8	
		6				4		
	1	2					6	
					2	7	1	
9			4		7	6		
			9				5	

Medium # 565

```
. . 9 | 3 . . | . . 2
. . 2 | . . . | . 7 1
. 7 . | . 2 6 | 8 . .
------+-------+------
2 . . | 9 . . | . . 5
. . . | . . . | . . .
1 . . | . . 2 | . . 4
------+-------+------
. . 7 | 6 5 . | . 1 .
8 1 . | . . . | 4 . .
5 . . | . . 3 | 6 . .
```

Medium # 566

```
. . 3 | . . . | . . 4
5 4 . | 3 . . | . . .
. . . | . 7 . | 6 . .
------+-------+------
. 4 . | 5 . 1 | . . 7
. . 9 | . 2 . | . . .
9 . 5 | . 1 . | 2 . .
------+-------+------
. 2 . | 6 . . | . . .
. . . | . . 4 | . 3 8
1 . . | . . 9 | . . .
```

Medium # 567

```
5 . 2 | . . . | . . 4
9 . . | . 3 . | 7 . .
. . 1 | 9 . . | 5 . .
------+-------+------
. . . | 4 1 . | 9 . 2
. . . | . . . | . . .
4 . 3 | . 9 6 | . . .
------+-------+------
. 4 . | . . 9 | 8 . .
. 8 . | 7 . . | . . 9
7 . . | . . 4 | . . 5
```

Medium # 568

```
3 . . | . . . | . . 6
9 2 . | . 1 . | 7 . .
. . . | 4 . . | 5 . .
------+-------+------
5 . . | . . 1 | 4 . .
. 6 4 | . . . | 1 2 .
. . 9 | 4 . . | . . 5
------+-------+------
. . 7 | . 2 . | . . .
. . 3 | . 7 . | . 1 2
4 . . | . . . | . . 8
```

Medium # 569

```
. . . | 9 8 . | . . 7
. 3 . | . . . | 5 . .
9 7 . | . 2 . | . . .
------+-------+------
. 1 . | . . 3 | 5 . 2
. 2 . | . . . | . 7 .
5 . 3 | 6 . . | . 4 .
------+-------+------
. . . | 7 . . | . 2 1
. 8 . | . . . | . 9 .
2 . . | . . 5 | 8 . .
```

Medium # 570

```
. . . | . 9 3 | . . 8
. 3 . | 1 . . | . 9 .
. . . | . 8 . | 5 1 .
------+-------+------
7 . . | . . 3 | . . .
. 2 3 | . . . | 9 5 .
. . . | 5 . . | . . 4
------+-------+------
. 7 1 | . 3 . | . . .
. 9 . | . . 4 | . 8 .
8 . 5 | 7 . . | . . .
```

Medium # 571

```
. . . | 6 2 . | . 8 9
2 . . | . . . | . . .
. . 3 | 4 . . | . 5 .
------+-------+------
. . . | . . . | . 2 4
1 . 4 | 5 . 8 | 9 . 3
7 9 . | . . . | . . .
------+-------+------
. 5 . | . . 3 | 6 . .
. . . | . . . | . . 2
9 7 . | . 6 2 | . . .
```

Medium # 572

```
8 . . | . . . | 1 . 6
. . 7 | . 1 8 | . . .
4 . . | 8 3 . | . . .
------+-------+------
. . 5 | 6 . . | 4 . .
. 7 . | . . . | . 5 .
. 1 . | . 7 2 | . . .
------+-------+------
. . . | 1 2 . | . 8 .
. 6 9 | . 3 . | . . .
1 . 9 | . . . | . . 2
```

Medium # 573

```
. 1 . | . 4 9 | . . .
7 . . | . . . | 5 . 3
. . . | . . . | . 4 .
------+-------+------
. . 4 | 2 9 . | 7 . .
. . 6 | . . . | 1 . .
. . 9 | . 1 8 | 3 . .
------+-------+------
. 2 . | . . . | . . .
8 . 5 | . . . | . . 6
. . . | 9 6 . | . 7 .
```

Medium # 574

```
. . . | 3 . . | 9 . .
. . 8 | 7 . . | . . 5
. . . | 8 1 . | . . 2
------+-------+------
8 7 . | . 1 6 | . 5 .
. 5 . | 9 7 . | . 4 3
5 . . | 1 4 . | . . .
------+-------+------
4 . . | . . 9 | 3 . .
. . 1 | . . 8 | . . .
. . . | . . . | . . .
```

Medium # 575

```
. . . | 3 1 . | . . .
. . 7 | . 6 . | 9 . 2
. 3 . | . . 8 | . . .
------+-------+------
. 5 1 | . . 9 | . . 7
. . 6 | . . . | 3 . .
4 . . | 7 . . | 8 1 .
------+-------+------
. . . | 5 . . | . 2 .
1 . 4 | . 7 . | 6 . .
. . . | . 2 1 | . . .
```

Medium # 576

```
8 7 . | . . 3 | . . .
1 . . | 5 . . | . . .
. . 2 | . . 9 | . 6 8
------+-------+------
. . . | 4 . . | . 7 3
. . 7 | . . . | 8 . .
9 3 . | . . 7 | . . .
------+-------+------
7 4 . | 8 . . | 5 . .
. . . | . . 1 | . . 7
. . . | 6 . . | . 9 4
```

Medium # 577

			4	6				1
	4	2						
3		9				7		
6		7		5	1			
4								9
			9	4		6		2
		8				3		4
						8	1	
7				1	8			

Medium # 578

			4	1	5			6
	4						9	1
	7	8						
		4	6	1				
		1			3			
			8	2	6			
						9	8	
9	1						4	
7		2	4	3				

Medium # 579

		4			7			
		1	3	6				
	6	3			1			2
	2	8						
7			6		4			1
						4	9	
1			9			3	6	
				3	5	8		
			7			1		

Medium # 580

	9	6						
	2				5			
4			8	9	6			
	5		1			3	6	
		2				7		
	7	3			8		4	
			3	8	4			2
		9					1	
						6	7	

Medium # 581

			4					
	9	8						
	3		5	1		7		9
3			2			8		
7	1						5	6
		2			6			4
8			7	6	3		4	
						1	7	
				2				

Medium # 582

8			9			2	6	
	6				4			1
						9		
			4	2		1		7
5		7		8	3			
	4							
7			8				2	
	5	1			7			4

Medium # 583

1				4	6		8	
4								
		7		2		1	5	
		9	3					
		8	1			5	3	
						4	7	
	7	3		1		9		
								1
	5		9	7				6

Medium # 584

	5		3					1
	7		4		8	2		
		2				4	9	
7			3					
		6				9		
			8					5
	6	4			3			
	9	8		5			3	
5				6			2	

Medium # 585

	3		8					4
							2	3
			1		7			5
			6	3				8
6			4		2			1
3				1	5			
7		1			8			
9	6							
5				2			7	

Medium # 586

2						1		
8	5		4	2				3
	7		5					
			7			9		1
6		2	5					
					1		8	
3				8	4		9	7
	6							4

Medium # 587

			2			6		
5		1				4		
7				1	9			8
	7		5					4
			6		4			
4					3		5	
9			8	4				6
	6					4		7
	8				1			

Medium # 588

8						2		
1	6		5				3	
2			3			7		4
				1				
		9	7		6	4		
				3				
9		3			5			7
	1				9		2	5
		6						9

Medium # 589

```
. . 9 | . 4 . | . 2 5
. 5 7 | 8 . . | . . 9
. . . | 9 . . | . . .
------+-------+------
2 9 . | . 7 . | 4 . .
. . . | . . . | . . .
. 1 . | . 2 . | . 6 3
------+-------+------
. . . | . . 5 | . . .
9 . . | . . 4 | 2 3 .
1 8 . | . 3 . | 7 . .
```

Medium # 590

```
. . . | 8 4 . | 7 . .
. . . | 5 . . | . . .
9 7 . | . . . | 5 . 6
------+-------+------
. . . | 3 . . | 1 . 8
. 8 . | . . . | . 2 .
5 . 9 | . . 2 | . . .
------+-------+------
4 . 6 | . . . | . 9 7
. . . | . . 3 | . . .
. . 8 | . . 2 | 6 . .
```

Medium # 591

```
. 7 . | . 9 . | 5 . .
. . 5 | . . . | . . 8
. . 2 | 8 . . | . 1 7
------+-------+------
. 1 . | . . . | . . 4
. . 2 | 4 . 6 | 3 . .
4 . . | . . . | 9 . .
------+-------+------
9 5 . | . 6 3 | . . .
2 . . | . . 5 | . . .
. 8 . | 9 . . | . 6 .
```

Medium # 592

```
. . . | 7 . . | . 8 4
. 1 . | . 5 . | 2 7 .
. 4 . | . 3 . | . . .
------+-------+------
9 . . | 1 . . | 8 . 2
3 . 6 | . . 2 | . . 9
. . . | . . . | . . .
------+-------+------
. . . | 2 . . | . 9 .
. 6 5 | . 7 . | . 4 .
7 3 . | . . 1 | . . .
```

Medium # 593

```
. . 6 | 2 . 7 | . 3 .
. 6 8 | . . . | . . .
1 . . | . 5 . | . . .
------+-------+------
. . . | 9 . . | 4 1 .
. . 5 | . 4 . | . . .
6 9 . | 3 . . | . . .
------+-------+------
. . 1 | . . . | . . 6
. . . | . . 3 | 7 . .
7 . 3 | . 6 2 | . . .
```

Medium # 594

```
. . 8 | . . 1 | 3 . .
. 1 4 | 8 2 . | . . .
. . . | . 5 . | . . 9
------+-------+------
6 2 . | . . . | 1 . .
. . . | 3 . . | 4 . .
. . . | 1 . . | . 9 7
------+-------+------
4 . . | . 3 . | . . .
. . . | 4 9 6 | 8 . .
. . 2 | 1 . . | 5 . .
```

Medium # 595

					9		4	
						5		
1		6			3	7	9	
	3	4	8	2				
	9						5	
			5	1	4	7		
	5	7	6			1		4
	3							
	8		3					

Medium # 596

			6		5		4	1
				8				
8	6				1			7
	9	5	3					
4								6
				2	5	9		
1			5			3	2	
			7					
6	7		4		9			

Medium # 597

		6		5	8	4		
3							8	
	8		2				9	
		2	3	8		1		
		9		1	7	5		
	2			5			6	
	5							3
		8	6	7		2		

Medium # 598

	5	6					7	
			8		7		9	
3		7						
6				8	2			
	1						3	
		5	6					1
						3		4
	8		5		9			
	4					5	8	

Medium # 599

4			3	1			6	
1				6				8
	8			7				
9				6	3	7		
		8	9	4				1
				1			5	
3					7			4
	6				4	3		9

Medium # 600

		8					7	
	3			8	2			
		2		5		9		
5			3			9	6	
	8						1	
	6	1		8				7
	1		2			7		
		4	1				5	
	7				1			

Medium # 601

	9				2	3		
			5			8	6	
	7	2						
			6		5	1	7	
		9				6		
	5	7	3		9			
						9	1	
	1	8			3			
		4	9				3	

Medium # 602

1						6	9	
	9	7		5				
			7	3			5	
			4				6	5
	8						2	
5	1				2			
	3			9	8			
				4		5	9	
		6	2					4

Medium # 603

2	4			5				6
	5		1					
		8			9			
		9			2			
6	3						7	1
			3			4		
			8			1		
				4			6	
5				1			8	2

Medium # 604

		7	5					
	2	4		9				8
						5	4	
		6		2			5	3
		8				1		
4	7			8		2		
	9	3						
8				3		7	2	
						8	4	

Medium # 605

	2	7		3				
3				7		4	6	
1	9							5
			4					3
	8						9	
5				6				
2							1	6
	7	5		1				8
				5		2	4	

Medium # 606

				1	8	4		5
				7	3			
3			2			8		
	8	7				5		
2								8
		3				2	4	
		2			6			7
			5	9				
6		4	7	3				

Medium # 607

```
. . 4 | . 7 5 | . 6 .
7 . . | . . 3 | . . .
. 9 . | 5 . . | . . .
------+-------+------
8 . . | 3 . . | . 4 1
. 5 . | . . . | . 2 .
3 7 . | . 9 . | . . 5
------+-------+------
. . . | . . 3 | . 1 .
. . 3 | . . . | . . 7
5 . 4 | 6 . 8 | . . .
```

Medium # 608

```
5 2 . | 9 . . | . 6 .
. . 3 | . . . | . . 7
. . . | 6 5 . | . . 3
------+-------+------
. 4 5 | . 7 . | . . .
2 . . | . . . | . . 4
. . . | 2 . . | 8 9 .
------+-------+------
8 . . | 3 2 . | . . .
9 . . | . . . | 2 . .
. 5 . | . . 6 | . 7 8
```

Medium # 609

```
. . 9 | 7 . . | . 3 6
. 8 . | 2 . 9 | . . .
. 5 . | 6 . . | . . .
------+-------+------
. . 5 | . . 8 | . 2 .
. . 4 | . . 7 | . . .
. 3 . | 1 . . | 6 . .
------+-------+------
. . . | . . 2 | . 6 .
. . . | 4 . 6 | . 9 .
1 4 . | . . 3 | 5 . .
```

Medium # 610

```
. . 5 | . . . | . 8 2
. . . | . 7 6 | . 5 .
8 . . | 3 . . | . . .
------+-------+------
4 7 . | 6 . . | 9 . .
. . . | 7 . 1 | . . .
. . 3 | . . 2 | . 7 1
------+-------+------
. . . | . 7 . | . . 4
. 9 . | 5 3 . | . . .
6 1 . | . . . | 7 . .
```

Medium # 611

```
. 3 7 | . 5 . | . . .
. . . | . 4 . | . 8 .
. 4 . | . 9 . | 6 . 1
------+-------+------
. . 2 | . . . | . 3 5
. . . | . 7 . | . . .
3 1 . | . . 2 | . . .
------+-------+------
4 . 1 | . . 5 | . 7 .
. 7 . | . . 2 | . . .
. . . | . 6 . | 3 4 .
```

Medium # 612

```
. 5 . | 3 . . | . 7 8
. . 4 | . 8 . | . 5 .
. . . | . . . | . . 4
------+-------+------
. . 5 | 2 7 . | . . 9
. . 9 | . . . | 6 . .
1 . . | . 4 9 | 5 . .
------+-------+------
4 . . | . . . | . . .
. 1 . | . 2 . | . 3 .
3 7 . | . . 8 | . 1 .
```

Medium # 613

1		2				9		6
			2	4		3		
				8				
		7		1			8	
2		8				4		7
	4			3		5		
				6				
		6		2	9			
3		5				2		9

Medium # 614

1		3			5			
	2	6					7	
			8					2
	6				8			
3		5				9		1
			7				4	
7				6				
	4					7	9	
			1			5		6

Medium # 615

	7		3			4		
			6			1		
	9				5			
2			9		3		5	
		1		7		3		
	5		2		8			9
			7				2	
		9			6			
		4			9		6	

Medium # 616

			9	1	3			7
1				5				
			7			6	1	
		7	4				8	
		1				2		
	4				1	3		
	8	9			4			
				6				2
6				8	2	9		

Medium # 617

		6						2
8				6		5		
		9	3		2		6	
5						3		
6	3						1	5
		7						9
	2		9		4	7		
		8		1				3
7						1		

Medium # 618

		4				7		2
	7		6	3			4	
					9		3	
		6	9					
	1		3		8		6	
					6	8		
	2		4					
	9			6	7		2	
3		8			5			

Medium # 619

5	9			6	1	3		
			3					
	8			9				7
		9					3	
	7		8		9		2	
	5					1		
2				3			1	
					4			
		7	2	8			9	6

Medium # 620

5			2					6
7			3			8	4	
					8	2		
		7					3	
	4		6		5		7	
	5				6			
	4	1						
	1	6			4			8
3					9			7

Medium # 621

						9	5	
	9	1						3
	2			5				8
			5		8	6		
			4		2			
			2	7		1		
6				2			9	
8						5	1	
	4	3						

Medium # 622

1				7	4			
4			6					
	5						1	
8				6		2	5	4
		6				3		
5	4	3		9				6
	8						9	
				8				2
			2	3				7

Medium # 623

		2	9		5	8		
	5			6				2
			7					
	4				9		6	7
	8						3	
7	1		3				5	
					1			
8				9			1	
		5	6		2	7		

Medium # 624

	8		7					
		9		4		1		
3				8	4			
		4					9	1
		7	9		3			
1	9				6			
		1	2					5
	4		8			9		
			5		8			

Medium # 625

		2	4	9		3		5
								9
		5	2	6				
		7						1
3		1				2		8
8						4		
			2	7	1			
6								
2		8		3	1	9		

Medium # 626

			9	7	8		3	
7								5
	3			6				7
	7						8	
		2	5		3	1		
	5						6	
9				4			5	
3								4
	1			8	5	9		

Medium # 627

			9			8	6	
		3		5				1
6					2			
4	3		8					9
	5						2	
7					1		3	6
			5					2
2				4		7		
	8	4			3			

Medium # 628

6	1		5	7				
			3			6	5	
					9	2		
	6					7		9
	4					2		
9		1				4		
		3	1					
	5	2			7			
			4	8			1	5

Medium # 629

2			8	6				
	6		3	9			5	1
4					6			
							3	
3			2		8			6
	9							
		7						2
5	1			4	7		8	
				1	2			7

Medium # 630

							9	4
						2	8	
4		6	9	1				
	7			4		3		
5			1		6			2
		1		3			7	
			9	2	1			3
	9	7						
1	5							

Medium # 631

6				1	7			9
	1						2	
9			5					
8						1	5	
7		6				4		3
	5	3						8
					2			6
	3						1	
5			1	7				2

Medium # 632

1	4				8			
			9					3
			7			6	9	
7				2			6	
4								8
	5			3				2
	3	8				6		
5					9			
			2				7	4

Medium # 633

8		9						
1			4		7	5		
		5	8			4		
		1		5			8	7
5	2		6			1		
		3			1	8		
		7	5		4			2
						6		1

Medium # 634

			2			5		
	7			8		1		
			1			2	4	
5	9				7			
2								3
			4				1	2
	5	7				1		
		8		5			6	
		6			9			

Medium # 635

	6						3	4
			4	8				9
		1			7			
	2		6	5			4	
		7				3		
	8			1	3		6	
			3			6		
4				6	1			
1	7						5	

Medium # 636

7					4		9	
		1		7				3
	9	2						7
		4	5	2				
		3				9		
			4	6	7			
8						6	7	
9				6		3		
	2		1					5

Medium # 637

		5		9		4	7	
			7	1				
			2					6
	2						5	9
			9		8			
9	8						1	
2					9			
				4	6			
	3	8		5		6		

Medium # 638

						1	7	
6	9			8			3	
								6
	3		7	9	5			
			3	1	8			
		4	6	2		7		
4								
	5			3			6	9
			7	9				

Medium # 639

2	8	7						
	5			1		2		
		9	8		5			
	2			4				5
			3		2			
4				8		6		
			9		6	3		
		6		7			1	
						7	8	6

Medium # 640

2						8		
				4				6
9		7	5		6		1	
	6			9		7		
	9						2	
		8		1			3	
	3		1		9	4		7
1			7					
		2						3

Medium # 641

			9					8
			4		6			
						2	1	
3			2	4		6	8	
	1		6		7		3	
	6	4		1	8			9
	2	8						
			7		5			
4				2				

Medium # 642

	1				4		9	7
		7		3	2			1
							5	3
			8	2		7		
		2		1	5			
1	4							
7			4	6		5		
5	6		1				3	

Medium # 643

```
1 4 . | . . . | . . .
. 5 . | . . . | 8 . .
8 . . | 3 . 4 | . . 1
------+-------+------
. . . | 4 1 . | 5 2 .
. . . | . . . | . . .
. 7 5 | . 9 8 | . . .
------+-------+------
2 . . | 9 . 7 | . . 5
. . 3 | . . . | . 1 .
. . . | . . . | . 4 6
```

Medium # 644

```
. 3 . | 1 . . | 8 . .
. 1 . | . 4 . | . . 9
. . 7 | 5 . . | . 1 .
------+-------+------
2 . . | . . 9 | 3 8 .
. . . | . . . | . . .
. 6 3 | 4 . . | . . 7
------+-------+------
. 4 . | . . 2 | 6 . .
7 . . | . 1 . | . 9 .
. . 6 | . . . | 3 . 2
```

Medium # 645

```
. . . | . . . | 2 5 .
8 . 2 | . . 4 | . . .
. . . | 6 2 1 | . . .
------+-------+------
4 . . | . 8 . | . . 5
. . 1 | 2 . 5 | 9 . .
9 . . | . 1 . | . . 7
------+-------+------
. . . | 9 4 6 | . . .
. . . | 5 . . | 1 . 2
. 4 3 | . . . | . . .
```

Medium # 646

```
. 5 . | 4 . . | . . 1
. 7 . | 2 . . | 9 . .
4 . . | . 1 6 | 5 . .
------+-------+------
. 6 . | 7 . . | . . 4
. . . | . . . | . . .
7 . . | . 6 . | 2 . .
------+-------+------
. 4 5 | 6 . . | . . 3
. 8 . | . 1 . | 7 . .
3 . . | . 8 . | 4 . .
```

Medium # 647

```
8 5 . | . 1 . | . . .
. 1 . | . . 6 | . . .
. . . | 2 . . | 5 9 .
------+-------+------
. 8 9 | . . . | . 5 .
. . 4 | 8 . 7 | 6 . .
. 7 . | . . . | 9 8 .
------+-------+------
. 4 1 | . 3 . | . . .
. . . | 2 . . | . 7 .
. . . | . 4 . | . 3 2
```

Medium # 648

```
. 8 . | . 4 . | 6 . .
. . 5 | . . . | 2 . .
. 3 . | . 9 5 | . 8 .
------+-------+------
. . . | 2 . . | 1 . .
. 2 1 | . 7 3 | . . .
. 3 . | 8 . . | . . .
------+-------+------
7 . 8 | 9 . . | 1 . .
. 2 . | . 6 . | . . .
. 6 . | 7 . . | . 5 .
```

Medium # 649

			2					
3	7	2					9	5
		1						2
1				8		3		
	9		2		3		6	
	3		4					7
4					6			
6	2					4	1	9
			7					

Medium # 650

7			5	4				
6		2		1				
	9							8
4			6					
	5	6	8		7	4	3	
				2				5
3						8		
			8		5		4	
			2	4				1

Medium # 651

4	2				7	3	9	
			6					
3		8				2		
				4		7		1
	4						8	
9		7		1				
		2				6		7
					5			
	7	1	9				4	3

Medium # 652

		5		4	9			
		1	8				5	
6	8		2					
8			6					3
		9			5			
2				7				9
				3			7	8
	9				5	1		
		8	1			6		

Medium # 653

			7	5				8
	7					4		
1				2				
	2	6		1				
	1	8		3		6	9	
				9		7	2	
			1					5
		5					6	
3				4	9			

Medium # 654

2			6			8		
1		3	9					
		8		3			4	9
7		6						
	1					7		
						2		5
3	2			9		7		
					5	1		2
	5			6				4

Medium # 655

						3		1
3			8		5			7
				4		2	5	
			5			1		9
	3					7		
2		4	9					
6	9		3					
8			1		6			2
1		7						

Medium # 656

	2				3			8
3				9		1		7
				4	7			
	1		3	2				
		2				4		
			8	4		2		
		6	1					
8		6		3				5
1			9			8		

Medium # 657

2			3				9	
4			1			2	3	
			7				5	
	8	6	9					
			2		8			
				1	3	8		
	4		9					
	1	7		4				9
	5				3			8

Medium # 658

								7
6	4		5		3			8
	3		4	9				
						9	8	3
	2						6	
7		1	3					
			5	8		2		
8			2		6		7	1
3								

Medium # 659

							9	4
2			4	7				
			6			5		
	2						4	1
		4	9		2	6		
1	8					3		
		6			3			
			4	7				8
8	9							

Medium # 660

		5						
4	8		3	1				
2			7					6
	1			9		8		
8			1		7			4
	9		4			2		
5				3				2
			6	2			1	3
				7				

Medium # 661

	2			4	1			
		6			5			
9						4	6	
	7		3					
2	9		1		8		7	4
					9		2	
	1	5						3
			5			6		
			9	7			8	

Medium # 662

3				7		6		
	6		5				4	8
9					3			
5		2					7	
				1				
	9					1		5
		3						2
	3	7		4			6	
		6		5				9

Medium # 663

	5				1			
	3		7			6		
4						8		3
				4		2	5	
			9		8			
2	1		5					
6		7						4
		8		2		1		
			6			3		

Medium # 664

			8					7
				2				
		9	4			5	3	
1	9		7					2
3				6				8
2				4			1	5
	8	3			9	4		
		5						
9			2					

Medium # 665

4	3			5		6		
			1				4	
			4	3				2
8			7				6	5
7	2				5			8
2			8	6				
	9				1			
		6		7			9	3

Medium # 666

		6		5	4			
		3	9		6			
	5			1			8	6
	4							
2			3		9			5
							4	
5	6				1		7	
			8		3	9		
			7	9		1		

Medium # 667

					7			
	5	4		2	6			
	6	3				7	4	
8					4	2		
		1				6		
		7	5					1
	7	2				9	1	
			7	8		4	5	
			1					

Medium # 668

4	9							
7			8		5			
1			9	3	5			
					8	7	3	6
2	8	7	1					
		3	2	5				8
			7		9			4
							2	7

Medium # 669

4						1	9	
		2		9				7
	7			3				4
					6		8	
5			2		4			1
	8		1					
1				2			7	
3				4		5		
	6	4						2

Medium # 670

				5				8
6	5				2			1
		1		4			3	
1			9					
3								7
					4			6
	3			2		6		
7			3				8	9
9				1				

Medium # 671

3			2	8			5	
					9			8
		8				6		
					8	2	4	
	7	9				5	8	
	8	5	4					
		2				4		
7			1					
	1			9	6			3

Medium # 672

		5		9			6	
3				8			5	
	4		1					
			5			9		4
	5	2				6	7	
7			6		8			
					1		3	
	7			4				6
	1			7		2		

Medium # 673

	8				6			1
6	5	4				7		
					7			6
			5			8		
3		1				5		4
	6			9				
5			3					
		2				8	6	7
4			6				2	

Medium # 674

6			5	3				
		9	4				3	2
			2			1		
						9	8	
3	5						4	1
	9	6						
		1		9				
5	6				1	8		
			5	7				3

Medium # 675

	3	8				2		
		9						4
7			5					9
3		6		4				
			7		1			
			5			3		2
2				3				1
6						7		
		4				8	9	

Medium # 676

			8		5		1	
	4			7				6
1		3		6				
6								
9		7				3		2
								5
			4			8		9
8			7				5	
	1		2		9			

Medium # 677

	8		7	1				
		9				7		
		3	5	2		6	4	
				9				
	1	4				8	5	
				4				
	9	6		3	1	4		
		2				1		
			7	4			9	

Medium # 678

	2					7		9
1		9	4					
8					5			
		4		7		8	9	
7								4
	5	8		2		6		
			9					7
				6	2			5
2		7					4	

Medium # 679

		2	7		5		1	
						6	3	
6			8		1			
	2			9	5			
9								6
		1	5			7		
			2		8			7
	9	4						
	5		9		3	2		

Medium # 680

9	1		3	7		2		
	4			5				
					8	5		
		9	6			8	1	
	2	8			5	6		
		4	5					
			1				8	
		2		4	9		7	5

Medium # 681

		7	1			3		
			5	2				4
	8		7				1	
2					8			
8				4				6
		5						7
	4				7		2	
3			5	6				
	1				8	3		

Medium # 682

	4	5				9		
	9		1		4			8
	2				6			
			7	2				3
		6				5		
2			8	6				
			6				5	
4			9		3		8	
		7				3	4	

Medium # 683

	4		1	6				5
6							7	3
				9	4			
	1		8		4			
8								4
			9		7		1	
		6	7					
3	2							6
7				8	2		5	

Medium # 684

2				9	6			
		1	7		8	6		
					5			
4	2				5	3		
3								2
		6	3			1	9	
	2							
	3	4		9	7			
		6	3					4

Medium # 685

```
. . 8 | 1 . . | 9 . .
. . 9 | . 3 . | . 7 .
. . . | 2 . . | 6 . 8
------+-------+------
. . . | . . 7 | . 1 .
. 2 . | . 6 . | . 5 .
. 1 . | 4 . . | . . .
------+-------+------
6 . 2 | . . 4 | . . .
. 5 . | . 1 . | 8 . .
. . 1 | . . 8 | 3 . .
```

Medium # 686

```
. . . | . . . | 9 8 3
. 9 . | . . . | . 2 .
. 8 1 | . 7 . | . . .
------+-------+------
4 . . | 8 . 7 | . . 6
. . . | 1 . 2 | . . .
9 . . | 6 . 3 | . . 5
------+-------+------
. . . | 2 . . | 1 5 .
. 6 . | . . . | . 4 .
2 . 9 | 4 . . | . . .
```

Medium # 687

```
. . . | 6 . . | 3 . .
7 . . | . 8 . | . 1 5
. . . | . 9 1 | . . .
------+-------+------
3 . . | 5 1 . | 4 . 7
8 . 9 | . 4 7 | . . 2
. . . | 9 5 . | . . .
------+-------+------
9 5 . | 1 . . | . . 6
. . 6 | . . 4 | . . .
. . . | . . . | . . .
```

Medium # 688

```
2 . . | 7 . . | . . 5
. 5 . | 3 9 8 | 4 . .
. . . | . . 5 | . . .
------+-------+------
3 . . | . . . | . 9 .
. 7 4 | . . . | 2 8 .
. 2 . | . . . | . . 4
------+-------+------
. . . | 6 . . | . . .
. . 6 | 8 5 4 | . 7 .
1 . . | . 7 . | . . 3
```

Medium # 689

```
. 6 . | 5 . . | . 1 .
. . . | 1 7 . | 5 . .
. . 3 | . 9 . | 8 . .
------+-------+------
. . . | . . . | 2 . .
3 . 6 | . . . | 7 . 8
. . 8 | . . . | . . .
------+-------+------
. 2 . | . 3 . | 1 . .
. . 9 | . 8 2 | . . .
. 3 . | . . 9 | . 4 .
```

Medium # 690

```
1 . . | 5 6 . | 4 . .
2 4 . | . . 1 | . . 9
. . . | . 9 . | . . .
------+-------+------
5 . 7 | . . 6 | . 4 .
. . . | . . . | . . .
. 8 . | . 4 . | . 9 5
------+-------+------
. . . | . . 8 | . . .
8 . . | . 3 . | . 1 7
. . 6 | . 1 9 | . . 4
```

Medium # 691

		8				3		4
	6			5	9			
2	5					9		
				3			7	
6			7		2			8
	1			9				
	4					8	6	
			4	2			1	
1		9				2		

Medium # 692

2					7		1	
				9			3	2
		8				6		
	8		1				2	
9								3
	6				9		4	
			4			3		
1	5			8				
	9		5					7

Medium # 693

	5	9				3	1	
					7	9		
			2					8
	1		3	5			6	
		3				2		
	2			7	6		5	
8					1			
		5	4					
	3	6				1	8	

Medium # 694

4	9							
				2			7	
		7	3			2	9	8
			5			2		
8			2		4			7
	1			8				
5	3	8				6	9	
	7			1				
							6	4

Medium # 695

4						3		
			4				7	6
8	9			2				
		8		7	5	1		
	2						5	
		6	8	3		2		
				4			8	2
2	4				6			
		9						5

Medium # 696

						5		8
5	2		7		8			
		8		1		7		
4	6		2					
9								3
				9			1	2
	1			8		4		
		6		1			3	9
8		5						

Medium # 697

	7		3				2	
5					1	6		
		2	6			9		
4					6	3		
	2						6	
		1	4					9
		6			7	1		
		9	5					6
	3				8		4	

Medium # 698

			5		7	6		
		6				2		
	8			9			1	
7			4			5	3	
			2		5			
	6	8		7				4
	5			2			4	
		9				3		
		2	1		9			

Medium # 699

			7				8	
	5					4	7	
7			8			6		
	4		9		8			
1			5		3			4
			4		6		9	
		6			1			3
	9	5				6		
	7				5			

Medium # 700

	1					4		
	7		9					
		8		6	7	3	2	
				9				6
7				1				8
4				7				
	4	2	6	3		7		
				9			6	
		9					3	

Medium # 701

4	8			7				
3			1		5			
			3	4			7	
1						5		
5	4						9	3
		8						2
	1			6	3			
		9			4			5
				1			8	4

Medium # 702

		2		5	3	6		
	3		9		6			
	5	1						
8			2	6				
9								1
			7	9				4
						9	3	
		8		2			5	
	5	7	9			1		

Medium # 703

	5	2						
				9			2	1
6				8	7	5		
		6	3	7				
		9				3		
			1	4	7			
		3	7	2				9
9	2		5					
						4	7	

Medium # 704

	4						3	
	8				1			
1				7				
8		4			2		1	6
7	1						2	8
6	9		1			7		4
				8				9
		1					6	
	6						4	

Medium # 705

			3	8				
5		8		7			1	
	2					9	7	
		1					9	
6		7				4		2
	8			4				
	4	9					8	
	7			1		2		5
				2	3			

Medium # 706

2			5		1			
				2	6		1	
		7			3			
3					8	2		
		6	2		7	5		
		8	4					6
		3			7			
	4		6	8				
			3		5			2

Medium # 707

	9		3					
		8	2			1	3	
		2						9
	7		8	9	4			
	3						1	
			1	7	3		2	
8						3		
	1	4			6	7		
					8		4	

Medium # 708

	8				1			3
7		9						
5				3		8		
9				5	6		4	
			1		9			
	2		4	3				1
	4		6					2
						6		4
6			5				7	

Medium # 709

```
. . . | . . . | . . .
2 6 . | 3 . 4 | 9 . .
. 4 . | . . 6 | 8 . .
------+-------+------
. 9 . | . . 8 | . . 1
. 5 . | . . . | . 4 .
6 . . | 2 . . | . 3 .
------+-------+------
. . 9 | 5 . . | . 8 .
. . 4 | 7 . 9 | . 1 2
. . . | . . . | . . .
```

Medium # 710

```
. 2 . | . . . | 5 . .
. . . | 6 . . | . . .
8 . 1 | . 4 . | . . 9
------+-------+------
. . . | . . 3 | . 9 8
3 . . | 2 6 9 | . . 4
9 6 . | 7 . . | . . .
------+-------+------
4 . . | . 1 . | 9 . 2
. . . | . 5 . | . . .
. 9 . | . . . | 4 . .
```

Medium # 711

```
. . 8 | . . 1 | 6 . .
3 4 . | 6 . . | . . 8
6 . . | . 8 7 | . . .
------+-------+------
. . 7 | . . . | 6 . .
. . 4 | . . . | 1 . .
. . 1 | . . . | 9 . .
------+-------+------
. . . | 5 4 . | . . 7
1 . . | . . 2 | . 9 6
. . 9 | 3 . . | 2 . .
```

Medium # 712

```
7 . 8 | 3 . . | . 6 .
. . . | 9 . . | . . .
5 4 . | . . . | . 7 .
------+-------+------
3 . . | 2 6 . | 9 . .
. . . | . . . | . . .
. . 4 | . . 2 | 7 . 1
------+-------+------
. 5 . | . . . | . 8 3
. . . | . . 5 | . . .
. 1 . | . . 8 | 4 . 7
```

Medium # 713

```
. . . | . 5 . | . . .
2 1 8 | . 6 9 | . . .
. . . | 1 . 2 | 6 . .
------+-------+------
. . . | 4 3 . | . . 6
. 8 . | . . . | . 3 .
6 . . | 5 2 . | . . .
------+-------+------
. 2 3 | . 6 . | . . .
. . 9 | 7 . . | 8 1 5
. . . | 4 . . | . . .
```

Medium # 714

```
3 6 . | . . 8 | . . 2
. . 9 | 4 5 . | . 7 .
4 . . | . . . | . . .
------+-------+------
. . 4 | 6 . 9 | 1 . .
. . . | . . . | . . .
. . 8 | 2 . 4 | 6 . .
------+-------+------
. . . | . . . | . . 4
. 4 . | . 3 2 | 8 . .
7 . 8 | . . . | . 2 6
```

Medium # 715

```
. . 7 | 2 . . | . 9 .
6 . . | . 3 5 | . 2 .
. . . | 1 . . | . 6 .
------+-------+------
2 6 . | . 4 . | . . .
. . 9 | . . . | 8 . .
. . . | . 9 . | . 4 3
------+-------+------
. 3 . | . . 1 | . . .
. 7 . | 6 5 . | . . 2
. 5 . | . . 8 | 1 . .
```

Medium # 716

```
. 4 . | . . . | . . .
. 5 . | 9 . 2 | . . 6
. . 3 | . 4 . | . 9 1
------+-------+------
7 . . | 2 . . | 6 . .
8 . . | . . . | . . 7
. 2 . | . . 6 | . . 8
------+-------+------
3 6 . | . 1 . | 8 . .
2 . . | 7 . . | . 5 .
. . . | . . . | . 4 .
```

Medium # 717

```
8 . . | . . 3 | 7 . .
4 . . | 6 . . | 1 8 .
. . . | . 5 . | . . 4
------+-------+------
. . 8 | . 2 4 | . . .
. 6 . | . . . | . 1 .
. . . | 3 6 . | 4 . .
------+-------+------
2 . . | 8 . . | . . .
. 7 9 | . . 6 | . . 5
. . 3 | 4 . . | . . 2
```

Medium # 718

```
. 4 9 | . . 3 | . 1 .
. . . | 1 2 9 | 6 . .
. . . | 6 . . | . . .
------+-------+------
4 . . | 3 . . | . 9 5
5 9 . | . . 2 | . . 8
. . . | . 8 . | . . .
------+-------+------
. . 1 | 2 7 4 | . . .
. 7 . | 5 . . | 2 8 .
```

Medium # 719

```
2 . . | . . . | . 4 8
. . 6 | . . 7 | 1 2 .
. . . | 2 . . | . . .
------+-------+------
. . . | 7 3 . | 5 . .
6 . . | 5 . 9 | . . 4
. 8 . | . 4 1 | . . .
------+-------+------
. . . | . . 5 | . . .
. 3 4 | 8 . . | 6 . .
5 6 . | . . . | . . 7
```

Medium # 720

```
. . . | . . . | 5 6 .
. 5 9 | . 2 1 | . . 7
. . 6 | . 4 . | . . .
------+-------+------
. . . | 5 . . | 8 . .
2 8 . | . . . | . 3 6
. . 3 | . . 2 | . . .
------+-------+------
. . . | . 8 . | 9 . .
3 . . | 9 5 . | . 2 7
. 4 7 | . . . | . . .
```

Medium # 721

		3			1			
8	2							6
6			7					
	1			7		8	9	
7			4		9			3
	9	6		8			5	
					8			5
2							7	4
			6			1		

Medium # 722

3		2	7	4			8	
				2				
7	9				5			
		8	1				9	
			3					
	6				7	2		
		5				3	7	
			8					
1			7	2	6			4

Medium # 723

2								1
				3				7
	8	1	6			4		
	9			8	6	1		
			5					
	7	6	4			5		
	2			9	1	8		
6			1					
5								2

Medium # 724

	8							
3			5	9			1	
	1	2					3	
			5	2	9			
9			8		7			6
		8	1	4				
	4					7	2	
	5			8	6			3
						6		

Medium # 725

2			3					
			6	4			9	
	5	7			9			
4	8		7	9				
		1				2		
			1	4			7	8
			9			6	1	
	3			7	5			
				6				9

Medium # 726

		2					8	
1		5	9					
	9		5		4			
		8		4			1	
	4	3		6	8			
	2		8		3			
		7		2		3		
			3	7			4	
6			5					

Medium # 727

3	4							
				9			1	
9		1	6					8
	8		7			3		
		2		1		9		
	6				4		5	
6					8	2		1
	3			4				
							9	7

Medium # 728

	5		9		6			
		2		5		8	3	
				4				
	7		6			9		4
2								1
4		3			8		6	
				9				
	8	1		6		5		
			5		4		9	

Medium # 729

				1		5		
			5				4	
		5	2	3				8
			7			6		5
1			4		9			2
6		8			1			
8				7	6	1		
	9				5			
		6		2				

Medium # 730

		7						
		4		3		6		9
	3		4				1	
6	9			4		7		
8								5
		5		1			6	8
	5				8		9	
4		3		2		1		
						8		

Medium # 731

				1		7	5	
9								2
6	7			2				
	2				3			1
	9	1				5	6	
3			4				9	
				7			2	8
7								9
		4	6		9			

Medium # 732

4	1	2			6			
			8			9		
			7	4				
		7			1		6	
9		6				7		1
	3		6			5		
				8	7			
		4			5			
		3				6	4	8

Medium # 733

	2				3	5		
	7				4			
8	1	4						
3			8		6			
4		1				7		8
			1		5			4
						8	9	2
			4				5	
		5	6				7	

Medium # 734

3		9			8			
					6		1	
4			2	1				
	2	1	7				9	
	9				3	8	2	
			3	7				5
	3		4					
			1			7		2

Medium # 735

		8				1	7	4
			4	3			9	
					5			
7					2			
1	5			4			2	8
			7					6
			2					
	2			5	6			
9	7	3				2		

Medium # 736

1	3			7	4			
	9							
5				9		2		6
				2	7			4
		8				9		
6			8	5				
3		7		4				5
							1	
			7	6			4	8

Medium # 737

3				5				
		4		3	1			5
	7				9			
4			6				2	
2		3			4			9
	9			8				3
		2					7	
5		7	1		2			
			9					4

Medium # 738

		3						
			4	8	6			7
		4				1		2
4			7			2		
	6	5		4	9			
	7			9				6
3		9				5		
5		8	1	2				
					2			

Medium # 739

	3							
				4	1			9
	7		9		5			1
		6					1	2
	2		6		8		3	
9	8					4		
2			5		9		8	
7			2	8				
							2	

Medium # 740

			9	5			3	
	8	1						
2					6	7	4	
			5			9		
		4		6		2		
		8			4			
	1	2	6					5
						4	6	
	9			4	1			

Medium # 741

	9	6			8			
		4			3			
		7	6	5		3		
						4	8	7
	5						3	
1	4	2						
		1		6	4	7		
			2			6		
			5			8	9	

Medium # 742

		7		2	6			
4			1	7				6
			8			2	3	
5		8			7			
			8			6		4
	4	3		6				
7				4	8			9
			9	3		4		

Medium # 743

			6	8				
		1				9		3
	4				5		6	
		9		6				5
1	8						2	9
3				2		1		
	1		5				8	
2		8				3		
				3	1			

Medium # 744

	2				4	7	5	
	8					3		
			6	1	9			
		3						7
		7	9		5	2		
4						1		
		1	8	4				
		2					6	
	7	4	2				1	

Medium # 745

	1							6
				6	5	7		
6			5	8			3	
7	5			4				
	2					9		
			3			8	1	
	6			2	8			7
	9	7	4					
8						6		

Medium # 746

2	5				1		9	
			4			2		
	4					3	1	
5			3			1		
				4				
		7			5			4
	2	5					8	
		1		7				
	8		5				6	3

Medium # 747

	8							7
2			3				9	
	7		6	8			2	
9			1					5
		8			3			
7					6			9
	4			1	9		3	
	9				5			2
1							8	

Medium # 748

	3		2	1		6		
							7	9
			9			1		
9			6			5		
		3	4		8	7		
		8			9			6
		4			6			
1	9							
		5		7	3		4	

Medium # 749

		1			9	8		
					3		6	
3			8	7			5	
	8				5	7		
2								5
		7	6				4	
	9			3	8			4
	5		7					
		3	5			6		

Medium # 750

1					6	8		5
		9						
	8	2			1		7	
		7				3	9	
		1		5				
	6	4				5		
	5		4			7	6	
				7				
2		9	5					8

Medium # 751

			7			1		
		5		3	1			6
		2						
					7	6	8	
3	1		8		2		7	5
	4	8	5					
						8		
9			3	5		7		
		3			4			

Medium # 752

		4	9			8		3
					5			
6			2	1			9	
						5		7
	8	7				3	6	
5		3						
	3			4	9			6
			8					
8		6			7	1		

Medium # 753

				9				7
		2	5		6			1
	7				3			8
		8		3	7		1	
	3		1	9		8		
4		3					6	
6			4		1	9		
8			9					

Medium # 754

					1			8
2				4	8	5		
	7		2			3		
	1						3	7
			4		3			
3	8						4	
		2			4		1	
		7	3	6				5
6				8				

Medium # 755

		2	1	3			9	
		8						
			5			6	3	
			2	8			1	3
3	7			5	6			
	2	5			1			
					7			
	6			7	4	1		

Medium # 756

			6				9	3
	6				2			
	9		1			6		
		9		7				1
	5		1			4		
2			3		4			
	8			9		1		
	6					8		
5	4			1				

Medium # 757

	5			3	7			9
		6		5	1			
1						5		
2	4						9	
			1		9			
	7						3	4
		4						5
			7	6		9		
3			8	1			4	

Medium # 758

	3	5				1	6	
				4		5		
9					2	7		4
			5				2	9
1	8				3			
7		4	8					5
		6		9				
	9	3				2	4	

Medium # 759

3			8					9
			6	1		3		
	7						4	
9			2			3		8
		6				9		
8		7		5				6
	8						2	
	2		1	3				
4				8				7

Medium # 760

	6	3	4		5			
			8		9			
		7				1		
7	2			9			5	8
3	5			6			4	1
		5				3		
		2		1				
		3		6	5	2		

Medium # 761

		7						4
		9		7			8	
5			8			2	7	
				4				6
3			6		5			1
7				3				
	2	1			8			7
	4			2			1	
9						3		

Medium # 762

9			2				6	3
	2			5	7			4
	3							
		5	1	3				2
7				4	2	6		
							9	
3			5	6			8	
1	7				4			5

Medium # 763

				8	1	4	5	
7								8
	5		7	2				
		5	2			1		
		1			4	2		
			1	6		8		
3								1
	9	8	3	4				

Medium # 764

		5						
2	8					1		
				3			4	
		9	8	4			3	
	2						6	
	6			1	7	8		
	4		5					
		3					9	5
						2		

Medium # 765

4			3		9	8		
			1					
		2				3		5
8	2							
	7	3		9		2	6	
							5	9
6		1				9		
				4				
		7	5		6			3

Medium # 766

1		9						7
			8			4		
4			1		2			
7						2	3	8
	6					7		
8	9	2						1
			7		1			5
	1			3				
5						8		2

Medium # 767

		6	5			1		
		9	7					8
			9					
		3	5		6		7	
	7			1			3	
	8		4		3	2		
				4				
8					2	9		
	1			3		7		

Medium # 768

7			3					
		5	1				2	
		9		8				6
	9	6						
4	1						3	8
						7	9	
3				7		1		
	4				2	8		
					1			5

Medium # 769

```
. . . | . 1 3 | . . .
. 5 . | 8 . . | . 6 .
1 . . | 2 . . | . . .
------+-------+------
5 . . | 6 . . | 1 7 .
2 . 4 | . . 6 | . . 8
8 6 . | 4 . . | . . 3
------+-------+------
. . . | 7 . . | . . 9
. 7 . | 1 . . | 8 . .
. . 8 | 6 . . | . . .
```

Medium # 770

```
. . 9 | 5 . . | 2 4 .
. 3 . | 2 4 . | . . .
8 . . | . 3 . | . . .
------+-------+------
. . . | . . 7 | 8 . .
1 . . | 9 . . | . . 3
. 5 3 | . . . | . . .
------+-------+------
. . 6 | . . . | . . 2
. . . | 3 2 . | 1 . .
9 8 . | . . 5 | 6 . .
```

Medium # 771

```
4 . . | 6 . . | . . .
. 6 . | . 3 . | 4 9 .
. . . | 8 . 7 | . . .
------+-------+------
. 2 9 | . 6 5 | . 1 .
. . . | . . . | . . .
. 7 . | 4 9 . | 2 6 .
------+-------+------
. . 7 | . 5 . | . . .
2 1 . | 3 . . | 8 . .
. . . | . 2 . | . . 5
```

Medium # 772

```
2 . . | . . . | 5 . 8
4 . 7 | . . . | . . .
3 6 . | 1 . 8 | . . .
------+-------+------
. . . | 4 1 . | 3 . .
. . 6 | . . . | 8 . .
. . 4 | . 7 2 | . . .
------+-------+------
. . . | 7 . 1 | . 9 5
. . . | . . . | 7 . 2
9 . 3 | . . . | . . 1
```

Medium # 773

```
. . . | . . . | . . 6
. 4 . | . . . | . . 7
7 8 9 | 4 5 . | 2 . .
------+-------+------
8 1 . | . 2 . | 7 . .
. . . | . . . | . . .
. . 5 | . 4 . | . 8 9
------+-------+------
. 7 . | 9 8 3 | 6 1 .
6 . . | . . . | 7 . .
9 . . | . . . | . . .
```

Medium # 774

```
. . . | 8 . . | 2 . .
8 . 2 | 3 . . | . 1 7
. . . | 4 . . | . . 5
------+-------+------
. . . | 7 . . | 9 . .
4 6 . | . . . | 8 1 .
. 7 . | . . 5 | . . .
------+-------+------
9 . . | . 4 . | . . .
2 1 . | . 6 9 | . . 8
. . 4 | . 8 . | . . .
```

Medium # 775

```
4 . . | . . 8 | . 6 5
. . . | 9 1 . | . . .
2 5 . | . . . | . . .
------+-------+------
. 9 2 | . 4 . | . 7 .
. . . | 1 . 2 | . . .
. 6 . | . 9 . | 2 3 .
------+-------+------
. . . | . . . | . 1 7
. . . | . 8 3 | . . .
7 4 . | 6 . . | . . 8
```

Medium # 776

```
. 8 . | . 3 . | . . 2
. . 3 | . . 9 | . . .
1 . 6 | . . . | 4 . .
------+-------+------
3 . 4 | 6 . . | 2 . .
. . . | 4 . 5 | . . .
. . 2 | . . 1 | 8 . 6
------+-------+------
. . 8 | . . . | 6 . 4
. . . | 8 . . | 7 . .
7 . . | . 5 . | . 1 .
```

Medium # 777

```
9 . . | 3 . . | 2 . 8
. . . | . . . | . 3 .
. . . | . 8 6 | 5 . .
------+-------+------
. . . | 7 . . | 8 . 3
8 . 2 | . . . | 9 . 7
3 . 5 | . . 4 | . . .
------+-------+------
. . 7 | 9 5 . | . . .
. 3 . | . . . | . . .
6 . 9 | . . 3 | . . 2
```

Medium # 778

```
. . 5 | . . 2 | . . .
. 7 1 | . . . | . . 9
4 . . | 3 1 . | . . 2
------+-------+------
. 2 . | . 6 . | . . 8
. . 4 | . . . | 6 . .
9 . . | . 5 . | . 7 .
------+-------+------
7 . . | 8 5 . | . . 3
6 . . | . . . | 9 4 .
. . . | 6 . . | 5 . .
```

Medium # 779

```
3 . 5 | . . . | . . 7
. . . | 3 6 9 | . . 1
. . 8 | 2 . . | 4 . .
------+-------+------
. . . | 8 . . | . 9 .
1 . . | . . . | . . 2
. 7 . | . 4 . | . . .
------+-------+------
. . 2 | . . 4 | 7 . .
8 . 9 | 7 6 . | . . .
7 . . | . . . | 5 . 9
```

Medium # 780

```
. . . | . . . | 6 1 .
. . . | 4 1 . | . . .
1 6 3 | 2 . . | 8 . .
------+-------+------
. 2 . | . 3 . | . . 1
. . 7 | . . . | 3 . .
6 . . | . 2 . | . 5 .
------+-------+------
. . 9 | . . 4 | 7 3 5
. . . | . 7 3 | . . .
. . 8 | 1 . . | . . .
```

Medium # 781

	4	8				1		
5					9			8
7				2				
	3		2		7			
	7	5				3	2	
			8		1		6	
				8				3
3			7					9
		2				6	5	

Medium # 782

			7				9	2
				1	3	8		
	8		2					
1		4	6			2		
8								4
	7			5	9			3
				7		3		
	2	8	9					
6	5			4				

Medium # 783

2								
6		5			8			
	9	1	6		4	2		
			4	2	7			
	5						3	
		7	5	6				
		8	7		3	9	5	
			2			3		6
								8

Medium # 784

			6	5				2
8			1		3	4		9
	5				6			
				1				6
	9						8	
7			8					
		7				6		
9		1	3		5			4
5				4	9			

Medium # 785

				8				
			3			2	7	
	8	1	7			3	4	
	3			5		9		
		8		9				
		4		1			5	
	9	3			7	4	6	
	7	5		4				
			1					

Medium # 786

		3					7	
			8	1	7		6	
8								2
			7				2	8
	7		9		3		1	
6	9			4				
7								1
	3		1	9	2			
	4				6			

Medium # 787

					8		3	
2				6				
		7	5				6	
3				8			5	6
		4	6		1	9		
6	1			2				3
	9				7	3		
				1				9
	5		4					

Medium # 788

5		4						1
		7			1			8
	8	2				6	5	
			3	2				
			8		9			
				6	4			
	6	3				2	8	
7			2			5		
4						7		6

Medium # 789

8					6			2
	2	3						
3				4		9		
			3	2	7			
	5	6			1	4		
	9	8	5					
	3		6					5
				8	1			
4			7					6

Medium # 790

		4					3	
	2	6	8					
5					9		8	
	2	5	8	6				
	3						9	
			5	1	3	2		
	4		3					9
			9	8	1			
	5				4			

Medium # 791

		1		7		3		
				5	8			
2		7			3		1	
	9					1		
	1	2				5	7	
		6					9	
	3		4			7		1
			6	1				
		4		2		8		

Medium # 792

4					6		1	8
	1	7		3			2	
		2				3		
				3				
	3		1		7		6	
			9					
		4				5		
	5			1		2	7	
9	2		5					6

Medium # 793

			9			8		
		5			3	9		7
	7				4			
3			7	2				
5			1		6			2
			4	9				1
			3				6	
2		1	6			4		
		9			8			

Medium # 794

8				6			7	
4						9		
			8	3			1	6
2					4	8		
			3		6			
		6	5					9
9	5			4	7			
		1						7
	7				1			5

Medium # 795

				5				
9	1	5			8			
3		6			2			9
				6		9		
8	9						6	7
	5			9				
7			1			2		4
			5			6	1	3
				4				

Medium # 796

5			6		9			1
	9			2			7	
			4					8
	4	1						
2		5				6		4
						5	2	
9				3				
	6			8			5	
8			5		4			2

Medium # 797

						4		
1		5		2				
	2	3		8	1			5
			8			2		
2				1				7
		1			9			
3			9	7		8	2	
				3		7		4
		9						

Medium # 798

	1	3				8		4
			3				7	
			4	2		9		
							5	9
	2		1		3		4	
9	8							
	9		7	3				
	7				1			
4		1				7	6	

Medium # 799

```
3 6 . | . . 4 | . . .
. . . | . . . | . . 4
. . . | . . . | 5 6 2
------+-------+------
2 . . | . 1 . | 3 . 9
. . 1 | 8 . 3 | 2 . .
8 . 9 | . 6 . | . . 1
------+-------+------
4 2 7 | . . . | . . .
6 . . | . . . | . . .
. . . | 7 . . | . 9 5
```

Medium # 800

```
. . . | . 5 2 | . . 9
. . 8 | 3 . . | . . .
5 7 . | . . . | 4 . .
------+-------+------
6 9 . | . . . | 2 . .
8 . . | . 3 . | . . 1
. . 1 | . . . | . 5 3
------+-------+------
. . 2 | . . . | . 9 4
. . . | . 8 7 | . . .
1 . . | 6 7 . | . . .
```

Medium # 801

```
. 9 . | . . 3 | . . 8
. . 5 | . 4 6 | 2 . .
. . . | 5 . 9 | . . .
------+-------+------
5 7 . | . . . | . 1 9
8 1 . | . . . | . 4 3
. . . | 9 . 4 | . . .
------+-------+------
. . 4 | 7 6 . | 9 . .
. . . | . . . | . . .
3 . . | . 1 . | . . 8
```

Medium # 802

```
. . 6 | 3 . . | . . .
. 4 . | . . . | 1 3 .
. . 2 | . 7 . | . 6 .
------+-------+------
3 . 4 | . 6 . | . 5 .
. . 2 | . . . | . 9 .
. . 8 | . 3 . | 2 . 7
------+-------+------
. . 6 | . 8 . | 7 . .
. 1 5 | . . . | . 2 .
. . . | . 4 9 | . . .
```

Medium # 803

```
1 . . | 3 . . | . . 6
. 3 . | . . . | . 5 1
. . 5 | 1 . . | . 9 7
------+-------+------
. . 2 | . 8 . | . . .
. 6 . | . . . | . 7 .
. . . | 9 . 8 | . . .
------+-------+------
5 1 . | . . 3 | 9 . .
6 9 . | . . . | . 2 .
4 . . | . 7 . | . . 5
```

Medium # 804

```
. 8 . | . . . | . . 4
. . . | 8 . 3 | . . .
. . . | 5 4 7 | . 9 6
------+-------+------
7 . 1 | . . . | . . .
. . 5 | 3 . 8 | 2 . .
. . . | . . . | 9 . 3
------+-------+------
9 6 . | 7 8 2 | . . .
. . . | 1 . 9 | . . .
8 . . | . . . | . 2 .
```

Medium # 805

8					9			7
		4		8	3			2
		5						1
		7					1	
	8		7		4		5	
	6					7		
2						9		
6		8	3		5			
9			6					3

Medium # 806

		1						9
		6		4				7
			5	7	4			
	3	9		8			4	
			7		9			
	6			4		9	1	
		2	9	6				
3			5			2		
9						8		

Medium # 807

				8				
						7	6	
2	1			6	4	8		
		3	5					7
	4		3	1		5		
5			2		8			
	7	5	4			3	6	
	2	1						
			1					

Medium # 808

	5	2	1					
	9		4		7			5
6								
	7	2	6					9
	3				5			
8			7	1	3			
								3
1			6		4		9	
				8	6	4		

Medium # 809

8				4		2		7
7	2	3	1				5	
				5				
2		5	7		3	6		4
			9					
	7				1	9	3	2
3		4		7				5

Medium # 810

		5	8		9			4
6		1						
	8	4	2					
	6			7				
3			9		8			6
			5			4		
				2	1	8		
						2		7
9			6			1	4	

Medium # 811

	4	1				2		5
3				7	9		4	
2	9		8			4		
			6		4			
		6			7		5	1
	8		5	1				9
7		9				6	1	

Medium # 812

	7				6	2		8
		9	3			7		4
5			1					
2			7					
	9					4		
				4				6
				2				5
3		2			1	6		
6		7	4			3		

Medium # 813

	2				8			4
	7		3		6			
8								6
7			4	8		9		
	3						4	
		9		7	2			8
9								2
			7		4		5	
1			6				8	

Medium # 814

			4	5	1			
		7		1	2	3		
							6	
	3		8	7	4			
5								8
	6	1	5			2		
7								
6	5	8		3				
	4	9	1					

Medium # 815

	2	3	5				6	
1				6		8		9
			4	7				
		4				9	5	
	8	9				7		
				1	6			
3		8		2				1
	7				5	4	3	

Medium # 816

3			2				8	
	6			1	8			
		5			9			
4		1		8				2
5								9
9				3		7		5
			7			6		
			8	5			7	
	9				4			8

Medium # 817

```
. 5 1 | . 6 9 | . . .
7 . . | . . . | . 1 .
. . . | . 5 . | . 3 4
------+-------+------
. . 3 | 6 . . | . . .
2 . 4 | . . . | 1 . 3
. . . | . . 8 | 4 . .
------+-------+------
5 4 . | . 2 . | . . .
. 8 . | . . . | . . 5
. . . | 9 4 . | 3 2 .
```

Medium # 818

```
6 . . | . 2 . | . 3 .
. . 2 | . . . | . 8 .
. 7 . | 6 . . | . . 5
------+-------+------
. . . | 2 4 . | . . .
2 5 . | 9 . 1 | . 7 4
. . . | 3 8 . | . . .
------+-------+------
5 . . | . 6 . | 4 . .
. 1 . | . . 9 | . . .
. 6 . | . 5 . | . . 1
```

Medium # 819

```
. 5 . | 3 . 1 | . 7 .
9 . 8 | . . . | . . .
7 . . | . 4 5 | . . .
------+-------+------
. 2 . | . . . | . . 6
1 . . | 8 . 6 | . . 2
4 . . | . . . | 5 . .
------+-------+------
. . . | 2 1 . | . . 9
. . . | . . 6 | . . 5
. 9 . | 6 . 7 | . 1 .
```

Medium # 820

```
1 . 8 | . . 3 | 6 . .
5 . . | . . 8 | 9 . .
. 7 6 | . 4 . | . . .
------+-------+------
. . . | . . 4 | . 1 .
. 9 . | . . . | . 5 .
. 6 . | 3 . . | . . .
------+-------+------
. . . | 1 . . | 3 6 .
. 3 5 | . . . | . . 7
. 5 7 | . . 1 | . . 9
```

Medium # 821

```
. . 2 | . 4 . | 5 . .
4 . . | . 9 6 | . . .
. . . | . 3 1 | . 7 .
------+-------+------
. 5 . | . . . | 1 6 .
. 4 . | . . . | . 2 .
. 2 3 | . . . | . 5 .
------+-------+------
. 3 . | 8 6 . | . . .
. . 6 | 5 . . | . . 2
. . 4 | . 1 . | 3 . .
```

Medium # 822

```
. 9 6 | . . 2 | . . 7
. 2 3 | . . . | 5 . .
. 1 . | 3 . . | . . .
------+-------+------
. . . | . 3 4 | . . 6
. . . | 8 . 7 | . . .
3 . . | 2 9 . | . . .
------+-------+------
. . . | . . 3 | . 7 .
. . 1 | . . . | 6 8 .
8 . . | . 6 . | . 2 1
```

Medium # 823

					5			7
		3	9					
7		6			4		2	
	4		3	6		7		8
5		8		9	2		3	
	6		2			1		9
					7	2		
4			6					

Medium # 824

	3	5		4		1	8	
	9							
					2	7		
9			8	6		2	1	
	4	8		7	9			3
		4	6					
						7		
	5	1		9		6	3	

Medium # 825

1			2					9
	4			6				
			9			4		
		7		6		9	5	
2		1				4		7
	6	9		5		3		
	2				9			
			6				7	
8					3			2

Medium # 826

3	2	4	8					
				7	2			
					9	2	8	
					3	8		
8	7						5	1
		9	5					
	1	7	3					
		6	9					
					5	1	6	4

Medium # 827

	1	2	3		5			
					9			7
		6	5					3
	3		2		4			6
6			9		7		5	
8					1	7		
1		7						
		9			2	3	4	

Medium # 828

		4		1		3		
		8			4		6	1
	2				8			
		9				2		
	8		7		9		1	
		1				7		
			2				3	
6	3		4			5		
		7		9		8		

Medium # 829

	4	1		3				
5	3		4					
8			7	5				
	2				4			5
3								8
7			8				2	
			4	8				6
				2			4	9
			9			7	1	

Medium # 830

	1		7	3	2			
7	2					9		
	6		8					
		2	9		5			
9								2
			4		3	8		
				9			1	
		3					7	9
			2	6	4		8	

Medium # 831

		7	4		3	5		
9		6						
				8		1		
			5	1		2	8	
3								4
	9	1		4	8			
		2		3				
						3		2
		8	1		6	4		

Medium # 832

	2			4	1			
7			3					
	5						2	1
		8		1	2		6	
			7		9			
	7		8	3		9		
4	1						8	
				4				9
			9	5			7	

Medium # 833

	6			8				
7		3		4		1		
9			5				7	
	2	6			4			3
4				3		6	8	
	3				9			2
		1		6		5		9
				2			4	

Medium # 834

	2		4					
	7	6			1		9	
1			9		2			
		8				4		
6			2		4			7
		9			5			
			7		9			4
	1		8			2	5	
				5			1	

Medium # 835

5		4		7				9
							8	2
	6	7						
	5			6	7			1
		6				2		
7			3	5			4	
						8	2	
3	4							
8				9		1		4

Medium # 836

	7			5			2	9
3			2			4		
			7			5		
	4		3					
	2	5				6	3	
					5		8	
		3			6			
		4			1			2
2	9			7			1	

Medium # 837

			1			6	5	8
							4	
2		5					7	1
		6	5	3				
			4		6			
			8	2	3			
1	3					8		9
	2							
5	6	9			4			

Medium # 838

			4			9	6	7
	6			3	9			1
	5		3			1	2	
				4				
	1	8			2		9	
4			2	6			7	
2	9	7			8			

Medium # 839

	7	6						
		1				8		
	3			8	6	7	4	
	4			1		8		
			7		3			
		3		5			1	
6	1	5	9				3	
	2				5			
					4	6		

Medium # 840

5		2			3	4		1
	9							
			9					2
3			1			9		4
			6		2			
7		1		5				8
9				6				
							7	
8		4	3			6		9

Medium # 841

```
8 5 . | . . . | 3 . .
1 . . | 6 4 . | . . .
. . . | . 8 . | 2 . .
------+-------+------
7 . . | . . 5 | 1 . .
4 2 . | . . . | . 9 7
. . 6 | 7 . . | . . 8
------+-------+------
. . 8 | . 5 . | . . .
. . . | . 6 7 | . . 9
. . 9 | . . . | . 5 3
```

Medium # 842

```
5 . . | . . 1 | . . 2
. 9 . | . 3 . | . . .
. 1 8 | 4 5 7 | . . .
------+-------+------
. . . | . 1 . | 5 . .
. . . | 7 . 6 | . . .
. . 7 | . 4 . | . . .
------+-------+------
. . . | 5 9 4 | 8 2 .
. . . | . 8 . | . 3 .
9 . . | 1 . . | . . 6
```

Medium # 843

```
4 . . | 7 . 5 | . . .
2 . . | . . 4 | 5 . .
. 5 . | 6 9 . | . . .
------+-------+------
. . . | . 1 . | 9 . .
7 8 . | . . . | . 6 2
. . 6 | . 2 . | . . .
------+-------+------
. . . | 6 8 . | 1 . .
. . 9 | 1 . . | . . 6
. . . | 3 . . | 2 . 4
```

Medium # 844

```
8 7 . | . . . | 3 . .
. . . | . 8 . | 1 9 7
. . . | . 2 . | 8 4 .
------+-------+------
. . . | 4 3 . | . . .
. 8 . | . . . | . 1 .
. . . | . 2 5 | . . .
------+-------+------
. 5 2 | . . 4 | . . .
6 1 7 | . 9 . | . . .
. . 8 | . . . | . 7 6
```

Medium # 845

```
. 2 5 | 7 . 6 | . . .
. . 6 | . 3 . | . . .
. . . | . . . | 8 9 .
------+-------+------
. 1 . | . 7 . | . . .
8 4 2 | . . . | 5 7 1
. . . | . 5 . | . 2 .
------+-------+------
. 7 4 | . . . | . . .
. . . | . 9 . | 3 . .
. . . | 1 . 3 | 7 6 .
```

Medium # 846

```
. 4 . | . . 6 | 5 . .
9 . . | . 4 1 | . . .
6 3 . | . . . | 9 . .
------+-------+------
7 . . | 1 . 9 | . 2 .
. . . | . . . | . . .
. 9 . | 2 . 3 | . . 7
------+-------+------
. . 9 | . . . | . 4 5
. . . | 7 9 . | . . 6
. . 7 | 5 . . | 3 . .
```

Medium # 847

			6	1		2		
	2	6						
		1	7					
7		2	1	5		9		
9								4
		8		9	7	6		5
					4	8		
						7	4	
		4		2	3			

Medium # 848

			3		9			8
		3		6	7			4
	6					2	3	
	3					9		
4								6
		1					5	
	5	4					9	
6			5	7		1		
2			6		4			

Medium # 849

6	4					2		1
			9		1		4	
	7							
		7	1				3	8
			6		4			
3	2				8	4		
							2	
	1		7		6			
8		9					7	5

Medium # 850

	4						7	
6				4			2	
3					9		4	
	5	9	7					
8			5		6			1
				3	2	8		
	7		9					4
	8			3				2
	9						6	

Medium # 851

							6	
3	2		9					8
		1				4	5	
9	4		2	6				
				8				
			7	4			9	5
	3	2			5			
4					8		1	6
	9							

Medium # 852

		7				6		
	3		1			7		4
				5				1
3	2	4						
		8		1		9		
						5	7	2
5			6					
4		6			9		5	
	1				2			

Medium # 853

3		5			6	4		
		9						
		7	4		2			
6				3		8	2	
				7				
	8	4		1				5
			9		3	1		
						9		
		8	1			5		4

Medium # 854

		7			8			9
							3	5
			6	2	3			
	6	1					7	
		2	3		4	8		
	3					9	2	
			9	7	2			
9	2							
8			1			4		

Medium # 855

	7		8			1		
			5	4			9	6
		9					2	
			9	3				1
		2				9		
3				7	5			
	4					6		
7	6			1	4			
		5			7		4	

Medium # 856

	1				6			9
2			9				3	
			5		3		4	
7				9				
9	8						1	6
				8				5
	7		4		2			
	2				5			7
3			8				5	

Medium # 857

	8	2	9		5	6		1
								4
	9			8				
7		8	5				6	
	4				8	1		7
				7			9	
6								
2		9	1		6	8	5	

Medium # 858

		9	2				7	
		8	6		9			1
								8
6		5			1		3	
			8					
	8		9			1		5
7								
4			1		3	6		
	5				6	3		

Medium # 859

		4						8
					9		2	
6				7			1	4
9		6			4			
		7	5		2	6		
			9			5		3
3	8			9				7
	9		2					
7						1		

Medium # 860

					1	8		
			7		9			
		7	2			5		
6			1		9			4
8	5						6	3
7			6		8			9
	8				2	4		
		2		1				
		1	9					

Medium # 861

5		3			8			6
			2	3	5		9	
			1			4		
	1							2
			9		4			
4							7	
		1			6			
	9		8	4	1			
7			5			6		1

Medium # 862

		6	7		1		3	
	5	7						
4								1
8		4	3	6				
			1		9			
			4	2	9			7
5								3
						1	5	
	6		8		3	2		

Medium # 863

1						2		4
		9	4		3	5		
			8					
	6	4		3	5			
			2		7			
			8	9		6	5	
				1				
		6	9		8	7		
5		3						1

Medium # 864

	5							
9				6	8	7		
		6			5	3		
			3				5	
	9	5		7		6	3	
	6			4				
		7	6			8		
		2	7	9				3
							2	

Medium # 865

				8				
9	7					3		8
		3	1			6		
			7		4		5	
5	4						1	3
	3		9		5			
		5			9	7		
2		4					8	5
			4					

Medium # 866

	8		7	9				
9					3			
	2					3		7
	5		4					2
	4		2		9		7	
3				1		6		
8		4				1		
			1					4
			7	2			6	

Medium # 867

			3					8
	2		4				1	6
	3		6	1		7		
				7		6		
5								1
		3		4				
		1		9	8		5	
4	9				1		8	
2					4			

Medium # 868

		7	2					6
								9
6				9	1	2		7
	1		5	4				
	4					8		
			8	6			3	
1		8	9	7				3
9								
7				3	4			

Medium # 869

	1				7			2
	8	5			1			
3							6	
		3	7	9				
	6	9				8	3	
			3	2	5			
	4							3
			6			7	8	
7			9				4	

Medium # 870

	8				3	9		
					8		5	
	7				5	6	8	
8					1			
3		6				2		9
			5					8
	3	5	9				7	
	1		8					
		8	4				6	

Medium # 871

2					8	1		3
	4		1					2
			7					
	6		4	9				
8	9						5	7
				8	1		6	
					6			
7					2		4	
6		2	8					5

Medium # 872

			9	4			8	5
				5	9			7
	6		2					
			5	9		7		
9								4
	4		1	6				
				7		5		
2		1	5					
8	7			1	4			

Medium # 873

		3		6				7
7							6	2
			1		7	3	8	
8	5			3				
			4				5	8
	7	9	3		2			
2	8							5
6			8			4		

Medium # 874

		3					9	
	7							
8			3	5	9			
		4		9	2			6
	2		5		6		7	
9			1	3		5		
			6	1	3			5
							1	
	6					2		

Medium # 875

8					1			
	6		5			3		
7		5		9		8		
			2			9	7	
			9		6			
	9	1			7			
		6		2		5		4
		7			5		2	
			3					7

Medium # 876

5					8	3	4	2
1			3					
			9	2				
7			5				2	
		4				8		
	8				1			9
			8	5				
				6				3
3	6	1	2					7

Medium # 877

	2						6	
						9	1	
4		7	8	6				5
			5					9
		2		9		8		
1					2			
3				8	1	6		2
		5	2					
	7						4	

Medium # 878

			3			4		
			2	6		7	8	
				5				6
	8		3			5		
9			6		1			4
	3			8			1	
4			1					
	1	8	7	9				
		5			2			

Medium # 879

					3			
	6			5		4		8
5		9				6	1	
2			6					3
		6				5		
9					7			4
	4	5				2		9
7		2		9			8	
			2					

Medium # 880

	4				2	7		1
6	5							
		2	8		7			
			4			3		
3	2						9	6
		9		1				
			5		4	8		
							6	7
2		6	1				5	

Medium # 881

5							8	
				7		2		
	7	4	6	5				
9	8		7			5	4	
		6	4		9		3	5
				4	3	8	9	
		8		9				
	6							1

Medium # 882

	6	1						
		9	3				5	
4		5	7					
		6	5		4			3
		7				2		
3			8		6	9		
					2	5		7
	5				9	3		
						6	2	

Medium # 883

	2		5			7	3	
	7		9	8				
					7	8		
6						4		
5			6		2			7
		3						1
		4	8					
				4	6		1	
	3	1			9		7	

Medium # 884

7			9	2			5	
			5		7		4	2
								6
		5	2	8				
		3				1		
			9	3	2			
6								
1	4		3			6		
	5			4	2			8

Medium # 885

	8				5		1	3
	5	3			4			8
2						9		
			3		4			
			6		8			
		5		4				
	2							7
8			5			6	4	
3	1		4				8	

Medium # 886

			2	3		8		9
	8			7	5	2		
6								
				5			2	
4		9				1		7
	3			1				
								4
		5	1	8			6	
9		6		2	3			

Medium # 887

6			7		3		4	9
				5				
	7		1	2				
			9					5
2		7				8		3
5				1				
			3	4		8		
			2					
3	9		5		8			2

Medium # 888

			8					1
			1	6	5	7		
6								8
		2		6			1	
7	4						9	3
	3			8		7		
1								2
	2	5	6	7				
8				3				

Medium # 889

7			5					
			2			4		8
8						2		3
	1				6			9
		4				1		
3			7				6	
9		7						6
4		6			1			
				2				4

Medium # 890

9			2	1			6	
2			8			1		
	7							9
	1		9					
	4					5		
				2		1		
8						4		
	9			3				5
	3		9	6				1

Medium # 891

			5	9				
	6			2		7		
	3	7		6		5		
9				4	5			
1								3
		2	1					9
	5		6			1	8	
	6		8			4		
			4	3				

Medium # 892

					6			
				1	4	6		
7	4	3			9			
	7				6	1		
	4		5		7		2	
2	3				5			
	8			5	7	4		
3	2	9						
		1						

Medium # 893

		1	3	8	7			
9			5					1
	4	6						
		7		5		9		
		8			7			
	2		9			6		
						5	2	
6				3				7
			8	6	4	3		

Medium # 894

8	7		6			3		
1				7		8		
	9							7
6			8	9				
	9				5			
		2		1				8
4						9		
	3	9						6
	7			6			5	2

Medium # 895

```
. 8 . | 5 2 6 | . 4 .
. 5 . | . . . | . . .
3 . 1 | . 7 . | . . .
------+-------+------
5 . . | 9 . . | 8 . 2
. . . | . . . | . . .
2 . 6 | . . 7 | . . 1
------+-------+------
. . . | . 6 . | 5 . 9
. . . | . . . | . 1 .
. 7 . | 4 1 3 | . 2 .
```

Medium # 896

```
. . . | 5 . . | 4 7 .
5 . . | 9 7 . | . 3 .
. . . | . 3 8 | . 2 .
------+-------+------
8 . . | . . . | . . 1
. 2 . | . . . | . 4 .
1 . . | . . . | . . 3
------+-------+------
. 5 . | 2 1 . | . . .
. 9 . | . . 3 | 6 . 5
. 8 1 | . . 7 | . . .
```

Medium # 897

```
9 1 . | . 4 . | . . .
. . . | . . . | 6 7 .
5 . . | 3 8 . | . . .
------+-------+------
. . . | . 4 . | 2 . 8
3 . 7 | . . . | 4 . 9
4 9 . | 1 . . | . . .
------+-------+------
. . . | 9 1 . | . . 6
. 8 4 | . . . | . . .
. . . | 2 . . | 8 5 .
```

Medium # 898

```
. . . | 2 . . | . . .
5 3 . | 9 . . | . . .
. 6 7 | . 3 . | . . .
------+-------+------
1 . . | 7 . . | . . 3
. 8 9 | 1 . 3 | 4 6 .
4 . . | 6 . . | . . 9
------+-------+------
. . . | 8 . 1 | 2 . .
. . . | 4 . . | 9 6 .
. . . | 2 . . | . . .
```

Medium # 899

```
7 . . | . 3 . | 9 . .
. . 1 | 9 8 . | . . .
. . . | . . . | 6 5 .
------+-------+------
. . . | 6 9 1 | . . .
. 3 . | . . . | . 7 .
. . 9 | 8 7 . | . . .
------+-------+------
. 1 2 | . . . | . . .
. . . | 4 6 7 | . . .
. 8 . | 1 . . | . . 3
```

Medium # 900

```
. . . | 8 5 9 | 3 . .
5 . . | . . 6 | . . .
4 3 . | . . . | 9 6 .
------+-------+------
7 . . | . . . | . . .
6 . 2 | . . . | 5 . 7
. . . | . . . | . . 6
------+-------+------
. 4 6 | . . . | . 8 3
. . . | 3 . . | . . 2
. . 3 | 9 8 7 | . . .
```

Medium # 901

				3				
	1		6	9			3	2
4	7							8
					6			3
	5		3		2		9	
9		2						
8							1	9
7	9			2	1		8	
			7					

Medium # 902

			8	6	2	9		
1			7			6		4
6				3	4	1		
	4						3	
	7	9	6					8
4		7		3				9
	9	2	7	1				

Medium # 903

		8						
4		6	3	1				
3			7	9	5			
2			8					7
	3					8		
9					6			3
			4	3	9			1
			7	2	9			6
				2				

Medium # 904

8		2				7	4	
	7		1	6				
			8				5	
			8					9
	6		9		3		7	
7			1					
	8			4				
			3	8		6		
	9	4				2		3

Medium # 905

7	2			5	8		3	
		9						
1			6		2			
							9	
	3	5	9		4	1	6	
	7							
			3		6			7
					2			
	8		7	2			1	6

Medium # 906

			6	2	8			
	4	5	3		9			2
5			8			2		
3	9						1	6
		2			3			5
1			6			8	3	7
	9	4	1					

Medium # 907

	1	4		8				
	7		1	9			2	8
								7
	8			7				
		2	8		4	5		
				2			4	
9								
7	2			4	9		3	
				1		9	6	

Medium # 908

	4			3				6
	3				1		2	
9		2			4			5
						9		3
			1		8			
4		7						
2			6			8		1
	6		8				7	
1				4			9	

Medium # 909

			3				4	
6			2			5	3	
				4	8			
	5				4	7		9
			7		6			
7		3	8				5	
			5	7				
	3	8			9			1
	4				3			

Medium # 910

	9			1			8	
7			4					
	8				7	2		3
		6				1		
			5	4	1			
		9				7		
8		7	2				4	
					3			2
	3			6			1	

Medium # 911

							2	
3	9	1		2				
			9	6	4			
		6			8	5	7	
	2	9	5			8		
		2	1	5				
			6			2	3	4
	4							

Medium # 912

	2		4	3			8	5
8				5				2
		3	8					
7						1		
			3		9			
		6						8
					7	3		
1				8				4
2	5			9	3		6	

Medium # 913

1			2				4	
5					8			
	7				6		5	
	5		1					4
9		7					1	8
6					3		7	
	2		7				8	
			6					9
	3				5			6

Medium # 914

			7	6				
2						1		4
9	7			4				6
7			4					1
	2					5		
1				8				9
4			1				6	5
3		6						8
			5	6				

Medium # 915

7	5			4		2		1
2			6					
			8		5			
	6	3				7		
4								3
	7					8	4	
		9		2				
				7				5
1		7		9			6	4

Medium # 916

					7		1	
5			6		8	2		
3		4		9				
	3	5				1		
			4		5			
		9				4	7	
			2			7		8
		7	5		9			3
	4		7					

Medium # 917

				3		4	7	
	5							2
			6		2		8	
5		4		8		2		
	1						9	
		2		5		8		1
	9			2		1		
4							1	
	6	3		7				

Medium # 918

			9	2		7		
9	4			1				
	1							5
			6	9		2	4	
		7				1		
	9	8	4	7				
3							6	
			3				1	2
	5			9	6			

Medium # 919

					1			8
2			9		5			
				2		4	6	
	5		6					3
	3						9	
8					9		4	
	2	6		1				
			7		6			5
4			8					

Medium # 920

	4	2				9		
			8	2			1	
				4		2	7	
1			6				4	
8								7
	9				4			1
	2	3		1				
	6			5	3			
		1				5	2	

Medium # 921

9				3	6			
		3			5			
	1	2	8					
1	7							6
		9	4		8	5		
4							3	7
				4	2	6		
			1			3		
			9	5				8

Medium # 922

7			2		5			
	9			1				
	4			7		2	6	
		8	9				2	7
2	5				6	9		
	1	6		4			9	
				9			7	
		1		8				2

Medium # 923

9		8	3					
	2			6				
7	4			1				
4				2				1
8	6						3	5
1			7					8
			8				4	2
				7			5	
					4	1		6

Medium # 924

5				4		9	2	
	7							
					6	4		7
	5		7				1	
		9	8		1	6		
	1				9		3	
1		5	3					
						8		
	6	2		7				3

Medium # 925

		9	2					7
							9	3
			4	9		5	2	
6								4
	4			7			3	
7								6
	7	5		3	9			
4	8							
1				5	6			

Medium # 926

3	7	9					8	
1			9	3			2	
			8					
		8	2			6	9	
	9	1			3	7		
				7				
	6			9	8			2
	4					8	3	6

Medium # 927

	9						5	6
4		2			5			
		5		6	7			
		7		1		5		
3								9
		6		5		7		
			1	7		8		
			8			9		2
2	1					3		

Medium # 928

	2				3			9
4		1		9			5	
1		2	8					3
	5		1		7		9	
9				6	4			2
	3		6			7		4
2			5				8	

Medium # 929

		5	3		2			6
	1	7						
	8		6					
		6		4	9			
5	2						1	3
			1	3		4		
					1		3	
						2	7	
8			4		6	1		

Medium # 930

	5				1			
		7		9				2
		1	7	2	3			
8	9	2				7		
		5				3	6	4
			6	4	2		7	
3				5		4		
			3				2	

Medium # 931

4			9		1			
1	7			5				
		5						4
	3	4			9		7	
			2		5			
	6		8			9	5	
8					2			
				6			8	7
			1		2			5

Medium # 932

			4	6	8			
1	6			7		3		
8							2	
4	5	2	9					
					7	2	9	1
	8							6
		6		3			7	9
			6	5	1			

Medium # 933

		5				2		
1					2			
	6		7	3	4			
	2				1	5		
5	4						1	7
		6	8				3	
			1	8	9		2	
			6					5
		8				7		

Medium # 934

	1		2				5	8
						9		6
7				6			3	
				9	6			
8	2						4	1
			1	2				
	6			7				3
5		3						
4	7				5		1	

Medium # 935

3	1	6	2		7	5		
			3				1	
		7						
4				9			7	
2								8
	6			4				2
					1			
	7				6			
		9	5		1	2	8	7

Medium # 936

	1		8		6	4		5
	2		5	4				
		8	3					
8				5				
		2				1		
		9						3
					9	5		
			5	3		7		
9		6	1		7		8	

Medium # 937

	6				5	2		4
	5			4				8
	9							
				5	4			1
	8		3		7		2	
6			2	8				
							9	
3				9			8	
9		7	1				4	

Medium # 938

	8					6		1
	3		8	4				9
		7	6			8		
						5	3	
			7		2			
	7	5						
		9			5	3		
5				1	3		9	
3		2					1	

Medium # 939

			9					
3			1		4	2		
1			5				6	
		1		8	6	7		
2								4
	9	6	7			1		
	5				1			6
		8	9		6			3
				4				

Medium # 940

							1	8
2	5	8	4					7
	6	9		7				
						8		1
		6				3		
9		1						
				9		4	7	
7			8	5		6	3	
2	9							

Medium # 941

	3		2			8		
7			5					
6					8		9	
		3	1	7				
4		9			1			7
			8	3	2			
	1		8					3
				6				4
	9			3			2	

Medium # 942

		2		7				
			4		3			
	7	9				3	6	
6			2		7			1
		8				6		
2			8		4			5
	4	5				1	7	
			1		9			
				5		8		

Medium # 943

			2		9		4	8
		8	7	5				
		3			9	1		
	6			2		5		
		5		4			9	
	3	6			8			
			7	3	2			
9	7		1		6			

Medium # 944

	6						9	
5			6	3		2		
		7			9	1		
4	2		8					
				2				
					6		2	9
		6	3			5		
		3		7	5			1
	7						4	

Medium # 945

4	3		8			2		
6	5	1						
				7		5		
2			4	1				
8								1
			7	6				8
	4		7					
						6	8	7
		8			2		9	4

Medium # 946

5	7							
6			5			7	4	
			8					2
	4				2			6
		2	4		3	5		
8		9				1		
3				9				
	8	4			7			3
							6	5

Medium # 947

	7	9			8			2
			3					
1					7			5
7				5	2			
3	6						9	8
		5	9					7
6				3				9
				8				
5				6			7	3

Medium # 948

							6	8
2	7	3	6			5		
8			2					
			7		1	3		
	9					4		
		8	9		3			
					5			2
	5			2	6	1	3	
7	6							

Medium # 949

2			1	5		3		
	6	5	9		7			
						4		
			7					3
8		3				2		1
7					8			
		6						
			4		3	1	2	
		7		9	6			8

Medium # 950

				5		1		
	3			1				
	7					4	5	
	1		5					8
2	5		9		8		7	1
8				2		4		
	2	1				8		
			7			6		
	9		6					

Medium # 951

					9			
	6					9	3	
			5	8				2
	1		9			3	4	
			8	5	4			
9	2				3		8	
7				9	2			
5	3						7	
			1					

Medium # 952

4				6	5			2
			9				3	8
	8				1			
7						9		
5	6						1	4
	3							7
			1			4		
6	9			7				
3			5	8				6

Medium # 953

	6			8				
			5	4			1	
8			3					5
3				5			6	
5	2						4	8
	4			1				3
6					3			7
	3			2	4			
			6				2	

Medium # 954

			1	9				8
5				4	3			
2					6			
	2				1			
8	4	1				2	7	3
			3				9	
	3							2
	2	6						4
7			5	2				

Medium # 955

	4			8				5
		1			2			
	2		1		9	6	4	
			4					3
			9		5			
3					1			
	9	7	2		4		5	
		2				1		
6				9			7	

Medium # 956

				6			1	
8	6			2				
	7	4						
4			1				7	9
		6		9		2		
3	1				2			8
						1	9	
				1			6	4
	2			5				

Medium # 957

5			6					
			9	7				1
9				2				3
		9	5	8		1		
		1				8		
		5		4	6	7		
3			2					5
1			4	7				
					1			2

Medium # 958

	8					5		
		9				7		
	5		2	9	6			
		2		8				7
6			3		5			8
9				6		3		
			9	5	4		2	
		5				1		
		6					3	

Medium # 959

				8				
		5	6		9		1	
	3					8	6	
		6	7			1		5
3								2
9			7			5	3	
	4	9					5	
	7		1		2	9		
			8					

Medium # 960

5		9				6		
		7	1			8		
		8			5		2	
				9	1			
	5		2		4		9	
			8	5				
	7		3			4		
		5			8	1		
		6				7		9

Medium # 961

9		1						2
				4	7			6
2			8			9		
				7				5
	7	4		3	6			
8			5					
	8				6			9
5		3	2					
7						1		4

Medium # 962

		3		6				
		4						9
2		7	8					4
8		4		9		7		1
3		5		7		4		8
1					9	8		3
7				5				
			8		5			

Medium # 963

		7						1
8		3						
	1		4	8	6			2
			8	3	5			
	8						6	
			6	9	7			
6			5	7	1		2	
						3		8
2					6			

Medium # 964

						3		
	7	6		9				2
8		1		3			6	
	1	5				8		
			3		7			
		3				2	9	
	8			1		7		9
7			9		8	1		
	5							

Medium # 965

1	7	3						6
				2	9			
9			1					
		4		5		7	8	
		1				3		
	2	7		1		6		
					6			2
			7	8				
2						9	7	4

Medium # 966

8				1	4			
5			3			4		
		3				7	8	
	1	5		4				
			9		7			
			5			9	2	
	9	7				2		
		1			3			4
			5	7				6

Medium # 967

	9		4					
	6				2	3		1
		5				6		
4	7			2				
				8				
				9			2	8
		6				8		
2		1	9				4	
					3		5	

Medium # 968

		3			1			
							7	5
2	4			9		1	8	
	3			7				
	5	8				3	6	
				4			1	
	9	7		5			4	8
4	1							
			3			7		

Medium # 969

6			1	2				
	8	3				1	6	4
	9		6					
		5		9				
1								3
			7		8			
				2			4	
8	1	4				9	2	
				4	7			6

Medium # 970

		2		9		3		
9			7					
			2			5		1
	5			3		9	1	
			1		2			
	7	4		8			2	
8		9			6			
				9				4
	1			8		3		

Medium # 971

		9		6				
1			9			4		
				3			2	1
6	9			5			4	
		7				3		
	5			4			7	6
3	8			7				
		5			8			2
				1		6		

Medium # 972

9				2		4		
4		7				5		
2				4	7			
8			2					
7	2						6	4
				4				8
			1	6				3
	1					6		9
		4		9				7

Medium # 973

	4			6			8	9
6				8	1		7	
	7		2					
								3
	9	7				6	5	
1								
				7		9		
	1		4	3				5
4	3			5			2	

Medium # 974

	4			1			3	7
2	9	3				1		
	1							
			4		8		7	
		5				8		
	6		2		3			
						9		
	6					5	4	1
9	7		1				6	

Medium # 975

4				9	2	6		
3							8	
			8	6			5	9
			2			1		
	4						6	
		7			5			
8	1			5	7			
	3							6
		6	1	8				5

Medium # 976

			8	2			4	
			1	5	6			
		7				3	1	
				4	7	2		
9								5
	7	6	5					
	3	4				2		
		2	9	7				
	6			4	8			

Medium # 977

							9	3
		4		3				
6	8			1				
		8	7			9		2
				4				
1		5			9	4		
					1		5	7
			2			6		
7	4							

Medium # 978

			2			9	8	
9				4	1			
		3				4	6	
				6	2	8		
	2						7	
		4	9	5				
	1	8				6		
		5	3					2
	5	2			9			

Medium # 979

								5
	2	7			3	1		
	1		7			9		
7			8					1
			6	3	4			
8					2			6
		4			8		6	
		9	3			8	4	
6								

Medium # 980

6					5	2	9	
		5			8	1		
	3			2		5		
				3			6	
	2						5	
	5		4					
		4		9			2	
		2	6			7		
	8	7	3					5

Medium # 981

		3			8			1
			5			4		9
			2	3			7	
2						7		
			3	7	9			
		1						8
	4			8	6			
6		9			5			
1			7			5		

Medium # 982

				2				
6	5	3					7	
		9	7		4	3		
8				2				
4		5				1		9
			3					8
		2	9		8	7		
	8					9	2	4
			5					

Medium # 983

3			2			7		
	4			8	3	2		
			7					6
				2			5	1
1								8
6	7			9				
9					5			
		5	9	6			4	
	3				2			7

Medium # 984

		4					6	8
		1		8				9
3		6		4				
		5						
	6	3	8		9	7	4	
			4					
			7			2		3
7			6			9		
5	1					8		

Medium # 985

7				6

.	7	.	.	.	.	.	6	.
.	.	3	1	.	.	9	.	.
4	.	.	.	5	.	.	.	.
7	.	.	.	6	3	.	.	2
.	4	.	.	1	.	.	5	.
5	.	.	2	9	.	.	.	7
.	.	.	.	2	.	.	.	3
.	.	6	.	.	9	4	.	.
.	9	.	.	.	.	2	.	.

Medium # 986

4	.	.	8	.	.	9	.	.
.	1	8	.	.	.	.	.	.
.	.	.	2	6	.	3	.	.
6	.	.	8	2	.	.	.	.
5	7	.	.	.	.	.	8	6
.	.	.	1	7	.	.	.	2
.	.	4	.	7	6	.	.	.
.	.	.	.	.	.	7	9	.
.	.	3	.	4	.	.	.	5

Medium # 987

5	6	.	.	.	.	.	.	3
.	.	.	.	2	.	.	.	.
.	.	9	.	5	7	.	.	1
3	.	.	.	.	1	.	.	2
.	.	.	5	.	4	.	.	.
7	.	5	.	.	.	.	.	9
1	.	2	6	.	.	5	.	.
.	.	.	3	.	.	.	.	.
6	.	.	.	.	.	.	2	8

Medium # 988

4	9	.	.	7	.	.	.	.
.	3	.	6	.	.	7	.	.
7	.	.	.	8	.	.	.	.
.	6	.	8	.	.	1	.	.
8	5	.	.	.	.	.	2	3
.	.	1	.	.	6	.	5	.
.	.	.	6	.	.	.	.	2
.	.	5	.	.	2	.	1	.
.	.	.	3	.	.	.	9	5

Medium # 989

5	.	1	.	6	.	3	.	.
.	.	.	.	7	.	9	.	.
8	4	.	.	3	2	.	.	.
.	3	.	.	2	.	.	.	.
7	.	.	.	.	.	.	.	5
.	.	.	9	.	.	4	.	.
.	.	4	8	.	.	7	2	.
.	1	.	7	.	.	.	.	.
.	2	.	3	.	.	9	.	4

Medium # 990

.	.	.	.	5	.	.	.	.
.	.	.	9	.	8	.	.	.
.	3	.	1	7	.	4	5	.
8	.	6	.	.	.	.	.	9
.	4	.	2	.	9	.	3	.
3	.	.	.	.	.	5	.	6
9	2	.	3	5	.	.	6	.
.	5	.	7	.	.	.	.	.
.	.	.	9	.	.	.	.	.

Medium # 991

	6	4	9	1				
		8			6			
7			3		9			
	5		4		7			
9								8
			8		2		3	
		2			3			9
			1			7		
				6	8	2	4	

Medium # 992

			6	3			2	
3	7						1	
			8		1			3
			2			3		1
	9						5	
8		3			9			
5			1		7			
	1						7	4
	2				4	8		

Medium # 993

	2			8	4	9		
		7				6	1	
			9					
		8	2				3	
9								7
	7				3	1		
					2			
	5	6				3		
		9	5	7			8	

Medium # 994

8	6			1		3		
			8		2	5		
								9
	3		7			8		5
2								3
1		7			6		2	
6								
		3	5		4			
		8		6			5	2

Medium # 995

	9				4	6		5
	6				7			
2					9			
5					8	6		
7			2		3			9
	1	9						4
		2						3
			8			5		
9		1	7				4	

Medium # 996

		8			9			
	5		2	7				
		1					7	3
		4		2			5	8
2	3			4		9		
4	9					7		
			5	8		2		
		3				1		

Medium # 997

```
. 9 . | . . 4 | . . .
. . 1 | 8 . . | . . 3
8 . . | 9 5 . | . . 2
------+-------+------
7 5 . | . . . | 9 . .
. . . | 4 . 7 | . . .
. 2 . | . . . | . 1 7
------+-------+------
4 . . | . 9 2 | . . 5
3 . . | . 1 . | 4 . .
. . . | 6 . . | . 2 .
```

Medium # 998

```
2 . . | . . . | . . 9
1 . . | 4 5 . | . . .
. . . | 2 6 1 | 5 . .
------+-------+------
9 8 . | 7 4 . | . . .
. . . | . . . | . . .
. . . | 6 3 . | 2 4 .
------+-------+------
. 5 1 | 6 3 . | . . .
. . . | 9 8 . | . 3 .
6 . . | . . . | . . 7
```

Medium # 999

```
. 1 . | . . 7 | . . .
5 . . | 6 . . | 3 . 4
. . . | . 3 1 | . . .
------+-------+------
. 4 9 | . . . | . . .
2 6 . | . 8 . | . 3 9
. . . | . . 6 | 2 . .
------+-------+------
. . 2 | 1 . . | . . .
7 . 4 | . . 2 | . . 3
. . . | 7 . . | 5 . .
```

Medium # 1000

```
7 . . | 1 2 . | . . .
. . 5 | . 9 . | 6 . .
4 3 . | . . . | . 2 .
------+-------+------
5 . . | . 2 . | . . 9
8 . . | 5 . . | . . 3
. 7 . | . . . | 9 2 .
------+-------+------
. 2 . | 4 . . | 1 . .
. . . | 3 6 . | . . 4
. . . | . . . | . . .
```

Medium # 1001

```
. 4 . | 2 . . | 1 . .
. . . | 9 3 4 | . . .
1 . . | 8 . 2 | . . .
------+-------+------
3 . 9 | 5 . . | . . 2
. . . | . . . | . . .
6 . . | . . 7 | 9 . 3
------+-------+------
. . 4 | . 1 . | . . 5
. . 7 | 9 3 . | . . .
. . 1 | . . 5 | . 9 .
```

Medium # 1002

```
2 . . | . . 5 | 4 6 8
. 5 . | 9 1 . | . . 7
. . . | . 8 . | . . .
------+-------+------
. . 7 | . . . | . . .
. 1 . | 2 . 8 | . 7 .
. . . | . 5 . | . . .
------+-------+------
5 . . | . . 6 | 9 . 4
. . . | . . . | . . .
3 8 6 | 4 . . | . . 9
```

Medium # 1003

1		3				8		9
			7					
				9	6	5		
			3					2
4	9						5	6
3					1			
		9	5	4				
					7			
2		8				1		4

Medium # 1004

1	8						6	
		9						1
4					2		8	
2			9	5				
		5	6		1	9		
				2	7			8
	7		4					5
6					1			
	5						3	4

Medium # 1005

								6
	2				4	1		
3			7	6	1			
2	8					7	1	
	5						6	
	7	6					9	5
			8	9	7			1
		9	6				3	
5								

Medium # 1006

5		4						
				8			6	4
			6	3			1	7
4			9		5	1		
		2	4		8			5
6	7			5	9			
1	2			4				
						7		8

Medium # 1007

	5			1			4	
			7			9		3
6				9				
1			4			3	2	
			1		9			
	9	4			6			7
				7				5
2		9			5			
	7			6			8	

Medium # 1008

4			1				5	7
9	6							1
				4			9	
			8	6	3			
		5				2		
			7	2	5			
	4			9				
1							8	4
2	9				6			5

Medium # 1009

	3	2						
	9				8	7		5
8					9			1
4					2			
	1		7		5		6	
			8					2
9			6					7
7		8	1				9	
						6	5	

Medium # 1010

						6		
6	7		2	9				
9			3	1				4
7			5			3		
	2					5		
	4		6					1
4			9	7				5
			1	3			9	2
	9							

Medium # 1011

7			3			9	1	
					1			
9			6				8	7
		9		4		8		
	2						5	
		5		7		4		
3	7				2			4
			1					
	6	2			7			8

Medium # 1012

	7				9	2	5	
8					4			
			6				7	
	8				6			5
7				2				6
6				1			8	
	3				1			
			3					8
	9	4	7				2	

Medium # 1013

						1		
5			6					2
1		8			4			
	5			4	2		3	
3		2			7			9
	6		8	7			4	
	5					3		7
2				5				1
		3						

Medium # 1014

9				8			7	
			9	6				5
4						3	2	
	3			7				
		8		9		1		
				4			8	
	2	3						4
5				2	3			
	9		5					2

Medium # 1015

8			4			9		
		7			1			8
		1	2				6	5
				2	6		3	
	1		7	9				
1	5				3	6		
3			9			4		
		2			4			1

Medium # 1016

			4			3		8
	1							
2			7		8		5	
				1	4			
9	4	7				5	3	1
			5	9				
	2		1		3			4
						6		
6		3			9			

Medium # 1017

						3	9	4
5				3				1
4	3				1			
		3	5	2				
	1					6		
			9	7	8			
			4			7	2	
1				6				3
9	2	8						

Medium # 1018

1				3				7
		3	9	2			8	
			6			5		1
						9		8
			1					
4		6						
2		1		5				
	8		9	2	7			
6			8					3

Medium # 1019

	7		4			3		
2		5		1		4		
		9		7				6
5						7		
			8		1			
	8							3
9				8		2		
		8		2		5		1
	6				7		9	

Medium # 1020

		6	5					
2		1	7					
7	5			6				1
			6			4		
4	2						9	6
	9			7				
5			2			7	3	
					5	8		9
				4	5			

Medium # 1021

2		5				1	8	
						7		
			1	2				9
			2	4			3	
	1	3				8	7	
	2			7	1			
3			4	6				
		8						
	5	9				2		6

Medium # 1022

2				6	5		7	
					4			
5		9					1	
			7			3		
	2	6	5			3	8	9
		5		8				
	3					1		8
			7					
	9			3	1			4

Medium # 1023

							7	5
	6		4		8	1		
			3	9			6	
		3		2				
8			5		4			9
				6		4		
	9			4	6			
		6	2		9		8	
3	2							

Medium # 1024

6							1	9
	9		5	7			2	
1	8						5	
			8	9				
			7		2			
			5	4				
	1						6	5
	3			2	9		8	
8	6							4

Medium # 1025

3	9							
			9	3		4		
7				5				8
			8			9		6
		9	4			3	5	
1			3			7		
6				1				9
		4		8	9			
							2	1

Medium # 1026

6	2				5	9		
						2		
	7	4	9	3				
					1			6
4				8				5
3			5					
				9	6	3	1	
	3							
		1	3				7	4

Medium # 1027

```
. 3 9 | 8 . . | . . .
7 . 6 | . . . | 4 . .
. . . | 5 . . | 3 8 .
------+-------+------
. 1 . | 3 . . | . . 4
6 . . | . . . | . . 1
4 . . | . 7 . | 6 . .
------+-------+------
9 5 . | . 8 . | . . .
. 6 . | . . . | 3 . 5
. . . | . . 6 | 8 9 .
```

Medium # 1028

```
1 . . | . 3 4 | . . .
. . 4 | 6 . . | 7 . .
. . . | . 1 5 | 9 . .
------+-------+------
. . . | . . . | 3 2 .
8 6 . | . . . | 1 9 .
3 9 . | . . . | . . .
------+-------+------
. 7 6 | 8 . . | . . .
. 2 . | . 1 6 | . . .
. . 1 | 3 . . | . . 5
```

Medium # 1029

```
. 7 . | 3 . 9 | 4 . .
. . 4 | . . 7 | . . 2
. . 1 | . . . | 8 . .
------+-------+------
4 9 . | . 6 . | 3 . .
. . 6 | . 7 . | . 4 8
. 6 . | . . 1 | . . .
------+-------+------
3 . . | 6 . . | 5 . .
. . 1 | 5 . 4 | . 3 .
. . . | . . . | . . .
```

Medium # 1030

```
. . . | . . . | . . .
. 8 1 | . 3 . | 2 . 9
4 9 . | . . 1 | . 8 .
------+-------+------
. . . | . 7 . | . . 1
3 . 8 | . . . | 5 . 6
1 . . | . 4 . | . . .
------+-------+------
. 7 . | 5 . . | . 1 8
5 . 2 | . 9 . | 3 6 .
. . . | . . . | . . .
```

Medium # 1031

```
. . . | . 8 . | . . 4
3 . . | 5 7 . | . . .
. . 4 | . . 3 | . 1 .
------+-------+------
. . . | . . 5 | 7 . 1
2 5 . | . . . | . 8 9
1 . 7 | 9 . . | . . .
------+-------+------
. 6 . | 3 . . | 8 . .
. . . | . 4 6 | . . 7
5 . . | 9 . . | . . .
```

Medium # 1032

```
9 5 . | . . 3 | . . 8
. . 7 | . . . | . . .
. 2 . | 4 9 . | 6 . .
------+-------+------
7 . . | . 9 . | . 5 6
. . . | . . . | . . .
5 1 . | 2 . . | . . 9
------+-------+------
. . 6 | . 3 1 | . 4 .
. . . | . . 2 | . . .
1 . . | 5 . . | . 9 3
```

Medium # 1033

					4		5	3
3					2			
		2				6		
9		7		2	5		4	
	8		4	6		5		7
		1				9		
			8					5
4	5		3					

Medium # 1034

								5
	8	3					2	
	9		1	7				
	6	2			3		5	
5				8				4
	4		9			2	1	
			6	2		7		
	5					3	4	
4								

Medium # 1035

		9			4			
	6		7			8	5	
2				8				4
			1	3				
	7		8		6	3		
				2	7			
8				7				5
	3	6			2		1	
			9			6		

Medium # 1036

1		2			6			
					8	4		
	6		7		5			
6			8					4
8		7				5		3
2					7			1
			2		1		7	
		5	9					
			5			6		8

Medium # 1037

7	1	8						
				1				
		3	6	8	7			
			8			1	9	
		6	2		3	4		
	3	5		4				
		4	6	9		3		
				2				
						9	2	5

Medium # 1038

			1	3		4		
	3		5					8
						3	6	
3			4					1
	8	7				9	5	
2				5				6
	9	6						
8				6			9	
		4		2	3			

Medium # 1039

			2			5	4	
	1			7				
						6		1
3	5		8		6			9
			4		5			
9			7		3		5	8
8		7						
				5			9	
	9	4			7			

Medium # 1040

	9		6				3	7
			8			1		
						5	9	
		4	7				6	9
9								2
2	1				6	4		
	7	5						
		9			7			
4	2				3		5	

Medium # 1041

7	2				3			
		6			1			
				2		4		7
4	3			8	2			
		8				9		
			6	9			3	4
6		3		5				
			3			7		
			9				8	3

Medium # 1042

	8		5	4				3
		6	1					
1		7						
	7		3					
5	3		4		8		7	9
					5		4	
						7		8
					1	4		
2				6	4		3	

Medium # 1043

		6						
		7	2	5			8	3
			4	9				
2	5							
8		3				6		9
							3	4
				7	9			
9	7			6	2	1		
					8			

Medium # 1044

			6				1	
	8	5						
	7			8		6	4	
				2	6			9
8		7				5		1
4			7	1				
	4	3		7			6	
						3	5	
	9				4			

Medium # 1045

5			2					7
9			5			2	6	
	4		9					
1	8					7		
3								9
		5					4	1
				9			7	
	6	9				4		2
2				6				3

Medium # 1046

2			1				5	3
	3					2	1	
5				9				4
		6		7			2	
	2			8		4		
3			4					1
	9	4					6	
8	6			3				9

Medium # 1047

2	6							1
9			6				5	
	3		1			8		
		5		8				
			4		6			
				1		3		
		1			7		6	
	9				2			8
6							4	9

Medium # 1048

4					5	6		
	5	8			6			
				7			3	
2	8					4		
		4	3		9	1		
		9					6	2
	1			9				
		6				3	8	
		3	8					7

Medium # 1049

5								
8				1		4		
			3	4	8		9	
	5		7				3	
6	1						2	5
	3				4		1	
	6		2	8	3			
		1		6				9
								6

Medium # 1050

							7	5
			7	4	8			
			2			9		1
	6			9		3		
7			5		2			6
		8		1			2	
5			4			3		
		6	7	8				
9	2							

Solution

Solution # 1

```
6 7 5 9 8 3 1 4 2
9 4 8 2 1 6 5 3 7
2 1 3 4 5 7 8 6 9
8 9 2 3 4 1 6 7 5
7 5 1 6 9 8 4 2 3
3 6 4 7 2 5 9 1 8
5 2 9 1 3 4 7 8 6
4 3 6 8 7 9 2 5 1
1 8 7 5 6 2 3 9 4
```

Solution # 2

```
3 6 4 5 9 1 7 8 2
8 2 1 3 4 7 6 9 5
7 9 5 2 6 8 4 3 1
4 8 2 7 5 9 3 1 6
5 7 6 4 1 3 8 2 9
1 3 9 6 8 2 5 7 4
9 4 8 1 7 6 2 5 3
6 1 3 8 2 5 9 4 7
2 5 7 9 3 4 1 6 8
```

Solution # 3

```
7 9 6 3 8 4 2 5 1
4 8 2 1 5 6 3 9 7
5 3 1 9 7 2 8 6 4
1 4 8 6 9 5 7 3 2
2 7 9 8 4 3 6 1 5
3 6 5 7 2 1 9 4 8
8 1 4 2 6 9 5 7 3
6 2 3 5 1 7 4 8 9
9 5 7 4 3 8 1 2 6
```

Solution # 4

```
9 7 3 5 2 8 4 1 6
4 1 5 9 7 6 8 3 2
6 2 8 1 3 4 9 5 7
3 5 9 4 1 7 6 2 8
1 8 7 6 9 2 3 4 5
2 6 4 8 5 3 7 9 1
5 3 6 7 4 1 2 8 9
8 4 1 2 6 9 5 7 3
7 9 2 3 8 5 1 6 4
```

Solution # 5

```
7 3 6 2 4 9 5 8 1
1 9 4 7 8 5 2 6 3
5 2 8 3 1 6 4 7 9
2 1 3 5 9 8 7 4 6
8 4 9 6 7 2 1 3 5
6 7 5 1 3 4 8 9 2
4 8 1 9 2 3 6 5 7
3 6 7 4 5 1 9 2 8
9 5 2 8 6 7 3 1 4
```

Solution # 6

```
9 5 8 7 6 3 4 2 1
1 7 2 9 8 4 6 3 5
4 6 3 2 1 5 8 7 9
8 9 7 3 2 6 5 1 4
3 2 6 5 4 1 7 9 8
5 4 1 8 7 9 3 6 2
6 3 4 1 5 2 9 8 7
2 8 9 4 3 7 1 5 6
7 1 5 6 9 8 2 4 3
```

Solution # 7

```
3 4 7 1 8 2 5 9 6
5 2 6 7 9 3 8 4 1
9 8 1 5 4 6 2 3 7
4 7 9 6 3 8 1 5 2
6 3 8 2 1 5 4 7 9
2 1 5 9 7 4 3 6 8
7 9 3 8 5 1 6 2 4
1 6 4 3 2 9 7 8 5
8 5 2 4 6 7 9 1 3
```

Solution # 8

```
2 1 8 7 4 3 9 6 5
5 4 9 8 6 1 2 7 3
7 6 3 5 9 2 4 8 1
4 5 7 2 1 6 8 3 9
8 9 2 3 7 5 6 1 4
6 3 1 9 8 4 5 2 7
1 2 4 6 3 9 7 5 8
3 8 6 4 5 7 1 9 2
9 7 5 1 2 8 3 4 6
```

Solution # 9

```
1 6 9 5 2 3 4 8 7
5 7 4 8 6 1 3 9 2
2 3 8 9 4 7 6 5 1
8 9 5 4 7 6 1 2 3
6 2 3 1 5 8 9 7 4
4 1 7 2 3 9 8 6 5
9 4 2 3 8 5 7 1 6
3 8 6 7 1 2 5 4 9
7 5 1 6 9 4 2 3 8
```

Solution # 10

```
1 3 7 6 8 9 5 4 2
8 5 2 4 3 7 1 6 9
4 6 9 1 5 2 7 3 8
7 1 6 8 2 4 3 9 5
5 8 3 9 7 6 4 2 1
9 2 4 3 1 5 8 7 6
2 4 1 7 6 8 9 5 3
6 7 8 5 9 3 2 1 4
3 9 5 2 4 1 6 8 7
```

Solution # 11

```
9 5 8 3 7 2 6 4 1
7 1 2 8 4 6 5 3 9
4 6 3 1 5 9 8 7 2
2 8 1 4 3 7 9 5 6
5 7 6 2 9 8 3 1 4
3 9 4 5 6 1 7 2 8
6 2 9 7 1 5 4 8 3
1 4 5 9 8 3 2 6 7
8 3 7 6 2 4 1 9 5
```

Solution # 12

```
1 2 5 6 8 7 3 9 4
4 6 7 5 9 3 1 2 8
8 9 3 1 2 4 6 5 7
6 8 1 2 7 5 4 3 9
3 7 2 4 6 9 5 8 1
9 5 4 3 1 8 2 7 6
5 3 8 9 4 6 7 1 2
2 4 9 7 3 1 8 6 5
7 1 6 8 5 2 9 4 3
```

Solution # 13

```
5 8 6 9 3 4 2 7 1
4 7 9 6 2 1 8 5 3
1 2 3 5 8 7 4 6 9
3 1 7 2 4 6 9 8 5
6 5 2 8 7 9 3 1 4
9 4 8 3 1 5 6 2 7
8 3 5 7 9 2 1 4 6
7 9 4 1 6 8 5 3 2
2 6 1 4 5 3 7 9 8
```

Solution # 14

```
2 4 6 1 3 9 5 8 7
9 8 5 7 4 6 2 3 1
7 3 1 5 2 8 6 9 4
6 1 4 9 5 2 3 7 8
5 7 8 4 1 3 9 2 6
3 9 2 8 6 7 4 1 5
8 5 3 2 7 4 1 6 9
1 2 7 6 9 5 8 4 3
4 6 9 3 8 1 7 5 2
```

Solution # 15

```
7 8 6 4 5 2 9 3 1
3 5 1 6 9 8 4 2 7
2 9 4 3 7 1 6 5 8
5 3 2 8 1 9 7 6 4
6 7 9 2 4 5 8 1 3
4 1 8 7 6 3 2 9 5
9 4 3 1 2 7 5 8 6
8 6 5 9 3 4 1 7 2
1 2 7 5 8 6 3 4 9
```

Solution # 16

```
4 6 7 5 9 8 1 2 3
2 5 9 6 3 1 8 7 4
8 1 3 2 7 4 9 5 6
9 3 8 1 6 2 5 4 7
5 4 2 7 8 9 6 3 1
1 7 6 3 4 5 2 9 8
3 2 1 8 5 7 4 6 9
7 8 4 9 2 6 3 1 5
6 9 5 4 1 3 7 8 2
```

Solution # 17

```
7 5 6 9 8 1 4 2 3
2 4 8 7 5 3 9 6 1
3 9 1 2 4 6 5 7 8
9 6 7 4 2 8 3 1 5
8 1 5 3 6 7 2 4 9
4 2 3 5 1 9 6 8 7
6 7 4 8 9 5 1 3 2
1 3 9 6 7 2 8 5 4
5 8 2 1 3 4 7 9 6
```

Solution # 18

```
1 8 3 9 4 5 6 7 2
6 5 4 7 3 2 8 9 1
7 2 9 6 1 8 5 3 4
3 6 5 1 9 7 4 2 8
9 7 2 8 6 4 1 5 3
4 1 8 2 5 3 7 6 9
2 3 1 5 8 6 9 4 7
8 4 6 3 7 9 2 1 5
5 9 7 4 2 1 3 8 6
```

Solution # 19

```
2 5 8 7 4 3 9 1 6
9 6 7 5 1 8 3 2 4
3 1 4 9 2 6 7 5 8
5 3 1 8 6 7 2 4 9
8 7 2 4 5 9 1 6 3
4 9 6 2 3 1 5 8 7
1 8 3 6 9 5 4 7 2
7 4 9 1 8 2 6 3 5
6 2 5 3 7 4 8 9 1
```

Solution # 20

```
8 7 1 2 4 6 5 9 3
2 9 5 7 1 3 8 4 6
4 6 3 8 5 9 2 1 7
5 8 7 4 9 1 3 6 2
6 1 4 3 7 2 9 5 8
3 2 9 5 6 8 1 7 4
1 3 6 9 8 4 7 2 5
7 4 2 1 3 5 6 8 9
9 5 8 6 2 7 4 3 1
```

Solution # 21

```
5 2 3 7 6 8 4 9 1
6 4 8 1 2 9 5 7 3
1 7 9 3 5 4 2 8 6
7 5 4 8 1 3 6 2 9
2 3 6 5 9 7 1 4 8
8 9 1 2 4 6 7 3 5
3 8 5 4 7 1 9 6 2
4 6 2 9 3 5 8 1 7
9 1 7 6 8 2 3 5 4
```

Solution # 22

```
9 1 7 5 4 2 3 8 6
3 6 4 1 8 9 5 7 2
8 5 2 6 3 7 4 9 1
7 2 3 8 6 4 1 5 9
1 4 5 2 9 3 7 6 8
6 8 9 7 1 5 2 3 4
5 7 6 9 2 1 8 4 3
2 3 8 4 7 6 9 1 5
4 9 1 3 5 8 6 2 7
```

Solution # 23

```
8 1 9 6 2 3 4 5 7
5 2 3 4 9 7 6 8 1
6 4 7 5 8 1 2 9 3
4 6 2 7 5 9 3 1 8
3 7 8 1 4 2 9 6 5
9 5 1 3 6 8 7 4 2
2 8 5 9 3 6 1 7 4
7 9 4 2 1 5 8 3 6
1 3 6 8 7 4 5 2 9
```

Solution # 24

```
7 1 3 8 4 2 5 9 6
8 4 9 6 5 3 7 1 2
6 2 5 1 9 7 3 8 4
5 9 7 3 6 8 4 2 1
1 3 2 4 7 9 8 6 5
4 6 8 5 2 1 9 3 7
9 7 1 2 8 5 6 4 3
3 8 6 7 1 4 2 5 9
2 5 4 9 3 6 1 7 8
```

Solution # 25

```
5 2 9 7 8 4 3 1 6
7 1 6 2 3 9 5 8 4
3 8 4 1 6 5 9 2 7
8 5 1 6 4 3 2 7 9
4 3 7 9 1 2 8 6 5
9 6 2 8 5 7 4 3 1
6 4 5 3 7 8 1 9 2
2 7 8 4 9 1 6 5 3
1 9 3 5 2 6 7 4 8
```

Solution # 26

```
3 6 2 7 4 5 1 8 9
5 7 1 8 2 9 6 4 3
8 4 9 1 6 3 5 7 2
1 2 4 3 9 7 8 6 5
9 8 6 5 1 2 4 3 7
7 5 3 6 8 4 2 9 1
6 9 8 2 3 1 7 5 4
4 1 7 9 5 6 3 2 8
2 3 5 4 7 8 9 1 6
```

Solution # 27

```
7 8 2 5 3 6 4 9 1
6 9 1 4 2 8 5 7 3
3 4 5 9 1 7 8 6 2
9 7 4 6 5 2 3 1 8
1 6 8 3 4 9 7 2 5
2 5 3 8 7 1 9 4 6
8 3 9 2 6 4 1 5 7
5 1 6 7 9 3 2 8 4
4 2 7 1 8 5 6 3 9
```

Solution # 28

```
4 6 1 3 8 7 5 2 9
5 8 7 2 1 9 6 3 4
9 2 3 4 6 5 7 1 8
2 3 9 1 5 6 4 8 7
1 7 5 9 4 8 3 6 2
8 4 6 7 3 2 9 5 1
3 5 4 8 7 1 2 9 6
6 9 8 5 2 4 1 7 3
7 1 2 6 9 3 8 4 5
```

Solution # 29

```
4 5 6 1 3 7 9 8 2
9 8 7 4 2 5 3 6 1
2 1 3 8 9 6 4 5 7
3 4 8 9 5 2 7 1 6
6 7 5 3 4 1 8 2 9
1 9 2 6 7 8 5 3 4
8 2 4 5 1 9 6 7 3
7 6 9 2 8 3 1 4 5
5 3 1 7 6 4 2 9 8
```

Solution # 30

```
4 1 7 5 8 6 3 9 2
2 3 8 4 9 1 6 7 5
6 5 9 7 2 3 1 8 4
3 4 2 9 1 5 8 6 7
7 6 5 2 3 8 9 4 1
8 9 1 6 4 7 5 2 3
5 2 4 1 6 9 7 3 8
1 8 6 3 7 2 4 5 9
9 7 3 8 5 4 2 1 6
```

Solution # 31

```
2 5 9 6 4 8 7 1 3
4 3 8 9 1 7 2 5 6
7 6 1 5 3 2 4 9 8
6 9 4 3 5 1 8 7 2
1 2 7 4 8 9 6 3 5
5 8 3 2 7 6 9 4 1
3 7 5 8 2 4 1 6 9
8 1 6 7 9 3 5 2 4
9 4 2 1 6 5 3 8 7
```

Solution # 32

```
2 4 3 5 6 1 7 8 9
7 6 5 8 4 9 1 3 2
9 1 8 3 7 2 6 5 4
3 7 9 2 1 5 8 4 6
5 2 6 4 8 3 9 1 7
1 8 4 6 9 7 3 2 5
6 5 1 9 2 8 4 7 3
4 3 7 1 5 6 2 9 8
8 9 2 7 3 4 5 6 1
```

Solution # 33

```
1 8 7 2 5 6 3 9 4
9 4 5 7 1 3 2 8 6
2 3 6 9 4 8 7 5 1
6 2 3 4 7 9 8 1 5
7 5 8 6 2 1 9 4 3
4 1 9 3 8 5 6 7 2
5 9 1 8 6 7 4 3 2
3 7 2 1 9 4 5 6 8
8 6 4 5 3 2 1 7 9
```

Solution # 34

```
1 6 3 8 4 9 5 2 7
2 4 8 1 7 5 6 9 3
9 7 5 2 6 3 4 1 8
4 5 7 6 3 2 9 8 1
6 9 1 7 5 8 3 4 2
5 3 2 4 9 1 7 5 6
5 2 4 3 1 7 8 6 9
3 8 6 9 2 4 1 7 5
7 1 9 5 8 6 2 3 4
```

Solution # 35

```
3 1 5 4 6 7 9 2 8
9 6 7 8 2 1 3 4 5
2 4 8 3 5 9 1 7 6
4 5 3 6 9 2 7 8 1
7 9 6 1 4 8 2 5 3
8 2 1 5 7 3 6 9 4
6 3 9 2 8 5 4 1 7
5 7 4 9 1 6 8 3 2
1 8 2 7 3 4 5 6 9
```

Solution # 36

```
7 9 2 6 1 3 4 8 5
6 5 4 2 8 9 3 1 7
3 8 1 4 5 7 2 6 9
1 2 8 7 9 4 6 5 3
9 3 5 8 2 6 7 4 1
4 7 6 1 3 5 9 2 8
2 4 9 5 7 1 8 3 6
8 1 7 3 6 2 5 9 4
5 6 3 9 4 8 1 7 2
```

Solution # 37

```
1 2 6 4 8 7 9 5 3
9 8 5 2 3 1 6 7 4
4 7 3 6 5 9 1 8 2
3 4 8 1 6 5 2 9 7
7 6 1 9 2 8 4 3 5
2 5 9 7 4 3 8 6 1
8 1 7 5 9 4 3 2 6
5 3 2 8 1 6 7 4 9
6 9 4 3 7 2 5 1 8
```

Solution # 38

```
8 7 4 6 3 5 1 9 2
2 9 3 4 1 8 7 6 5
6 1 5 9 2 7 3 8 4
4 3 1 2 8 9 6 5 7
5 6 9 7 4 1 8 2 3
7 8 2 5 6 3 9 4 1
1 4 6 3 9 2 5 7 8
9 5 8 1 7 4 2 3 6
3 2 7 8 5 6 4 1 9
```

Solution # 39

```
2 8 9 6 4 5 3 7 1
5 7 1 9 3 2 8 4 6
6 3 4 8 7 1 2 5 9
4 9 7 1 2 6 5 8 3
1 6 8 7 5 3 4 9 2
3 5 2 4 9 8 1 6 7
8 2 3 5 6 7 9 1 4
9 1 6 2 8 4 7 3 5
7 4 5 3 1 9 6 2 8
```

Solution # 40

```
2 3 6 5 8 7 4 1 9
8 7 1 4 9 6 3 5 2
5 9 4 3 2 1 8 6 7
6 5 3 2 7 9 1 4 8
4 2 9 1 3 8 6 7 5
1 8 7 6 4 5 9 2 3
3 6 5 9 1 2 7 8 4
9 1 8 7 5 4 2 3 6
7 4 2 8 6 3 5 9 1
```

Solution # 41

```
4 6 1 8 5 9 2 3 7
7 5 2 3 6 1 8 4 9
9 8 3 2 4 7 6 5 1
3 1 6 4 9 2 5 7 8
8 4 7 1 3 5 9 2 6
2 9 5 7 8 6 3 1 4
6 3 9 5 1 4 7 8 2
1 2 8 6 7 3 4 9 5
5 7 4 9 2 8 1 6 3
```

Solution # 42

```
6 5 1 2 9 7 3 4 8
2 4 7 8 3 5 9 6 1
9 8 3 1 6 4 5 7 2
3 6 9 7 5 8 1 2 4
7 2 4 3 1 6 8 9 5
5 1 8 4 2 9 6 3 7
1 7 5 6 4 3 2 8 9
4 9 6 5 8 2 7 1 3
8 3 2 9 7 1 4 5 6
```

Solution # 43

```
3 2 9 6 8 5 4 1 7
7 1 6 2 4 9 5 3 8
5 8 4 3 7 1 2 9 6
6 3 2 8 9 4 7 5 1
8 9 5 1 3 7 6 2 4
1 4 7 5 2 6 9 8 3
2 5 3 7 6 8 1 4 9
9 7 8 4 1 2 3 6 5
4 6 1 9 5 3 8 7 2
```

Solution # 44

```
7 5 4 1 2 9 8 6 3
6 1 3 5 8 7 9 4 2
9 2 8 3 6 4 5 1 7
4 9 2 6 7 8 3 5 1
3 7 6 9 1 5 2 8 4
1 8 5 4 3 2 7 9 6
8 3 1 2 9 6 4 7 5
2 4 9 7 5 1 6 3 8
5 6 7 8 4 3 1 2 9
```

Solution # 45

```
6 2 1 4 9 5 3 8 7
7 8 4 2 3 1 5 9 6
3 9 5 7 8 6 4 2 1
8 5 6 9 1 4 7 3 2
1 3 9 5 2 7 8 6 4
2 4 7 8 6 3 9 1 5
9 7 2 1 5 8 6 4 3
4 1 3 6 7 9 2 5 8
5 6 8 3 4 2 1 7 9
```

Solution # 46

```
5 4 1 2 3 8 7 6 9
2 9 3 6 4 7 8 5 1
6 7 8 5 9 1 4 2 3
1 6 2 9 8 4 5 3 7
3 8 7 1 2 5 6 9 4
9 5 4 3 7 6 2 1 8
4 2 9 8 6 3 1 7 5
8 1 6 7 5 9 3 4 2
7 3 5 4 1 2 9 8 6
```

Solution # 47

```
2 7 1 8 9 4 5 3 6
3 5 4 7 1 6 9 2 8
6 9 8 2 3 5 4 7 1
5 2 9 3 4 8 6 1 7
4 3 6 5 7 1 8 9 2
1 8 7 9 6 2 3 4 5
7 6 5 4 2 3 1 8 9
8 4 2 1 5 9 7 6 3
9 1 3 6 8 7 2 5 4
```

Solution # 48

```
9 1 2 7 8 6 5 3 4
8 3 5 9 1 4 6 7 2
4 7 6 2 3 5 1 9 8
6 9 7 5 4 2 3 8 1
2 8 1 3 6 9 4 5 7
3 5 4 1 7 8 2 6 9
1 2 8 6 5 7 9 4 3
5 4 9 8 2 3 7 1 6
7 6 3 4 9 1 8 2 5
```

Solution # 49

```
3 9 8 2 7 4 5 6 1
4 6 2 5 8 1 9 7 3
7 5 1 9 3 6 8 4 2
8 1 5 6 4 7 3 2 9
2 7 6 3 5 9 4 1 8
9 4 3 1 2 8 7 5 6
6 8 7 4 1 3 2 9 5
5 3 9 7 6 2 1 8 4
1 2 4 8 9 5 6 3 7
```

Solution # 50

```
5 2 9 3 8 1 6 7 4
6 1 8 4 5 7 3 9 2
7 4 3 9 6 2 5 8 1
2 5 4 7 3 6 9 1 8
3 8 7 2 1 9 4 6 5
9 6 1 8 4 5 2 3 7
4 9 6 5 7 8 1 2 3
8 3 2 1 9 4 7 5 6
1 7 5 6 2 3 8 4 9
```

Solution # 51

```
4 9 5 1 2 8 6 3 7
6 1 8 9 7 3 5 2 4
3 7 2 4 6 5 1 9 8
9 3 6 8 4 7 2 1 5
8 5 7 3 1 2 4 6 9
1 2 4 5 9 6 7 8 3
2 4 9 7 3 1 8 5 6
5 6 3 2 8 4 9 7 1
7 8 1 6 5 9 3 4 2
```

Solution # 52

```
9 8 4 2 7 3 1 6 5
6 5 3 1 4 8 2 9 7
1 2 7 6 5 9 4 3 8
7 3 2 4 9 1 5 8 6
8 6 9 5 2 7 3 4 1
5 4 1 3 8 6 7 2 9
3 7 6 8 1 2 9 5 4
2 1 5 9 6 4 8 7 3
4 9 8 7 3 5 6 1 2
```

Solution # 53

```
7 9 4 8 5 1 6 2 3
5 2 1 6 4 3 9 7 8
6 8 3 7 9 2 4 1 5
3 5 6 1 7 4 2 8 9
4 1 8 9 2 5 7 3 6
2 7 9 3 6 8 1 5 4
8 6 2 5 1 9 3 4 7
9 4 5 2 3 7 8 6 1
1 3 7 4 8 6 5 9 2
```

Solution # 54

```
6 5 8 1 3 4 2 9 7
2 3 7 8 6 9 4 1 5
4 9 1 5 2 7 6 8 3
8 4 5 9 1 2 7 3 6
3 1 2 7 5 6 8 4 9
9 7 6 3 4 8 5 2 1
1 2 9 4 7 5 3 6 8
7 8 4 6 9 3 1 5 2
5 6 3 2 8 1 9 7 4
```

Solution # 55

```
6 7 2 5 4 8 1 3 9
3 4 9 2 1 7 6 5 8
5 1 8 9 3 6 7 2 4
2 9 4 1 7 5 3 8 6
1 8 5 6 9 3 4 7 2
7 3 6 8 2 4 9 1 5
8 2 3 7 6 9 5 4 1
9 5 7 4 8 1 2 6 3
4 6 1 3 5 2 8 9 7
```

Solution # 56

```
7 2 4 1 8 3 6 5 9
5 6 1 2 4 9 8 7 3
8 9 3 6 5 7 2 4 1
2 3 8 5 6 4 9 1 7
4 1 9 8 7 2 3 6 5
6 7 5 9 3 1 4 8 2
1 4 7 3 2 8 5 9 6
9 5 2 4 1 6 7 3 8
3 8 6 7 9 5 1 2 4
```

Solution # 57

```
5 7 2 9 8 1 6 3 4
3 6 9 4 5 2 7 1 8
4 8 1 6 3 7 2 9 5
7 4 3 1 6 5 9 8 2
8 1 5 2 7 9 3 4 6
9 2 6 8 4 3 1 5 7
6 9 4 7 1 8 5 2 3
2 3 7 5 9 4 8 6 1
1 5 8 3 2 6 4 7 9
```

Solution # 58

```
1 9 8 3 5 2 4 6 7
2 6 4 7 1 8 3 5 9
5 3 7 6 4 9 8 2 1
6 7 9 2 8 3 5 1 4
3 1 2 5 9 4 7 8 6
4 8 5 1 6 7 9 3 2
8 2 1 4 7 5 6 9 3
7 5 3 9 2 6 1 4 8
9 4 6 8 3 1 2 7 5
```

Solution # 59

```
4 3 1 7 6 2 8 9 5
2 7 8 3 9 5 1 6 4
5 9 6 4 8 1 2 3 7
6 4 2 8 7 9 3 5 1
3 1 9 2 5 4 6 7 8
7 8 5 6 1 3 4 2 9
8 5 4 9 2 6 7 1 3
1 2 3 5 4 7 9 8 6
9 6 7 1 3 8 5 4 2
```

Solution # 60

```
7 3 9 8 2 6 5 1 4
1 8 6 5 4 9 2 3 7
5 2 4 3 7 1 8 6 9
6 1 5 9 3 2 7 4 8
2 4 8 1 5 7 6 9 3
9 7 3 6 8 4 1 2 5
4 6 1 7 9 5 3 8 2
3 5 2 4 1 8 9 7 6
8 9 7 2 6 3 4 5 1
```

Solution # 61

```
9 2 6 3 1 4 7 8 5
3 1 7 8 9 5 6 4 2
5 8 4 6 2 7 3 9 1
7 9 1 4 8 2 5 3 6
2 5 3 9 7 6 4 1 8
4 6 8 1 5 3 2 7 9
6 7 9 2 4 1 8 5 3
8 3 5 7 6 9 1 2 4
1 4 2 5 3 8 9 6 7
```

Solution # 62

```
5 1 9 6 4 2 3 8 7
2 8 3 7 5 1 4 6 9
6 7 4 8 9 3 2 5 1
8 5 7 2 1 6 9 4 3
4 3 2 9 7 8 5 1 6
1 9 6 5 3 4 7 2 8
3 2 8 4 6 9 1 7 5
9 6 5 1 2 7 8 3 4
7 4 1 3 8 5 6 9 2
```

Solution # 63

```
6 8 9 7 2 4 3 1 5
7 5 3 6 8 1 4 9 2
1 2 4 3 5 9 7 8 6
8 4 5 2 1 6 9 3 7
3 9 1 4 7 5 2 6 8
2 7 6 9 3 8 1 5 4
5 6 7 1 4 3 8 2 9
9 1 2 8 6 7 5 4 3
4 3 8 5 9 2 6 7 1
```

Solution # 64

```
6 3 1 8 5 4 2 9 7
8 5 9 2 7 1 6 3 4
2 4 7 3 9 6 5 1 8
1 8 3 7 6 2 4 5 9
4 9 2 5 1 8 3 7 6
5 7 6 9 4 3 8 2 1
9 6 4 1 2 5 7 8 3
3 1 5 4 8 7 9 6 2
7 2 8 6 3 9 1 4 5
```

Solution # 65

```
9 5 8 2 1 6 3 7 4
2 7 3 5 9 4 8 1 6
1 4 6 3 8 7 9 2 5
8 2 4 7 5 3 6 9 1
3 6 1 9 2 8 4 5 7
7 9 5 6 4 1 2 8 3
4 8 7 1 6 2 5 3 9
6 1 9 8 3 5 7 4 2
5 3 2 4 7 9 1 6 8
```

Solution # 66

```
8 9 3 7 2 5 6 1 4
4 6 1 9 3 8 7 2 5
7 2 5 6 4 1 9 8 3
9 5 7 4 6 2 1 3 8
3 1 2 5 8 7 4 6 9
6 8 4 1 9 3 2 5 7
1 7 8 2 5 9 3 4 6
5 4 9 3 1 6 8 7 2
2 3 6 8 7 4 5 9 1
```

Solution # 67

```
5 3 9 1 2 8 6 4 7
6 4 8 9 7 3 2 1 5
1 2 7 4 5 6 3 9 8
9 8 4 3 1 7 5 6 2
3 7 5 6 9 2 4 8 1
2 1 6 8 4 5 9 7 3
8 6 1 5 3 4 7 2 9
4 5 2 7 8 9 1 3 6
7 9 3 2 6 1 8 5 4
```

Solution # 68

```
5 7 1 9 8 2 4 6 3
8 4 2 3 1 6 9 7 5
9 3 6 7 4 5 2 1 8
1 5 9 4 6 3 8 2 7
4 6 8 2 5 7 3 9 1
3 2 7 8 9 1 5 4 6
6 1 4 5 2 8 7 3 9
7 9 5 1 3 4 6 8 2
2 8 3 6 7 9 1 5 4
```

Solution # 69

```
4 5 8 2 9 3 6 1 7
9 6 3 1 7 5 8 4 2
1 2 7 6 8 4 3 9 5
3 1 5 8 4 6 7 2 9
6 7 9 5 1 2 4 3 8
8 4 2 7 3 9 5 6 1
5 3 1 4 2 8 9 7 6
2 8 4 9 6 7 1 5 3
7 9 6 3 5 1 2 8 4
```

Solution # 70

```
6 8 9 7 1 4 3 5 2
1 7 3 8 2 5 6 9 4
2 5 4 3 9 6 8 7 1
9 3 2 6 8 7 1 4 5
7 6 5 1 4 2 9 8 3
8 4 1 5 3 9 7 2 6
4 2 6 9 7 3 5 1 8
3 1 7 2 5 8 4 6 9
5 9 8 4 6 1 2 3 7
```

Solution # 71

```
1 9 3 5 6 2 7 8 4
4 2 8 1 3 7 9 5 6
7 5 6 8 4 9 3 1 2
6 1 9 7 2 5 8 4 3
3 7 2 9 8 4 5 6 1
8 4 5 3 1 6 2 7 9
5 6 4 2 9 8 1 3 7
2 3 7 6 5 1 4 9 8
9 8 1 4 7 3 6 2 5
```

Solution # 72

```
4 1 9 3 6 7 8 5 2
7 3 5 2 1 8 9 6 4
6 8 2 4 5 9 1 3 7
2 6 1 7 8 3 4 9 5
5 4 8 1 9 6 2 7 3
3 9 7 5 2 4 6 8 1
9 7 3 8 4 1 5 2 6
1 5 6 9 7 2 3 4 8
8 2 4 6 3 5 7 1 9
```

Solution # 73

```
5 2 3 4 1 8 7 9 6
6 1 7 3 2 9 4 5 8
9 8 4 5 7 6 3 2 1
2 6 5 7 8 4 1 3 9
7 9 8 1 3 5 6 4 2
3 4 1 9 6 2 8 7 5
4 3 6 2 5 1 9 8 7
1 7 2 8 9 3 5 6 4
8 5 9 6 4 7 2 1 3
```

Solution # 74

```
4 5 9 3 1 8 6 7 2
6 8 1 7 2 4 3 5 9
3 7 2 5 6 9 8 4 1
5 2 4 8 9 7 1 3 6
8 3 7 6 5 1 9 2 4
9 1 6 2 4 3 5 8 7
7 9 5 1 8 2 4 6 3
2 4 8 9 3 6 7 1 5
1 6 3 4 7 5 2 9 8
```

Solution # 75

```
6 1 5 2 8 3 9 4 7
4 8 7 5 6 9 3 2 1
3 2 9 1 7 4 6 5 8
5 9 8 6 3 7 4 1 2
7 6 2 4 5 1 8 3 9
1 3 4 9 2 8 5 7 6
8 5 6 3 1 2 7 9 4
2 4 3 7 9 6 1 8 5
9 7 1 8 4 5 2 6 3
```

Solution # 76

```
4 8 5 7 2 1 6 3 9
2 3 9 6 5 4 7 1 8
7 1 6 8 9 3 4 2 5
8 9 3 2 1 7 5 4 6
5 2 4 3 8 6 1 9 7
1 6 7 9 4 5 3 8 2
6 7 8 1 3 2 9 5 4
3 4 2 5 6 9 8 7 1
9 5 1 4 7 8 2 6 3
```

Solution # 77

```
4 7 6 3 1 8 9 5 2
8 2 5 4 9 7 3 6 1
3 1 9 2 6 5 8 4 7
5 8 7 9 2 3 6 1 4
6 3 4 7 5 1 2 9 8
1 9 2 8 4 6 7 3 5
2 4 1 6 8 9 5 7 3
9 5 3 1 7 2 4 8 6
7 6 8 5 3 4 1 2 9
```

Solution # 78

```
2 8 6 3 7 9 4 1 5
4 7 9 5 1 2 6 8 3
1 3 5 6 8 4 2 7 9
3 4 2 1 5 8 9 6 7
7 5 8 4 9 6 1 3 2
6 9 1 2 3 7 8 5 4
5 2 3 9 6 1 7 4 8
8 1 4 7 2 3 5 9 6
9 6 7 8 4 5 3 2 1
```

Solution # 79

```
5 2 7 9 4 1 6 3 8
1 6 9 2 3 8 5 4 7
8 3 4 5 6 7 2 9 1
9 5 2 7 8 4 3 1 6
4 8 3 6 1 2 7 5 9
7 1 6 3 9 5 8 2 4
2 9 8 1 7 3 4 6 5
6 4 5 8 2 9 1 7 3
3 7 1 4 5 6 9 8 2
```

Solution # 80

```
3 4 9 5 6 1 2 7 8
5 2 1 3 8 7 4 9 6
7 6 8 2 4 9 5 1 3
4 9 2 6 7 8 1 3 5
6 1 3 4 9 5 8 2 7
8 5 7 1 3 2 6 4 9
1 8 5 9 2 3 7 6 4
2 3 4 7 5 6 9 8 1
9 7 6 8 1 4 3 5 2
```

Solution # 81

```
5 6 4 2 9 8 7 3 1
2 9 8 3 7 1 6 5 4
1 3 7 5 4 6 2 8 9
9 8 6 7 5 2 4 1 3
4 7 1 8 6 3 9 2 5
3 5 2 9 1 4 8 7 6
7 1 9 4 2 5 3 6 8
6 2 3 1 8 9 5 4 7
8 4 5 6 3 7 1 9 2
```

Solution # 82

```
2 5 8 3 6 7 9 4 1
4 3 9 2 5 1 7 8 6
6 1 7 4 9 8 3 5 2
1 7 2 9 4 5 6 3 8
3 9 5 1 8 6 2 7 4
8 4 6 7 3 2 1 9 5
9 2 4 5 1 3 8 6 7
5 8 1 6 7 9 4 2 3
7 6 3 8 2 4 5 1 9
```

Solution # 83

```
4 9 8 5 2 1 6 7 3
1 2 6 7 9 3 8 5 4
5 7 3 4 8 6 1 9 2
8 5 7 3 1 9 4 2 6
9 6 4 8 5 2 7 3 1
3 1 2 6 7 4 9 8 5
2 8 5 1 6 7 3 4 9
6 3 9 2 4 8 5 1 7
7 4 1 9 3 5 2 6 8
```

Solution # 84

```
6 1 4 2 8 9 3 7 5
2 5 9 7 1 3 8 6 4
7 3 8 6 4 5 1 9 2
4 9 7 5 6 8 2 1 3
3 6 1 9 2 4 7 5 8
8 2 5 3 7 1 6 4 9
1 8 3 4 5 6 9 2 7
9 4 2 1 3 7 5 8 6
5 7 6 8 9 2 4 3 1
```

Solution # 85

```
5 2 7 4 9 6 8 3 1
8 1 9 3 2 7 4 5 6
4 6 3 8 5 1 2 7 9
1 9 5 6 7 2 3 8 4
7 4 6 1 8 3 5 9 2
2 3 8 5 4 9 6 1 7
6 8 4 7 1 5 9 2 3
3 7 2 9 6 8 1 4 5
9 5 1 2 3 4 7 6 8
```

Solution # 86

```
8 2 7 9 5 4 3 6 1
4 3 1 6 2 7 8 5 9
6 5 9 8 1 3 4 2 7
7 4 5 2 6 8 9 1 3
1 8 6 4 3 9 5 7 2
2 9 3 1 7 5 6 4 8
5 7 2 3 9 6 1 8 4
3 6 4 7 8 1 2 9 5
9 1 8 5 4 2 7 3 6
```

Solution # 87

```
4 5 6 7 8 1 3 2 9
1 8 3 4 2 9 6 5 7
7 9 2 3 6 5 4 8 1
5 1 8 2 9 3 7 4 6
9 3 4 6 7 8 2 1 5
2 6 7 5 1 4 9 3 8
6 7 1 8 4 2 5 9 3
8 2 5 9 3 7 1 6 4
3 4 9 1 5 6 8 7 2
```

Solution # 88

```
9 6 1 8 3 4 5 2 7
2 8 3 7 1 5 4 6 9
4 5 7 6 9 2 8 3 1
8 4 5 1 2 9 6 7 3
1 2 6 3 4 7 9 5 8
3 7 9 5 6 8 1 4 2
5 9 4 2 8 3 7 1 6
6 3 8 4 7 1 2 9 5
7 1 2 9 5 6 3 8 4
```

Solution # 89

```
6 1 8 7 2 3 9 4 5
3 2 4 1 9 5 6 8 7
9 5 7 4 6 8 1 3 2
1 3 9 2 8 4 5 7 6
7 8 2 6 5 1 4 9 3
5 4 6 9 3 7 2 1 8
8 9 3 5 4 6 7 2 1
4 6 1 8 7 2 3 5 9
2 7 5 3 1 9 8 6 4
```

Solution # 90

```
2 8 7 9 6 4 5 1 3
4 9 1 5 3 2 7 8 6
3 6 5 8 7 1 4 2 9
8 7 6 1 4 9 3 5 2
9 5 3 2 8 7 6 4 1
1 2 4 6 5 3 9 7 8
5 3 8 7 2 6 1 9 4
6 1 2 4 9 5 8 3 7
7 4 9 3 1 8 2 6 5
```

Solution # 91

```
5 3 8 4 2 7 6 1 9
7 1 6 3 9 5 4 8 2
2 9 4 6 8 1 7 3 5
3 7 5 1 6 9 2 4 8
6 8 9 2 3 4 5 7 1
4 2 1 5 7 8 9 6 3
8 4 2 9 1 6 3 5 7
1 6 3 7 5 2 8 9 4
9 5 7 8 4 3 1 2 6
```

Solution # 92

```
8 7 3 5 1 9 4 6 2
6 2 1 4 7 8 3 9 5
4 5 9 2 6 3 7 1 8
1 4 2 3 5 7 9 8 6
5 9 8 6 2 4 1 3 7
3 6 7 9 8 1 2 5 4
9 8 6 7 3 2 5 4 1
7 3 5 1 4 6 8 2 9
2 1 4 8 9 5 6 7 3
```

Solution # 93

```
2 4 9 6 7 5 3 1 8
6 8 1 2 9 3 7 5 4
7 5 3 4 8 1 9 2 6
8 3 4 9 2 7 1 6 5
5 9 7 8 1 6 4 3 2
1 6 2 5 3 4 8 9 7
9 7 6 1 4 2 5 8 3
4 2 8 3 5 9 6 7 1
3 1 5 7 6 8 2 4 9
```

Solution # 94

```
8 6 5 7 4 2 3 9 1
1 3 4 9 5 8 2 6 7
7 2 9 1 3 6 5 8 4
5 8 3 2 9 1 4 7 6
9 4 1 6 7 3 8 2 5
6 7 2 4 8 5 1 3 9
3 9 6 8 1 4 7 5 2
2 1 8 5 6 7 9 4 3
4 5 7 3 2 9 6 1 8
```

Solution # 95

```
3 5 1 6 4 9 8 7 2
7 8 4 3 5 2 6 9 1
9 2 6 8 1 7 5 4 3
4 6 8 5 7 3 2 1 9
5 7 9 2 8 1 3 6 4
2 1 3 9 6 4 7 5 8
1 4 2 7 3 6 9 8 5
8 9 7 1 2 5 4 3 6
6 3 5 4 9 8 1 2 7
```

Solution # 96

```
2 6 1 7 3 9 5 4 8
5 3 7 8 4 2 9 1 6
8 9 4 5 1 6 7 3 2
3 7 2 4 6 5 1 8 9
1 4 9 2 8 3 6 5 7
6 8 5 1 9 7 4 2 3
9 2 6 3 5 1 8 7 4
7 1 8 9 2 4 3 6 5
4 5 3 6 7 8 2 9 1
```

Solution # 97

```
3 7 1 8 5 6 4 2 9
5 9 4 3 2 7 1 8 6
8 2 6 4 1 9 5 7 3
6 1 7 2 8 4 3 9 5
2 4 8 5 9 3 6 1 7
9 3 5 6 7 1 2 4 8
4 5 9 1 6 8 7 3 2
1 8 2 7 3 5 9 6 4
7 6 3 9 4 2 8 5 1
```

Solution # 98

```
5 2 9 7 8 6 4 3 1
8 6 7 4 1 3 2 9 5
4 1 3 2 9 5 8 7 6
2 4 5 1 3 7 9 6 8
3 8 6 9 5 4 1 2 7
7 9 1 8 6 2 5 4 3
6 5 8 3 4 9 7 1 2
1 7 4 6 2 8 3 5 9
9 3 2 5 7 1 6 8 4
```

Solution # 99

```
1 2 9 7 8 4 6 5 3
7 3 5 6 1 2 9 8 4
8 6 4 3 9 5 2 7 1
2 8 7 5 4 6 1 3 9
5 9 6 1 2 3 8 4 7
3 4 1 9 7 8 5 2 6
9 5 2 4 3 1 7 6 8
6 1 3 8 5 7 4 9 2
4 7 8 2 6 9 3 1 5
```

Solution # 100

```
4 7 8 2 5 3 6 1 9
6 3 2 8 1 9 7 4 5
5 9 1 7 6 4 2 8 3
7 8 5 6 9 2 1 3 4
2 6 9 3 4 1 8 5 7
3 1 4 5 7 8 9 6 2
9 4 7 1 8 5 3 2 6
1 5 3 9 2 6 4 7 8
8 2 6 4 3 7 5 9 1
```

Solution # 101

```
3 4 8 1 9 7 2 6 5
5 2 6 4 3 8 1 9 7
7 1 9 2 6 5 8 4 3
1 8 5 7 2 6 9 3 4
2 7 3 8 4 9 5 1 6
9 6 4 5 1 3 7 2 8
8 3 2 6 5 1 4 7 9
6 5 1 9 7 4 3 8 2
4 9 7 3 8 2 6 5 1
```

Solution # 102

```
7 4 6 5 2 8 9 3 1
5 3 2 6 1 9 7 4 8
1 9 8 4 3 7 2 6 5
6 5 1 2 8 3 4 9 7
4 2 7 9 6 1 5 8 3
9 8 3 7 5 4 6 1 2
2 1 9 3 7 6 8 5 4
3 7 4 8 9 5 1 2 6
8 6 5 1 4 2 3 7 9
```

Solution # 103

```
5 1 2 3 6 7 4 9 8
6 8 9 5 4 2 3 1 7
7 3 4 9 1 8 2 5 6
3 6 8 2 5 4 1 7 9
1 4 7 8 9 6 5 3 2
9 2 5 7 3 1 6 8 4
4 7 6 1 8 3 9 2 5
8 5 3 6 2 9 7 4 1
2 9 1 4 7 5 8 6 3
```

Solution # 104

```
8 6 9 3 7 2 4 5 1
4 2 1 5 6 8 3 9 7
3 7 5 9 1 4 2 8 6
6 1 8 7 2 3 9 4 5
9 4 2 6 8 5 1 7 3
5 3 7 4 9 1 8 6 2
7 9 4 2 3 6 5 1 8
2 8 6 1 5 9 7 3 4
1 5 3 8 4 7 6 2 9
```

Solution # 105

```
3 2 4 9 6 5 8 7 1
1 8 6 2 3 7 5 4 9
5 7 9 8 1 4 6 2 3
7 6 8 5 9 2 1 3 4
4 3 2 1 7 6 9 8 5
9 1 5 4 8 3 7 6 2
6 9 1 3 2 8 4 5 7
2 5 7 6 4 1 3 9 8
8 4 3 7 5 9 2 1 6
```

Solution # 106
```
7 4 6 8 2 1 9 3 5
2 3 8 6 9 5 1 7 4
1 9 5 4 7 3 2 6 8
4 5 2 3 1 9 6 8 7
3 8 9 7 6 4 5 2 1
6 1 7 5 8 2 4 9 3
8 7 4 9 5 6 3 1 2
9 2 3 1 4 7 8 5 6
5 6 1 2 3 8 7 4 9
```

Solution # 107
```
9 6 3 2 1 8 4 5 7
5 2 8 3 4 7 1 9 6
7 4 1 5 6 9 8 2 3
4 1 5 9 3 2 7 6 8
6 9 2 8 7 1 5 3 4
3 8 7 6 5 4 9 1 2
2 7 4 1 9 6 3 8 5
1 3 6 4 8 5 2 7 9
8 5 9 7 2 3 6 4 1
```

Solution # 108
```
2 5 8 1 3 6 9 7 4
6 7 4 2 9 5 3 8 1
1 9 3 4 8 7 6 5 2
5 4 7 9 2 3 8 1 6
9 1 6 8 5 4 2 3 7
8 3 2 7 6 1 4 9 5
3 6 9 5 1 2 7 4 8
4 8 5 6 7 9 1 2 3
7 2 1 3 4 8 5 6 9
```

Solution # 109
```
3 1 4 9 5 2 6 8 7
6 9 5 4 8 7 2 1 3
2 7 8 6 3 1 4 5 9
9 4 1 7 2 6 5 3 8
5 3 7 8 9 4 1 2 6
8 6 2 3 1 5 9 7 4
7 5 6 1 4 3 8 9 2
4 2 9 5 7 8 3 6 1
1 8 3 2 6 9 7 4 5
```

Solution # 110
```
9 2 4 6 3 7 1 5 8
6 1 3 8 5 4 7 2 9
5 7 8 9 2 1 6 3 4
7 6 9 5 1 3 8 4 2
3 4 5 2 7 8 9 6 1
2 8 1 4 6 9 3 7 5
4 3 6 1 8 5 2 9 7
8 5 2 7 9 6 4 1 3
1 9 7 3 4 2 5 8 6
```

Solution # 111
```
8 1 2 6 5 7 4 3 9
3 5 7 9 4 1 8 6 2
4 6 9 2 8 3 7 5 1
7 2 4 5 9 6 1 8 3
1 9 5 4 3 8 2 7 6
6 8 3 1 7 2 9 4 5
9 3 6 8 2 4 5 1 7
5 7 8 3 1 9 6 2 4
2 4 1 7 6 5 3 9 8
```

Solution # 112
```
2 1 9 5 6 7 8 3 4
5 8 3 2 9 4 6 7 1
4 6 7 3 1 8 5 2 9
7 4 2 6 8 3 9 1 5
3 9 8 7 5 1 4 6 2
1 5 6 4 2 9 3 8 7
9 2 5 8 7 6 1 4 3
8 3 1 9 4 2 7 5 6
6 7 4 1 3 5 2 9 8
```

Solution # 113
```
3 6 4 7 2 1 8 5 9
9 1 5 8 3 6 4 7 2
2 8 7 5 4 9 1 6 3
1 5 2 6 9 4 3 8 7
4 3 6 2 8 7 9 1 5
8 7 9 3 1 5 2 4 6
7 9 1 4 6 3 5 2 8
5 4 8 9 7 2 6 3 1
6 2 3 1 5 8 7 9 4
```

Solution # 114
```
7 9 2 3 6 1 8 5 4
3 5 4 2 9 8 1 6 7
6 1 8 5 7 4 3 9 2
8 6 5 4 1 7 2 3 9
1 7 3 9 2 6 4 8 5
2 4 9 8 5 3 7 1 6
4 2 1 6 3 9 5 7 8
9 8 7 1 4 5 6 2 3
5 3 6 7 8 2 9 4 1
```

Solution # 115
```
5 1 7 4 2 3 8 9 6
3 6 8 7 9 5 4 2 1
2 9 4 1 6 8 7 3 5
4 5 6 8 1 2 9 7 3
8 2 9 3 7 6 5 1 4
1 7 3 5 4 9 2 6 8
6 4 2 9 5 1 3 8 7
7 8 1 2 3 4 6 5 9
9 3 5 6 8 7 1 4 2
```

Solution # 116
```
9 2 7 1 5 4 3 8 6
8 5 4 9 6 3 1 7 2
1 3 6 7 8 2 5 9 4
4 9 3 5 2 8 6 1 7
6 7 5 3 9 1 4 2 8
2 1 8 6 4 7 9 3 5
5 8 2 4 1 9 7 6 3
7 6 9 8 3 5 2 4 1
3 4 1 2 7 6 8 5 9
```

Solution # 117
```
6 3 9 2 8 4 1 7 5
1 2 8 5 9 7 6 4 3
5 7 4 1 3 6 8 2 9
2 9 6 3 7 8 5 1 4
4 5 3 6 2 1 7 9 8
8 1 7 4 5 9 3 6 2
3 6 2 7 4 5 9 8 1
7 8 5 9 1 2 4 3 6
9 4 1 8 6 3 2 5 7
```

Solution # 118
```
4 6 3 2 7 8 9 1 5
9 7 8 5 1 3 6 2 4
2 5 1 4 6 9 7 8 3
7 4 2 1 3 6 8 5 9
6 8 5 9 4 2 3 7 1
3 1 9 7 8 5 4 6 2
5 3 6 8 2 4 1 9 7
8 9 7 3 5 1 2 4 6
1 2 4 6 9 7 5 3 8
```

Solution # 119
```
9 1 3 7 4 5 6 8 2
8 7 6 2 3 1 5 9 4
4 2 5 6 9 8 1 3 7
6 8 9 5 2 7 4 1 3
1 4 2 9 6 3 7 5 8
3 5 7 1 8 4 2 6 9
5 6 4 3 7 9 8 2 1
7 9 1 8 5 2 3 4 6
2 3 8 4 1 6 9 7 5
```

Solution # 120
```
3 7 2 6 8 4 1 9 5
5 6 9 2 3 1 4 7 8
4 8 1 9 5 7 2 3 6
7 9 3 1 4 6 8 5 2
6 2 5 3 9 8 7 1 4
8 1 4 5 7 2 3 6 9
9 4 6 8 1 3 5 2 7
2 3 8 7 6 5 9 4 1
1 5 7 4 2 9 6 8 3
```

Solution # 121
```
9 4 5 6 1 2 7 3 8
2 8 7 3 4 5 6 9 1
1 6 3 9 7 8 5 4 2
3 9 4 8 5 7 2 1 6
7 2 8 1 3 6 9 5 4
5 1 6 2 9 4 8 7 3
4 3 2 5 8 9 1 6 7
6 5 1 7 2 3 4 8 9
8 7 9 4 6 1 3 2 5
```

Solution # 122
```
6 2 9 3 8 1 4 7 5
5 1 7 6 4 9 8 2 3
8 3 4 2 5 7 1 9 6
4 7 5 9 1 3 6 8 2
3 6 1 7 2 8 5 4 9
2 9 8 4 6 5 3 1 7
1 8 6 5 9 2 7 3 4
9 4 3 1 7 6 2 5 8
7 5 2 8 3 4 9 6 1
```

Solution # 123
```
4 7 1 5 3 6 9 2 8
9 5 8 2 4 7 1 3 6
6 3 2 8 9 1 7 5 4
1 4 6 3 7 8 2 9 5
2 8 7 4 5 9 6 1 3
3 9 5 6 1 2 8 4 7
7 6 4 1 2 3 5 8 9
8 1 3 9 6 5 4 7 2
5 2 9 7 8 4 3 6 1
```

Solution # 124
```
7 1 6 3 9 5 4 2 8
9 4 3 8 2 7 6 1 5
2 5 8 6 4 1 9 3 7
6 3 9 4 7 8 1 5 2
1 7 5 2 3 9 8 4 6
4 8 2 1 5 6 7 9 3
5 6 7 9 1 3 2 8 4
8 2 1 5 6 4 3 7 9
3 9 4 7 8 2 5 6 1
```

Solution # 125
```
9 7 3 4 8 5 1 2 6
5 1 4 2 6 9 3 7 8
2 6 8 1 7 3 4 5 9
4 5 7 6 2 1 8 9 3
3 9 2 5 4 8 7 6 1
6 8 1 3 9 7 5 4 2
7 2 6 8 1 4 9 3 5
8 3 9 7 5 2 6 1 4
1 4 5 9 3 6 2 8 7
```

Solution # 126
```
1 4 5 3 2 9 7 8 6
3 6 9 1 7 8 5 4 2
7 2 8 4 5 6 1 3 9
6 9 2 7 8 5 3 1 4
8 1 3 2 9 4 6 5 7
5 7 4 6 3 1 2 9 8
2 3 1 9 4 7 8 6 5
9 5 7 8 6 3 4 2 1
4 8 6 5 1 2 9 7 3
```

Solution # 127
```
6 4 3 9 8 5 2 1 7
5 1 7 3 4 2 9 8 6
8 9 2 7 6 1 5 4 3
1 6 4 2 3 9 8 7 5
2 7 5 8 1 6 3 9 4
3 8 9 5 7 4 1 6 2
7 2 8 4 9 3 6 5 1
9 3 1 6 5 7 4 2 8
4 5 6 1 2 8 7 3 9
```

Solution # 128
```
3 4 6 1 8 2 5 9 7
5 1 2 9 7 3 4 6 8
7 9 8 6 4 5 2 3 1
4 5 7 2 6 9 1 8 3
9 6 3 4 1 8 7 5 2
2 8 1 3 5 7 9 4 6
8 3 9 7 2 4 6 1 5
6 7 4 5 3 1 8 2 9
1 2 5 8 9 6 3 7 4
```

Solution # 129
```
4 2 6 1 3 8 7 9 5
7 3 9 2 6 5 8 1 4
1 5 8 4 7 9 6 2 3
6 9 5 8 4 3 1 7 2
8 7 2 5 9 1 4 3 6
3 4 1 6 2 7 9 5 8
9 6 7 3 8 2 5 4 1
2 1 4 7 5 6 3 8 9
5 8 3 9 1 4 2 6 7
```

Solution # 130
```
1 4 2 9 5 6 7 3 8
6 8 9 1 7 3 5 4 2
3 5 7 8 2 4 6 1 9
5 7 4 6 1 2 8 9 3
2 9 6 5 3 8 1 7 4
8 1 3 4 9 7 2 6 5
4 2 8 7 6 9 3 5 1
7 3 1 2 4 5 9 8 6
9 6 5 3 8 1 4 2 7
```

Solution # 131
```
5 8 2 9 4 7 1 6 3
4 6 3 8 5 1 2 7 9
1 7 9 6 2 3 5 4 8
6 2 4 3 1 5 9 8 7
7 1 8 2 6 9 4 3 5
9 3 5 4 7 8 6 2 1
2 5 1 7 8 4 3 9 6
3 4 7 5 9 6 8 1 2
8 9 6 1 3 2 7 5 4
```

Solution # 132
```
1 3 9 4 6 5 2 7 8
8 6 7 2 9 3 4 5 1
4 2 5 1 8 7 6 3 9
2 5 1 3 4 8 7 9 6
3 8 6 9 7 1 5 4 2
7 9 4 6 5 2 8 1 3
9 7 2 5 1 6 3 8 4
6 4 8 7 3 9 1 2 5
5 1 3 8 2 4 9 6 7
```

Solution # 133
```
4 3 7 6 2 5 8 1 9
8 6 9 7 3 1 5 2 4
1 5 2 4 9 8 3 6 7
5 4 3 8 7 2 1 9 6
6 2 8 9 1 4 7 3 5
9 7 1 3 5 6 4 8 2
7 8 6 2 4 3 9 5 1
2 1 4 5 8 9 6 7 3
3 9 5 1 6 7 2 4 8
```

Solution # 134
```
9 4 7 3 5 1 2 6 8
5 6 1 2 8 7 9 3 4
2 8 3 4 6 9 5 7 1
1 9 2 5 3 4 7 8 6
7 5 6 9 1 8 4 2 3
4 3 8 7 2 6 1 5 9
6 2 4 1 7 3 8 9 5
8 1 5 6 9 2 3 4 7
3 7 9 8 4 5 6 1 2
```

Solution # 135
```
3 7 4 2 1 9 5 8 6
5 8 2 3 7 6 9 4 1
9 6 1 8 5 4 2 3 7
4 2 6 5 9 8 1 7 3
7 9 5 1 4 3 6 2 8
1 3 8 6 2 7 4 5 9
6 5 7 4 8 1 3 9 2
8 4 3 9 6 2 7 1 5
2 1 9 7 3 5 8 6 4
```

Solution # 136
```
4 6 1 9 2 8 3 5 7
2 8 7 6 3 5 4 1 9
3 5 9 7 4 1 6 2 8
1 4 3 5 7 9 8 6 2
5 2 8 3 6 4 9 7 1
7 9 6 1 8 2 5 4 3
6 7 5 8 1 3 2 9 4
9 3 2 4 5 7 1 8 6
8 1 4 2 9 6 7 3 5
```

Solution # 137
```
9 6 1 5 8 2 4 7 3
7 4 5 9 3 1 8 6 2
8 2 3 4 7 6 5 1 9
4 1 6 2 5 3 7 9 8
5 8 9 6 1 7 3 2 4
3 7 2 8 9 4 6 5 1
2 9 8 3 6 5 1 4 7
6 3 7 1 4 9 2 8 5
1 5 4 7 2 8 9 3 6
```

Solution # 138
```
9 3 7 5 8 4 2 1 6
5 4 2 7 1 6 3 8 9
1 8 6 2 3 9 7 5 4
7 2 1 6 5 3 4 9 8
3 6 4 8 9 2 1 7 5
8 5 9 4 7 1 6 3 2
2 1 3 9 4 8 5 6 7
6 7 8 3 2 5 9 4 1
4 9 5 1 6 7 8 2 3
```

Solution # 139
```
8 4 2 9 7 5 6 1 3
6 1 9 2 8 3 7 4 5
3 7 5 1 6 4 2 9 8
2 5 6 7 3 1 4 8 9
7 8 4 6 5 9 1 3 2
1 9 3 4 2 8 5 7 6
4 3 7 5 9 2 8 6 1
5 6 8 3 1 7 9 2 4
9 2 1 8 4 6 3 5 7
```

Solution # 140
```
6 1 2 5 4 7 8 9 3
8 7 5 3 9 6 2 1 4
9 3 4 1 2 8 5 6 7
1 5 7 2 8 9 4 3 6
4 8 3 7 6 1 9 5 2
2 6 9 4 5 3 7 8 1
3 4 1 8 7 5 6 2 9
5 2 6 9 1 4 3 7 8
7 9 8 6 3 2 1 4 5
```

Solution # 141
```
4 2 7 5 1 8 6 3 9
5 1 3 9 4 6 2 7 8
6 9 8 2 3 7 1 5 4
8 3 2 1 6 5 9 4 7
9 4 6 3 7 2 5 8 1
7 5 1 4 8 9 3 2 6
2 6 4 8 5 1 7 9 3
3 7 9 6 2 4 8 1 5
1 8 5 7 9 3 4 6 2
```

Solution # 142
```
6 1 4 3 8 5 2 9 7
2 7 3 6 4 9 5 8 1
9 5 8 7 1 2 3 4 6
3 4 6 1 5 8 9 7 2
1 2 9 4 6 7 8 3 5
5 8 7 2 9 3 6 1 4
4 3 2 9 7 6 1 5 8
8 6 1 5 3 4 7 2 9
7 9 5 8 2 1 4 6 3
```

Solution # 143
```
1 8 9 7 6 2 4 3 5
6 2 4 3 5 1 9 8 7
3 7 5 4 8 9 2 6 1
2 4 6 8 9 7 5 1 3
9 5 8 6 1 3 7 4 2
7 3 1 5 2 4 6 9 8
5 1 2 9 3 6 8 7 4
4 6 3 2 7 8 1 5 9
8 9 7 1 4 5 3 2 6
```

Solution # 144
```
1 2 6 4 7 5 8 9 3
9 4 8 6 1 3 5 2 7
3 5 7 2 8 9 6 1 4
8 6 5 9 4 7 2 3 1
4 3 1 8 6 2 7 5 9
7 9 2 5 3 1 4 6 8
5 1 4 7 9 6 3 8 2
2 8 3 1 5 4 9 7 6
6 7 9 3 2 8 1 4 5
```

Solution # 145
```
1 2 8 6 5 4 9 7 3
3 5 7 9 8 1 6 2 4
9 6 4 7 3 2 1 8 5
2 9 6 5 1 3 8 4 7
4 8 1 2 7 6 5 3 9
5 7 3 8 4 9 2 6 1
7 1 5 3 2 8 4 9 6
6 3 2 4 9 5 7 1 8
8 4 9 1 6 7 3 5 2
```

Solution # 146
```
7 8 9 5 6 3 4 2 1
3 1 6 4 2 8 5 7 9
2 4 5 9 7 1 8 3 6
4 5 8 3 1 9 7 6 2
9 6 2 8 5 7 3 1 4
1 7 3 2 4 6 9 8 5
8 3 4 6 9 2 1 5 7
5 2 7 1 3 4 6 9 8
6 9 1 7 8 5 2 4 3
```

Solution # 147
```
1 5 7 6 2 9 4 8 3
4 2 9 3 8 1 5 7 6
8 6 3 7 5 4 9 2 1
2 9 5 1 3 8 6 4 7
6 3 4 5 9 7 2 1 8
7 1 8 2 4 6 3 9 5
5 8 2 9 1 3 7 6 4
3 4 6 8 7 2 1 5 9
9 7 1 4 6 5 8 3 2
```

Solution # 148
```
7 2 5 4 6 9 1 3 8
8 6 9 3 7 1 5 4 2
4 1 3 2 8 5 9 7 6
9 8 4 1 5 3 6 2 7
3 7 6 9 2 8 4 1 5
2 5 1 7 4 6 3 8 9
6 3 8 5 1 7 2 9 4
5 9 2 8 3 4 7 6 1
1 4 7 6 9 2 8 5 3
```

Solution # 149
```
3 5 9 8 6 7 2 1 4
6 4 8 1 9 2 5 3 7
7 1 2 5 3 4 6 8 9
4 8 7 3 2 5 1 9 6
2 9 5 6 4 1 3 7 8
1 6 3 9 7 8 4 2 5
8 3 4 7 1 6 9 5 2
5 2 1 4 8 9 7 6 3
9 7 6 2 5 3 8 4 1
```

Solution # 150
```
8 3 5 4 6 9 7 1 2
7 1 6 2 8 5 3 9 4
2 9 4 3 1 7 5 6 8
1 4 3 9 2 8 6 7 5
6 2 7 5 4 1 9 8 3
5 8 9 7 3 6 4 2 1
9 7 8 1 5 3 2 4 6
4 5 1 6 9 2 8 3 7
3 6 2 8 7 4 1 5 9
```

Solution # 151
```
7 3 6 4 5 8 9 2 1
2 4 8 9 1 7 5 3 6
1 5 9 2 6 3 7 4 8
9 6 4 3 8 1 2 7 5
8 2 1 7 4 5 3 6 9
5 7 3 6 2 9 8 1 4
4 9 7 5 3 6 1 8 2
6 8 5 1 7 2 4 9 3
3 1 2 8 9 4 6 5 7
```

Solution # 152
```
7 4 8 2 3 1 5 6 9
9 5 3 7 6 4 8 2 1
2 6 1 9 8 5 4 7 3
6 9 2 5 4 7 3 1 8
8 7 5 1 2 3 9 4 6
1 3 4 6 9 8 7 5 2
5 8 7 3 1 2 6 9 4
4 1 6 8 5 9 2 3 7
3 2 9 4 7 6 1 8 5
```

Solution # 153
```
4 9 8 2 7 3 1 5 6
5 7 6 4 9 1 8 2 3
1 2 3 6 5 8 9 7 4
3 5 4 7 8 9 6 1 2
9 1 7 3 2 6 4 8 5
6 8 2 1 4 5 3 9 7
2 3 1 8 6 7 5 4 9
8 4 5 9 3 2 7 6 1
7 6 9 5 1 4 2 3 8
```

Solution # 154
```
7 2 9 3 6 1 4 5 8
4 6 5 7 8 9 3 2 1
8 3 1 4 2 5 9 6 7
9 5 8 6 3 2 7 1 4
6 7 2 9 1 4 8 3 5
1 4 3 8 5 7 2 9 6
5 1 4 2 9 8 6 7 3
2 8 6 1 7 3 5 4 9
3 9 7 5 4 6 1 8 2
```

Solution # 155
```
2 8 3 4 9 1 6 7 5
6 4 5 7 8 3 1 2 9
9 7 1 5 2 6 8 4 3
3 5 2 8 6 9 4 1 7
7 1 6 2 3 4 5 9 8
8 9 4 1 5 7 3 6 2
5 3 9 6 1 2 7 8 4
4 6 8 9 7 5 2 3 1
1 2 7 3 4 8 9 5 6
```

Solution # 156
```
4 2 8 6 5 9 7 3 1
9 3 5 7 1 8 2 4 6
6 1 7 4 2 3 9 5 8
7 6 2 8 4 5 1 9 3
5 8 1 9 3 6 4 7 2
3 4 9 2 7 1 8 6 5
2 5 3 1 9 4 6 8 7
8 7 4 3 6 2 5 1 9
1 9 6 5 8 7 3 2 4
```

Solution # 157
```
6 8 5 1 7 9 4 3 2
7 4 2 5 8 3 9 6 1
9 3 1 6 2 4 7 5 8
2 1 4 9 3 7 6 8 5
8 5 9 4 1 6 2 7 3
3 7 6 2 5 8 1 9 4
5 9 3 7 4 1 8 2 6
4 6 8 3 9 2 5 1 7
1 2 7 8 6 5 3 4 9
```

Solution # 158
```
9 1 7 4 5 6 8 2 3
2 5 4 9 8 3 1 6 7
8 6 3 7 2 1 4 9 5
6 2 8 3 1 4 7 5 9
4 9 1 5 7 2 3 8 6
3 7 5 6 9 8 2 4 1
5 3 2 1 4 9 6 7 8
7 4 6 8 3 5 9 1 2
1 8 9 2 6 7 5 3 4
```

Solution # 159
```
8 9 1 2 6 7 3 4 5
3 2 7 4 8 5 6 1 9
6 5 4 3 9 1 8 2 7
2 3 5 7 1 8 4 9 6
7 4 8 6 3 9 2 5 1
9 1 6 5 4 2 7 8 3
1 7 9 8 2 3 5 6 4
4 8 3 9 5 6 1 7 2
5 6 2 1 7 4 9 3 8
```

Solution # 160
```
2 9 8 7 6 1 4 5 3
7 6 3 4 8 5 9 1 2
5 4 1 2 3 9 7 8 6
3 7 9 6 5 8 2 4 1
4 2 5 1 7 3 6 9 8
8 1 6 9 4 2 3 7 5
6 8 7 5 2 4 1 3 9
9 3 4 8 1 6 5 2 7
1 5 2 3 9 7 8 6 4
```

Solution # 161
```
2 1 7 6 4 9 8 3 5
3 9 5 7 2 8 6 4 1
8 4 6 5 3 1 7 9 2
9 6 4 8 1 3 5 2 7
5 3 2 9 6 7 4 1 8
1 7 8 2 5 4 3 6 9
7 2 9 4 8 6 1 5 3
6 8 3 1 9 5 2 7 4
4 5 1 3 7 2 9 8 6
```

Solution # 162
```
8 5 2 6 3 4 9 1 7
7 3 6 2 9 1 5 8 4
4 1 9 5 7 8 6 2 3
2 9 8 7 1 5 4 3 6
5 4 1 8 6 3 7 9 2
6 7 3 4 2 9 8 5 1
3 8 5 1 4 6 2 7 9
1 2 4 9 5 7 3 6 8
9 6 7 3 8 2 1 4 5
```

Solution # 163
```
6 3 5 1 8 4 9 7 2
9 8 1 6 2 7 3 5 4
2 4 7 5 9 3 1 8 6
1 5 2 8 7 9 4 6 3
4 6 8 3 5 2 7 9 1
7 9 3 4 1 6 8 2 5
3 2 4 9 6 8 5 1 7
5 7 9 2 4 1 6 3 8
8 1 6 7 3 5 2 4 9
```

Solution # 164
```
9 7 1 5 8 6 2 3 4
6 4 2 9 7 3 5 8 1
8 3 5 4 1 2 9 7 6
7 1 8 3 9 5 4 6 2
5 9 6 8 2 4 7 1 3
3 2 4 1 6 7 8 5 9
1 8 7 2 3 9 6 4 5
2 5 3 6 4 8 1 9 7
4 6 9 7 5 1 3 2 8
```

Solution # 165
```
2 6 5 4 8 9 7 3 1
4 8 1 7 3 5 9 2 6
7 9 3 1 2 6 5 8 4
3 5 4 8 6 1 2 9 7
8 1 6 9 7 2 4 5 3
9 2 7 5 4 3 1 6 8
1 4 2 3 5 8 6 7 9
6 7 8 2 9 4 3 1 5
5 3 9 6 1 7 8 4 2
```

Solution # 166
```
1 4 3 8 2 6 5 7 9
6 9 2 1 7 5 4 3 8
7 8 5 4 9 3 2 6 1
9 7 4 2 5 8 6 1 3
5 3 6 7 4 1 9 8 2
2 1 8 6 3 9 7 4 5
3 2 7 9 8 4 1 5 6
4 5 1 3 6 2 8 9 7
8 6 9 5 1 7 3 2 4
```

Solution # 167
```
1 4 5 2 6 7 3 9 8
2 3 9 5 8 1 6 4 7
8 6 7 4 3 9 5 1 2
6 5 4 8 1 2 7 3 9
7 9 2 6 4 3 8 5 1
3 8 1 7 9 5 2 6 4
4 7 8 1 5 6 9 2 3
9 2 6 3 7 4 1 8 5
5 1 3 9 2 8 4 7 6
```

Solution # 168
```
7 1 4 2 8 9 6 5 3
2 6 3 1 5 7 4 9 8
8 9 5 3 4 6 1 2 7
5 2 9 8 6 3 7 1 4
3 4 1 5 7 2 9 8 6
6 7 8 9 1 4 5 3 2
4 5 2 7 9 8 3 6 1
1 8 7 6 3 5 2 4 9
9 3 6 4 2 1 8 7 5
```

Solution # 169
```
1 7 4 8 9 5 2 6 3
8 2 6 3 7 4 5 9 1
5 3 9 6 2 1 7 4 8
3 9 7 2 5 8 4 1 6
6 4 8 7 1 3 9 5 2
2 1 5 9 4 6 8 3 7
9 5 2 1 3 7 6 8 4
4 8 3 5 6 2 1 7 9
7 6 1 4 8 9 3 2 5
```

Solution # 170
```
5 6 7 9 2 3 8 4 1
8 9 2 6 4 1 3 5 7
4 1 3 5 8 7 9 6 2
9 7 8 3 5 4 2 1 6
2 5 1 8 9 6 4 7 3
3 4 6 7 1 2 5 8 9
7 8 5 1 3 9 6 2 4
1 3 4 2 6 8 7 9 5
6 2 9 4 7 5 1 3 8
```

Solution # 171
```
4 8 6 3 7 5 1 2 9
5 3 2 9 1 6 7 8 4
7 1 9 4 2 8 5 6 3
2 4 1 6 3 7 9 5 8
8 5 7 1 4 9 2 3 6
9 6 3 8 5 2 4 7 1
3 9 5 2 8 4 6 1 7
6 7 8 5 9 1 3 4 2
1 2 4 7 6 3 8 9 5
```

Solution # 172
```
3 8 9 6 5 2 7 4 1
4 6 7 1 3 9 2 8 5
2 1 5 4 7 8 9 3 6
5 4 6 2 9 3 8 1 7
9 3 8 7 6 1 5 2 4
1 7 2 5 8 4 6 9 3
7 9 1 3 2 5 4 6 8
8 5 4 9 1 6 3 7 2
6 2 3 8 4 7 1 5 9
```

Solution # 173
```
1 8 6 5 2 3 7 4 9
7 5 3 6 9 4 2 1 8
2 9 4 8 7 1 5 3 6
5 3 1 2 6 7 8 9 4
4 2 8 9 1 5 6 7 3
9 6 7 4 3 8 1 2 5
3 4 2 7 5 6 9 8 1
6 1 9 3 8 2 4 5 7
8 7 5 1 4 9 3 6 2
```

Solution # 174
```
6 3 8 9 7 5 4 1 2
1 7 5 2 8 4 3 6 9
4 2 9 6 1 3 7 5 8
2 5 1 8 4 7 9 3 6
8 6 3 5 9 1 2 7 4
7 9 4 3 6 2 1 8 5
3 4 2 7 5 8 6 9 1
5 1 6 4 3 9 8 2 7
9 8 7 1 2 6 5 4 3
```

Solution # 175
```
7 5 1 3 9 6 2 4 8
6 9 8 4 5 2 7 1 3
3 2 4 7 1 8 5 9 6
2 4 9 5 6 3 8 7 1
1 7 6 8 2 9 3 5 4
8 3 5 1 4 7 6 2 9
4 6 3 9 7 5 1 8 2
9 8 7 2 3 1 4 6 5
5 1 2 6 8 4 9 3 7
```

Solution # 176

```
6 1 9 2 8 3 7 5 4
7 8 3 9 5 4 2 6 1
4 5 2 6 7 1 9 3 8
8 9 5 7 4 6 3 1 2
2 6 1 5 3 8 4 7 9
3 4 7 1 2 9 5 8 6
1 7 6 3 9 2 8 4 5
9 3 4 8 6 5 1 2 7
5 2 8 4 1 7 6 9 3
```

Solution # 177

```
4 9 7 2 3 6 8 5 1
8 3 2 5 1 4 7 9 6
5 1 6 9 7 8 3 2 4
1 4 9 3 8 2 5 6 7
2 5 8 1 6 7 9 4 3
6 7 3 4 5 9 2 1 8
9 6 4 7 2 3 1 8 5
7 2 1 8 4 5 6 3 9
3 8 5 6 9 1 4 7 2
```

Solution # 178

```
4 2 1 7 6 8 9 5 3
6 3 8 5 4 9 2 1 7
5 9 7 1 2 3 4 6 8
8 1 6 2 5 4 3 7 9
7 4 2 9 3 6 5 8 1
9 5 3 8 1 7 6 2 4
3 7 4 6 8 5 1 9 2
1 6 9 4 7 2 8 3 5
2 8 5 3 9 1 7 4 6
```

Solution # 179

```
5 9 3 1 4 7 2 6 8
7 4 8 2 6 5 9 1 3
1 2 6 9 3 8 4 5 7
3 7 1 6 9 4 5 8 2
4 8 5 7 1 2 3 9 6
2 6 9 5 8 3 7 4 1
6 1 2 4 7 9 8 3 5
8 5 4 3 2 6 1 7 9
9 3 7 8 5 1 6 2 4
```

Solution # 180

```
6 9 2 4 8 5 1 7 3
5 1 7 3 2 9 6 8 4
8 3 4 1 6 7 5 9 2
1 7 3 9 5 6 4 2 8
2 6 5 8 7 4 9 3 1
9 4 8 2 1 3 7 6 5
7 8 1 5 9 2 3 4 6
4 2 9 6 3 1 8 5 7
3 5 6 7 4 8 2 1 9
```

Solution # 181

```
3 4 6 9 7 1 2 5 8
2 8 9 6 5 4 1 3 7
5 1 7 8 3 2 4 9 6
4 2 8 7 1 9 3 6 5
9 7 5 3 4 6 8 1 2
6 3 1 5 2 8 7 4 9
7 6 2 1 9 3 5 8 4
1 9 4 2 8 5 6 7 3
8 5 3 4 6 7 9 2 1
```

Solution # 182

```
4 9 7 1 2 3 6 8 5
8 6 1 7 9 5 4 2 3
3 5 2 8 6 4 7 1 9
2 4 5 9 3 7 8 6 1
9 1 8 2 4 6 5 3 7
7 3 6 5 1 8 9 4 2
5 8 4 3 7 2 1 9 6
1 7 3 6 8 9 2 5 4
6 2 9 4 5 1 3 7 8
```

Solution # 183

```
9 6 5 4 7 8 2 1 3
7 2 8 3 1 9 6 5 4
3 1 4 6 2 5 8 7 9
4 7 2 5 8 3 9 6 1
6 3 1 7 9 2 4 8 5
5 8 9 1 6 4 3 2 7
1 4 7 8 3 6 5 9 2
2 5 6 9 4 1 7 3 8
8 9 3 2 5 7 1 4 6
```

Solution # 184

```
2 1 7 4 5 6 9 3 8
3 4 8 9 1 7 5 6 2
6 5 9 8 2 3 4 7 1
1 8 4 6 7 9 3 2 5
5 7 6 3 8 2 1 9 4
9 2 3 5 4 1 6 8 7
7 3 5 2 6 4 8 1 9
4 6 2 1 9 8 7 5 3
8 9 1 7 3 5 2 4 6
```

Solution # 185

```
8 4 2 6 1 5 3 9 7
3 6 9 2 7 4 8 5 1
5 1 7 8 9 3 6 4 2
2 9 8 5 4 6 1 7 3
4 5 3 1 2 7 9 6 8
6 7 1 9 3 8 4 2 5
7 2 6 4 8 1 5 3 9
9 8 4 3 5 2 7 1 6
1 3 5 7 6 9 2 8 4
```

Solution # 186

```
4 2 9 8 6 5 7 1 3
3 5 7 1 4 2 6 9 8
6 8 1 9 3 7 5 2 4
9 1 2 7 5 8 3 4 6
8 7 3 4 9 6 2 5 1
5 6 4 2 1 3 8 7 9
2 9 6 5 8 4 1 3 7
1 3 5 6 7 9 4 8 2
7 4 8 3 2 1 9 6 5
```

Solution # 187

```
5 4 6 2 9 8 1 3 7
3 2 7 4 6 1 8 9 5
1 9 8 5 3 7 4 6 2
9 7 4 8 2 3 5 1 6
2 3 5 1 4 6 7 8 9
6 8 1 7 5 9 2 4 3
8 1 9 3 7 2 6 5 4
7 5 3 6 1 4 9 2 8
4 6 2 9 8 5 3 7 1
```

Solution # 188

```
7 4 3 8 1 2 5 6 9
1 9 2 6 5 3 7 8 4
6 8 5 7 4 9 1 2 3
3 6 4 1 2 8 9 7 5
8 7 1 5 9 6 3 4 2
2 5 9 4 3 7 8 1 6
4 3 8 2 7 5 6 9 1
5 1 6 9 8 4 2 3 7
9 2 7 3 6 1 4 5 8
```

Solution # 189

```
8 7 3 5 6 2 1 9 4
2 6 4 1 8 9 3 5 7
1 9 5 7 4 3 2 6 8
5 3 2 8 9 4 6 7 1
6 4 1 3 5 7 9 8 2
9 8 7 2 1 6 5 4 3
7 5 8 9 3 1 4 2 6
4 1 9 6 2 8 7 3 5
3 2 6 4 7 5 8 1 9
```

Solution # 190

```
2 5 4 7 3 1 6 8 9
3 1 8 6 2 9 4 7 5
9 7 6 4 5 8 3 1 2
8 4 7 9 1 6 5 2 3
6 3 5 8 4 2 1 9 7
1 2 9 3 7 5 8 6 4
4 8 3 1 9 7 2 5 6
5 9 1 2 6 4 7 3 8
7 6 2 5 8 3 9 4 1
```

Solution # 191

```
5 9 2 1 4 3 7 8 6
7 1 4 8 9 6 5 3 2
3 6 8 5 7 2 4 1 9
4 5 6 2 3 8 1 9 7
9 7 3 6 1 4 8 2 5
8 2 1 9 5 7 6 4 3
1 3 9 4 6 5 2 7 8
6 8 7 3 2 1 9 5 4
2 4 5 7 8 9 3 6 1
```

Solution # 192

```
2 1 6 3 8 9 4 5 7
9 4 3 1 7 5 2 8 6
7 8 5 6 2 4 9 1 3
6 7 8 2 4 1 5 3 9
3 5 4 7 9 6 1 2 8
1 2 9 5 3 8 6 7 4
8 6 1 4 5 3 7 9 2
5 9 7 8 6 2 3 4 1
4 3 2 9 1 7 8 6 5
```

Solution # 193

```
8 9 6 7 1 2 5 3 4
2 3 5 8 9 4 6 7 1
1 4 7 6 5 3 9 2 8
9 2 1 4 8 5 3 6 7
3 7 4 2 6 9 1 8 5
5 6 8 3 7 1 2 4 9
4 5 2 9 3 8 7 1 6
6 8 9 1 2 7 4 5 3
7 1 3 5 4 6 8 9 2
```

Solution # 194

```
5 1 8 7 9 3 6 4 2
6 9 3 2 4 1 5 8 7
2 4 7 6 8 5 9 3 1
1 6 2 5 3 8 7 9 4
4 7 5 9 6 2 3 1 8
8 3 9 4 1 7 2 6 5
7 8 4 3 5 6 1 2 9
9 2 6 1 7 4 8 5 3
3 5 1 8 2 9 4 7 6
```

Solution # 195

```
6 3 5 4 2 7 1 9 8
8 4 9 5 1 3 7 6 2
1 2 7 6 9 8 5 4 3
5 9 2 1 6 4 3 8 7
3 7 6 2 8 9 4 5 1
4 1 8 7 3 5 9 2 6
2 6 4 3 5 1 8 7 9
7 8 1 9 4 2 6 3 5
9 5 3 8 7 6 2 1 4
```

Solution # 196

```
4 5 7 2 8 1 6 9 3
8 6 1 4 3 9 7 5 2
2 9 3 5 6 7 4 1 8
9 4 2 8 1 5 3 6 7
5 3 8 7 4 6 9 2 1
1 7 6 9 2 3 8 4 5
3 1 9 6 7 2 5 8 4
6 2 4 3 5 8 1 7 9
7 8 5 1 9 4 2 3 6
```

Solution # 197

```
9 3 2 4 8 1 7 5 6
1 5 8 7 2 6 4 9 3
7 6 4 3 5 9 8 2 1
8 2 1 6 9 4 3 7 5
5 7 3 2 1 8 6 4 9
4 9 6 5 3 7 1 8 2
6 1 7 9 4 5 2 3 8
2 4 5 8 6 3 9 1 7
3 8 9 1 7 2 5 6 4
```

Solution # 198

```
6 5 2 1 4 3 9 7 8
8 1 9 2 6 7 4 5 3
3 7 4 8 9 5 6 1 2
2 8 7 4 3 1 5 9 6
5 9 1 6 7 8 2 3 4
4 3 6 9 5 2 1 8 7
1 4 3 7 2 9 8 6 5
7 2 8 5 1 6 3 4 9
9 6 5 3 8 4 7 2 1
```

Solution # 199

```
2 8 4 3 9 1 6 7 5
6 5 9 2 4 7 1 8 3
1 7 3 8 5 6 2 4 9
3 6 7 9 8 5 4 2 1
4 9 8 1 6 2 3 5 7
5 1 2 4 7 3 9 6 8
7 3 5 6 1 4 8 9 2
9 4 1 7 2 8 5 3 6
8 2 6 5 3 9 7 1 4
```

Solution # 200

```
7 9 3 1 2 8 5 6 4
4 2 6 5 7 9 3 8 1
8 5 1 6 4 3 2 7 9
9 8 7 4 3 2 1 5 6
6 1 2 8 5 7 4 9 3
3 4 5 9 1 6 8 2 7
5 7 4 2 6 1 9 3 8
2 6 8 3 9 4 7 1 5
1 3 9 7 8 5 6 4 2
```

Solution # 201

```
8 7 2 1 3 9 4 6 5
9 1 6 5 8 4 3 7 2
5 3 4 2 7 6 9 8 1
6 2 1 9 4 3 8 5 7
4 8 3 7 1 5 6 2 9
7 5 9 8 6 2 1 3 4
2 4 5 3 9 8 7 1 6
3 9 7 6 5 1 2 4 8
1 6 8 4 2 7 5 9 3
```

Solution # 202

```
9 1 4 8 2 7 6 5 3
7 5 3 6 4 9 2 8 1
8 6 2 5 3 1 4 9 7
3 4 6 9 5 8 7 1 2
5 8 7 2 1 6 3 4 9
2 9 1 4 7 3 8 6 5
4 2 9 7 6 5 1 3 8
6 3 5 1 8 2 9 7 4
1 7 8 3 9 4 5 2 6
```

Solution # 203

```
2 4 9 8 1 6 5 7 3
6 5 7 4 2 3 8 1 9
8 1 3 9 5 7 4 2 6
3 9 1 6 4 5 2 8 7
5 8 6 7 9 2 1 3 4
4 7 2 3 8 1 6 9 5
1 2 4 5 3 9 7 6 8
9 6 8 1 7 4 3 5 2
7 3 5 2 6 8 9 4 1
```

Solution # 204

```
1 5 2 6 8 7 9 3 4
7 6 3 5 9 4 1 2 8
9 4 8 2 1 3 6 5 7
2 1 6 8 4 5 7 9 3
5 7 9 1 3 6 4 8 2
8 3 4 7 2 9 5 6 1
4 2 1 9 5 8 3 7 6
3 9 7 4 6 2 8 1 5
6 8 5 3 7 1 2 4 9
```

Solution # 205

```
8 5 3 4 1 7 2 9 6
9 1 2 8 3 6 7 5 4
6 4 7 5 9 2 8 3 1
1 9 8 7 4 3 6 2 5
5 7 4 2 6 8 9 1 3
2 3 6 9 5 1 4 8 7
4 6 9 3 2 5 1 7 8
7 2 5 1 8 4 3 6 9
3 8 1 6 7 9 5 4 2
```

Solution # 206

```
4 6 8 5 9 7 3 1 2
2 1 3 8 4 6 5 9 7
5 7 9 2 1 3 6 8 4
3 8 5 4 6 9 7 2 1
7 2 4 3 5 1 8 6 9
1 9 6 7 2 8 4 5 3
8 4 2 1 7 5 9 3 6
9 3 1 6 8 4 2 7 5
6 5 7 9 3 2 1 4 8
```

Solution # 207

```
3 7 5 4 9 1 2 8 6
6 8 4 5 7 2 3 9 1
9 1 2 6 8 3 4 7 5
2 5 1 7 3 8 9 6 4
7 6 8 9 1 4 5 2 3
4 9 3 2 6 5 7 1 8
5 3 6 1 2 7 8 4 9
8 2 9 3 4 6 1 5 7
1 4 7 8 5 9 6 3 2
```

Solution # 208

```
8 9 1 7 4 2 6 3 5
5 4 3 6 9 1 7 2 8
2 6 7 8 3 5 1 9 4
7 2 6 3 1 8 4 5 9
1 8 5 9 2 4 3 6 7
4 3 9 5 6 7 2 8 1
6 5 8 1 7 3 9 4 2
9 7 4 2 8 6 5 1 3
3 1 2 4 5 9 8 7 6
```

Solution # 209

```
7 5 3 1 4 9 8 2 6
2 6 9 3 8 7 5 4 1
8 1 4 5 2 6 3 7 9
1 4 8 7 3 2 6 9 5
9 7 5 4 6 8 2 1 3
3 2 6 9 5 1 4 8 7
5 3 7 2 9 4 1 6 8
6 9 2 8 1 5 7 3 4
4 8 1 6 7 3 9 5 2
```

Solution # 210

```
8 9 4 2 5 1 3 6 7
2 3 6 4 7 8 5 1 9
5 1 7 3 9 6 4 8 2
1 8 3 6 4 7 2 9 5
4 6 5 1 2 9 7 3 8
9 7 2 8 3 5 6 4 1
3 4 9 5 1 2 8 7 6
7 2 8 9 6 3 1 5 4
6 5 1 7 8 4 9 2 3
```

Solution # 211

```
1 3 6 5 8 7 2 9 4
7 5 4 3 2 9 8 6 1
8 2 9 1 4 6 5 3 7
9 7 2 8 1 3 6 4 5
5 6 1 9 7 4 3 2 8
4 8 3 2 6 5 1 7 9
2 4 5 7 3 1 9 8 6
6 1 8 4 9 2 7 5 3
3 9 7 6 5 8 4 1 2
```

Solution # 212

```
3 9 4 6 5 1 8 7 2
7 2 6 3 9 8 5 1 4
8 5 1 2 4 7 3 6 9
5 6 3 4 1 2 9 8 7
4 7 9 8 6 5 1 2 3
1 8 2 7 3 9 4 5 6
2 1 7 9 8 4 6 3 5
6 4 8 5 7 3 2 9 1
9 3 5 1 2 6 7 4 8
```

Solution # 213

```
2 5 6 7 3 1 8 9 4
4 3 9 8 6 5 7 1 2
8 1 7 9 4 2 3 5 6
7 6 8 2 5 4 1 3 9
3 2 4 1 9 7 6 8 5
5 9 1 6 8 3 2 4 7
1 4 5 3 7 6 9 2 8
6 8 3 4 2 9 5 7 1
9 7 2 5 1 8 4 6 3
```

Solution # 214

```
5 7 2 9 6 1 4 3 8
6 1 8 4 3 7 9 5 2
4 9 3 8 5 2 7 6 1
9 3 7 1 8 4 5 2 6
1 4 6 5 2 9 3 8 7
2 8 5 6 7 3 1 4 9
8 6 4 7 9 5 2 1 3
7 2 1 3 4 6 8 9 5
3 5 9 2 1 8 6 7 4
```

Solution # 215

```
6 1 2 9 3 8 7 5 4
9 7 3 5 6 4 1 8 2
5 4 8 1 2 7 9 6 3
7 9 6 2 5 3 4 1 8
8 5 1 4 9 6 2 3 7
2 3 4 7 8 1 5 9 6
3 2 9 6 7 5 8 4 1
4 6 5 8 1 2 3 7 9
1 8 7 3 4 9 6 2 5
```

Solution # 216

```
8 1 7 5 6 4 9 3 2
3 5 6 2 9 1 7 4 8
9 4 2 7 8 3 6 1 5
7 6 9 1 4 2 5 8 3
4 8 1 3 5 9 2 7 6
2 3 5 8 7 6 4 9 1
1 7 3 4 2 5 8 6 9
5 9 4 6 3 8 1 2 7
6 2 8 9 1 7 3 5 4
```

Solution # 217

```
4 6 9 5 2 8 3 7 1
7 8 3 9 1 4 2 5 6
2 1 5 6 3 7 9 4 8
9 3 6 8 5 2 4 1 7
5 4 2 3 7 1 6 8 9
1 7 8 4 9 6 5 2 3
8 2 4 1 6 9 7 3 5
6 5 1 7 4 3 8 9 2
3 9 7 2 8 5 1 6 4
```

Solution # 218

```
3 5 7 8 9 4 6 1 2
4 2 8 7 1 6 5 9 3
1 6 9 3 2 5 8 7 4
2 8 4 6 3 1 7 5 9
6 9 5 4 7 2 3 8 1
7 1 3 5 8 9 4 2 6
9 4 6 2 5 8 1 3 7
5 3 2 1 4 7 9 6 8
8 7 1 9 6 3 2 4 5
```

Solution # 219

```
6 2 7 1 3 9 4 8 5
8 5 3 2 4 7 9 6 1
9 4 1 6 5 8 2 3 7
2 1 8 4 6 3 7 5 9
4 7 6 9 2 5 8 1 3
3 9 5 7 8 1 6 4 2
1 6 4 3 7 2 5 9 8
7 8 9 5 1 4 3 2 6
5 3 2 8 9 6 1 7 4
```

Solution # 220

```
7 1 5 3 6 2 4 9 8
6 2 9 4 8 5 3 1 7
8 3 4 9 1 7 6 5 2
4 5 2 7 9 1 8 6 3
3 6 1 8 2 4 9 7 5
9 8 7 5 3 6 2 4 1
5 9 8 6 7 3 1 2 4
1 4 3 2 5 9 7 8 6
2 7 6 1 4 8 5 3 9
```

Solution # 221

```
8 4 1 3 6 7 9 2 5
9 7 2 5 4 8 6 3 1
5 3 6 1 9 2 4 7 8
3 6 4 8 7 1 5 9 2
1 2 5 4 3 9 8 6 7
7 9 8 6 2 5 1 4 3
2 5 7 9 1 4 3 8 6
6 1 9 7 8 3 2 5 4
4 8 3 2 5 6 7 1 9
```

Solution # 222

```
8 1 6 9 5 7 2 3 4
3 5 2 6 4 1 8 7 9
4 9 7 2 3 8 5 6 1
7 4 8 5 1 9 6 2 3
5 2 3 4 7 6 9 1 8
1 6 9 8 2 3 7 4 5
6 3 4 7 9 5 1 8 2
9 7 1 3 8 2 4 5 6
2 8 5 1 6 4 3 9 7
```

Solution # 223

```
1 3 9 5 8 2 6 7 4
5 6 4 9 1 7 8 2 3
2 8 7 4 6 3 5 9 1
9 7 1 2 3 8 4 5 6
3 2 5 6 7 4 1 8 9
6 4 8 1 9 5 7 3 2
4 1 3 8 5 9 2 6 7
7 5 2 3 4 6 9 1 8
8 9 6 7 2 1 3 4 5
```

Solution # 224

```
7 1 5 9 8 6 4 3 2
3 6 9 2 4 7 5 8 1
8 2 4 3 1 5 9 6 7
1 9 6 5 7 2 3 4 8
2 7 8 4 6 3 1 5 9
4 5 3 8 9 1 7 2 6
6 3 2 1 5 9 8 7 4
5 4 1 7 2 8 6 9 3
9 8 7 6 3 4 2 1 5
```

Solution # 225

```
6 5 9 1 2 8 4 7 3
1 4 3 6 9 7 2 8 5
2 8 7 3 5 4 6 9 1
4 6 8 7 3 2 1 5 9
3 9 2 5 1 6 7 4 8
5 7 1 4 8 9 3 6 2
7 3 5 8 6 1 9 2 4
9 1 4 2 7 5 8 3 6
8 2 6 9 4 3 5 1 7
```

Solution # 226

```
3 1 4 5 8 7 9 6 2
7 6 2 3 9 4 5 8 1
5 8 9 1 2 6 7 4 3
4 7 3 8 6 1 2 9 5
6 9 5 2 7 3 4 1 8
8 2 1 4 5 9 3 7 6
1 3 6 7 4 2 8 5 9
2 5 7 9 1 8 6 3 4
9 4 8 6 3 5 1 2 7
```

Solution # 227

```
9 2 8 3 7 1 4 5 6
7 1 6 4 9 5 2 3 8
3 4 5 6 8 2 1 7 9
1 6 9 5 2 4 7 8 3
2 7 4 8 3 6 5 9 1
5 8 3 9 1 7 6 2 4
4 9 2 1 5 8 3 6 7
6 3 7 2 4 9 8 1 5
8 5 1 7 6 3 9 4 2
```

Solution # 228

```
9 8 4 6 1 3 5 7 2
2 6 5 9 8 7 3 1 4
7 3 1 5 2 4 9 8 6
1 5 9 3 7 6 2 4 8
4 7 3 8 5 2 6 9 1
6 2 8 4 9 1 7 3 5
3 9 2 1 6 8 4 5 7
5 1 6 7 4 9 8 2 3
8 4 7 2 3 5 1 6 9
```

Solution # 229

```
1 3 9 4 5 6 2 8 7
5 8 2 1 7 3 4 9 6
4 7 6 2 9 8 5 1 3
6 9 8 3 1 2 7 5 4
7 2 1 5 6 4 9 3 8
3 5 4 7 8 9 1 6 2
9 4 7 8 3 5 6 2 1
2 6 3 9 4 1 8 7 5
8 1 5 6 2 7 3 4 9
```

Solution # 230

```
3 2 9 8 6 4 5 7 1
4 6 8 5 7 1 2 9 3
7 5 1 3 2 9 4 8 6
9 4 6 1 5 2 7 3 8
2 8 5 9 3 7 1 6 4
1 3 7 4 8 6 9 2 5
6 9 4 7 1 8 3 5 2
5 7 2 6 4 3 8 1 9
8 1 3 2 9 5 6 4 7
```

Solution # 231

```
7 6 8 4 3 5 9 2 1
5 4 1 9 7 2 8 3 6
9 3 2 6 8 1 5 7 4
3 2 5 8 9 4 1 6 7
6 9 4 5 1 7 2 8 3
1 8 7 3 2 6 4 9 5
8 7 3 1 4 9 6 5 2
4 5 9 2 6 3 7 1 8
2 1 6 7 5 8 3 4 9
```

Solution # 232

```
3 9 8 4 6 7 5 2 1
6 7 5 1 2 8 3 4 9
4 1 2 5 9 3 8 6 7
9 6 1 7 5 4 2 3 8
8 2 7 3 1 6 4 9 5
5 4 3 9 8 2 7 1 6
2 5 9 8 4 1 6 7 3
1 3 4 6 7 5 9 8 2
7 8 6 2 3 9 1 5 4
```

Solution # 233

```
3 1 8 9 4 5 2 6 7
6 4 5 1 7 2 3 9 8
7 2 9 6 3 8 4 1 5
9 3 2 4 8 6 7 5 1
8 7 4 3 5 1 6 2 9
5 6 1 7 2 9 8 4 3
4 5 3 2 9 7 1 8 6
2 9 6 8 1 3 5 7 4
1 8 7 5 6 4 9 3 2
```

Solution # 234

```
3 2 4 7 5 9 1 6 8
6 7 1 8 4 2 3 9 5
9 8 5 3 1 6 7 2 4
1 3 9 5 6 7 8 4 2
7 4 6 9 2 8 5 1 3
8 5 2 4 3 1 6 7 9
4 1 8 2 7 3 9 5 6
5 6 3 1 9 4 2 8 7
2 9 7 6 8 5 4 3 1
```

Solution # 235

```
3 8 2 1 4 5 7 9 6
5 9 7 6 3 8 2 4 1
4 6 1 7 9 2 8 5 3
7 4 8 3 5 1 6 2 9
9 3 6 2 8 4 1 7 5
2 1 5 9 6 7 3 8 4
1 7 9 4 2 3 5 6 8
6 5 3 8 7 9 4 1 2
8 2 4 5 1 6 9 3 7
```

Solution # 236

```
4 1 2 7 3 9 5 6 8
5 3 9 6 2 8 7 4 1
8 7 6 5 1 4 9 2 3
9 8 7 3 6 5 4 1 2
1 6 4 8 9 2 3 5 7
2 5 3 4 7 1 8 9 6
6 9 5 2 8 7 1 3 4
3 4 8 1 5 6 2 7 9
7 2 1 9 4 3 6 8 5
```

Solution # 237

```
6 4 8 5 1 7 3 9 2
3 2 9 8 6 4 5 7 1
7 5 1 9 3 2 4 8 6
9 6 3 4 5 1 8 2 7
2 1 4 7 8 3 9 6 5
5 8 7 2 9 6 1 4 3
8 7 5 3 2 9 6 1 4
1 9 2 6 4 5 7 3 8
4 3 6 1 7 8 2 5 9
```

Solution # 238

```
2 9 8 6 5 1 7 3 4
4 6 7 2 8 3 5 1 9
5 1 3 4 7 9 6 8 2
1 3 6 8 9 5 2 4 7
9 7 5 3 4 2 1 6 8
8 2 4 1 6 7 9 5 3
6 4 9 5 2 8 3 7 1
7 5 1 9 3 4 8 2 6
3 8 2 7 1 6 4 9 5
```

Solution # 239

```
4 9 2 3 1 6 7 8 5
7 1 3 5 4 8 9 2 6
8 5 6 2 7 9 4 1 3
9 4 8 7 5 2 3 6 1
5 6 1 9 8 3 2 4 7
2 3 7 1 6 4 5 9 8
3 8 5 4 9 1 6 7 2
6 2 9 8 3 7 1 5 4
1 7 4 6 2 5 8 3 9
```

Solution # 240

```
5 9 3 8 1 6 4 7 2
6 4 1 9 7 2 5 8 3
7 2 8 3 5 4 9 6 1
1 8 9 5 4 3 6 2 7
4 3 7 2 6 9 8 1 5
2 5 6 7 8 1 3 4 9
9 1 2 4 3 8 7 5 6
3 7 4 6 2 5 1 9 8
8 6 5 1 9 7 2 3 4
```

Solution # 241

```
2 5 8 4 1 9 7 6 3
3 6 1 8 5 7 9 4 2
7 4 9 2 6 3 1 5 8
4 9 6 5 3 1 8 2 7
5 2 7 6 9 8 4 3 1
8 1 3 7 2 4 6 9 5
6 7 5 9 8 2 3 1 4
1 8 2 3 4 6 5 7 9
9 3 4 1 7 5 2 8 6
```

Solution # 242

```
4 6 5 9 8 1 2 3 7
1 9 8 7 2 3 4 6 5
3 2 7 5 4 6 9 1 8
7 1 4 3 6 5 8 9 2
9 5 2 8 1 4 3 7 6
8 3 6 2 9 7 1 5 4
6 4 3 1 5 8 7 2 9
2 8 1 6 7 9 5 4 3
5 7 9 4 3 2 6 8 1
```

Solution # 243

```
3 9 1 2 8 4 7 5 6
7 6 8 9 5 3 1 4 2
2 4 5 1 6 7 9 8 3
4 1 7 6 2 9 8 3 5
9 8 2 4 3 5 6 1 7
6 5 3 8 7 1 4 2 9
1 7 4 5 9 2 3 6 8
5 3 6 7 4 8 2 9 1
8 2 9 3 1 6 5 7 4
```

Solution # 244

```
2 7 6 5 4 3 8 1 9
8 5 9 7 2 1 4 6 3
3 1 4 8 6 9 2 5 7
9 3 7 2 5 6 1 4 8
6 4 5 1 7 8 3 9 2
1 8 2 3 9 4 6 7 5
4 2 1 9 8 5 7 3 6
7 9 3 6 1 2 5 8 4
5 6 8 4 3 7 9 2 1
```

Solution # 245

```
1 5 3 4 7 2 8 9 6
4 9 7 8 6 5 3 1 2
8 6 2 1 9 3 5 4 7
6 7 5 2 3 4 9 8 1
9 4 8 5 1 6 2 7 3
3 2 1 7 8 9 6 5 4
7 3 6 9 5 1 4 2 8
5 8 4 3 2 7 1 6 9
2 1 9 6 4 8 7 3 5
```

Solution # 246
```
7 4 6 1 8 9 5 3 2
8 2 9 7 5 3 6 1 4
1 5 3 4 6 2 9 8 7
5 6 7 9 4 1 3 2 8
3 9 2 6 7 8 4 5 1
4 1 8 3 2 5 7 6 9
2 3 5 8 9 4 1 7 6
9 7 1 2 3 6 8 4 5
6 8 4 5 1 7 2 9 3
```

Solution # 247
```
7 6 3 9 1 4 2 8 5
5 4 1 6 8 2 7 3 9
2 9 8 3 5 7 4 1 6
4 5 2 7 9 8 3 6 1
1 3 6 4 2 5 9 7 8
8 7 9 1 6 3 5 2 4
9 1 4 2 3 6 8 5 7
6 2 5 8 7 9 1 4 3
3 8 7 5 4 1 6 9 2
```

Solution # 248
```
9 5 4 2 6 8 1 7 3
2 1 3 4 7 9 8 6 5
6 8 7 3 5 1 4 9 2
3 2 8 6 9 5 7 4 1
4 6 9 1 2 7 3 5 8
5 7 1 8 4 3 9 2 6
8 9 2 7 3 6 5 1 4
1 4 5 9 8 2 6 3 7
7 3 6 5 1 4 2 8 9
```

Solution # 249
```
9 8 2 5 3 7 6 4 1
5 4 1 2 9 6 8 3 7
3 6 7 4 1 8 2 5 9
2 1 4 6 5 9 3 7 8
8 5 3 1 7 4 9 6 2
7 9 6 8 2 3 4 1 5
6 7 9 3 8 1 5 2 4
4 2 8 7 6 5 1 9 3
1 3 5 9 4 2 7 8 6
```

Solution # 250
```
7 8 3 6 5 4 1 2 9
9 6 1 3 7 2 5 8 4
2 4 5 9 1 8 3 6 7
6 1 2 4 8 5 7 9 3
5 7 9 1 6 3 8 4 2
4 3 8 7 2 9 6 5 1
1 5 4 8 9 7 2 3 6
3 2 7 5 4 6 9 1 8
8 9 6 2 3 1 4 7 5
```

Solution # 251
```
8 6 9 1 3 4 5 2 7
4 2 5 7 8 6 3 1 9
7 1 3 5 2 9 4 8 6
3 7 6 2 5 1 8 9 4
5 9 1 6 4 8 2 7 3
2 4 8 9 7 3 1 6 5
6 3 4 8 1 7 9 5 2
9 8 2 4 6 5 7 3 1
1 5 7 3 9 2 6 4 8
```

Solution # 252
```
1 2 3 8 5 4 6 7 9
6 4 8 9 7 3 2 5 1
5 9 7 6 1 2 8 3 4
4 8 5 7 9 6 3 1 2
7 3 1 2 4 8 5 9 6
2 6 9 1 3 5 7 4 8
9 1 6 3 8 7 4 2 5
3 5 2 4 6 1 9 8 7
8 7 4 5 2 9 1 6 3
```

Solution # 253
```
9 5 1 3 2 7 8 6 4
4 2 8 9 6 1 3 5 7
3 6 7 5 8 4 2 9 1
1 9 6 2 4 3 5 7 8
8 4 2 7 5 9 1 3 6
5 7 3 6 1 8 4 2 9
2 3 4 8 7 6 9 1 5
7 8 9 1 3 5 6 4 2
6 1 5 4 9 2 7 8 3
```

Solution # 254
```
2 5 1 3 7 4 6 8 9
9 3 7 2 6 8 4 1 5
4 6 8 5 1 9 7 2 3
5 1 9 4 8 2 3 6 7
8 7 4 9 3 6 2 5 1
3 2 6 7 5 1 9 4 8
7 4 2 8 9 5 1 3 6
1 8 3 6 4 7 5 9 2
6 9 5 1 2 3 8 7 4
```

Solution # 255
```
2 1 8 6 5 4 3 7 9
7 3 5 8 9 2 4 1 6
4 9 6 1 7 3 2 5 8
8 7 4 2 3 9 5 6 1
3 6 9 5 8 1 7 2 4
1 5 2 4 6 7 8 9 3
9 8 3 7 1 5 6 4 2
5 2 1 3 4 6 9 8 7
6 4 7 9 2 8 1 3 5
```

Solution # 256
```
3 9 4 2 8 6 5 7 1
2 1 7 9 3 5 4 8 6
5 8 6 1 7 4 2 9 3
6 3 2 7 5 9 1 4 8
7 5 1 6 4 8 3 2 9
8 4 9 3 2 1 6 5 7
9 2 3 5 6 7 8 1 4
1 6 8 4 9 2 7 3 5
4 7 5 8 1 3 9 6 2
```

Solution # 257
```
7 1 8 3 5 4 9 2 6
9 5 4 2 6 7 3 8 1
3 2 6 1 9 8 7 5 4
6 9 3 8 2 5 4 1 7
2 4 5 7 1 9 8 6 3
8 7 1 4 3 6 2 9 5
5 3 2 9 7 1 6 4 8
1 8 9 6 4 3 5 7 2
4 6 7 5 8 2 1 3 9
```

Solution # 258
```
9 8 2 4 1 3 6 7 5
6 5 3 7 9 2 8 4 1
4 7 1 6 8 5 3 9 2
2 9 8 1 4 6 5 3 7
5 4 7 2 3 8 1 6 9
3 1 6 9 5 7 2 8 4
8 6 4 5 7 1 9 2 3
1 2 9 3 6 4 7 5 8
7 3 5 8 2 9 4 1 6
```

Solution # 259
```
3 5 4 6 1 2 8 7 9
6 7 8 4 3 9 2 5 1
9 1 2 7 5 8 6 3 4
7 2 5 8 4 1 3 9 6
1 8 3 9 2 6 5 4 7
4 6 9 3 7 5 1 8 2
5 4 6 1 9 3 7 2 8
8 3 7 2 6 4 9 1 5
2 9 1 5 8 7 4 6 3
```

Solution # 260
```
2 7 3 9 5 4 6 1 8
6 4 9 1 2 8 7 3 5
8 5 1 3 6 7 2 4 9
3 2 7 6 8 5 4 9 1
5 1 4 2 3 9 8 7 6
9 6 8 4 7 1 5 2 3
4 3 2 8 9 6 1 5 7
7 9 6 5 1 2 3 8 4
1 8 5 7 4 3 9 6 2
```

Solution # 261
```
3 8 1 7 4 5 6 9 2
5 2 7 1 9 6 4 3 8
6 4 9 3 2 8 1 7 5
9 5 8 4 1 2 7 6 3
7 1 4 8 6 3 2 5 9
2 3 6 9 5 7 8 4 1
4 9 2 6 3 1 5 8 7
8 6 5 2 7 9 3 1 4
1 7 3 5 8 4 9 2 6
```

Solution # 262
```
3 6 8 2 9 5 4 7 1
2 7 1 8 6 4 5 9 3
9 5 4 1 7 3 2 8 6
8 9 6 4 1 2 7 3 5
7 1 5 9 3 6 8 4 2
4 2 3 7 5 8 6 1 9
1 8 7 5 2 9 3 6 4
6 4 2 3 8 1 9 5 7
5 3 9 6 4 7 1 2 8
```

Solution # 263
```
6 5 2 4 1 8 3 9 7
7 9 4 3 5 2 8 1 6
1 8 3 9 6 7 5 4 2
8 4 6 2 7 9 1 3 5
3 7 9 5 8 1 6 2 4
5 2 1 6 3 4 7 8 9
9 6 8 7 4 3 2 5 1
2 1 5 8 9 6 4 7 3
4 3 7 1 2 5 9 6 8
```

Solution # 264
```
5 1 4 3 2 7 9 8 6
3 2 7 8 6 9 5 4 1
6 9 8 4 1 5 7 2 3
8 4 5 6 7 3 1 9 2
7 3 1 9 4 2 6 5 8
9 6 2 5 8 1 3 7 4
2 8 3 7 5 6 4 1 9
1 5 9 2 3 4 8 6 7
4 7 6 1 9 8 2 3 5
```

Solution # 265
```
5 7 6 9 4 2 3 8 1
3 4 9 8 7 1 6 2 5
2 8 1 5 3 6 9 7 4
4 9 8 1 6 3 7 5 2
6 5 2 7 9 4 8 1 3
1 3 7 2 8 5 4 9 6
7 2 3 4 1 8 5 6 9
8 1 4 6 5 9 2 3 7
9 6 5 3 2 7 1 4 8
```

Solution # 266
```
2 5 3 9 7 8 6 1 4
1 6 9 4 3 5 8 7 2
7 4 8 6 1 2 5 9 3
5 9 7 2 4 6 1 3 8
4 8 1 3 5 7 2 6 9
3 2 6 1 8 9 4 5 7
9 7 4 8 6 1 3 2 5
6 3 2 5 9 4 7 8 1
8 1 5 7 2 3 9 4 6
```

Solution # 267
```
9 8 1 4 5 3 6 7 2
7 5 3 6 2 9 8 4 1
4 2 6 8 1 7 3 5 9
5 9 8 3 7 2 4 1 6
2 1 4 9 6 8 5 3 7
3 6 7 5 4 1 2 9 8
8 3 2 1 9 4 7 6 5
1 7 5 2 3 6 9 8 4
6 4 9 7 8 5 1 2 3
```

Solution # 268
```
1 7 6 9 4 3 2 8 5
2 3 5 6 7 8 4 1 9
4 9 8 2 5 1 6 3 7
7 4 2 8 1 6 5 9 3
8 1 3 5 9 4 7 6 2
6 5 9 3 2 7 8 4 1
3 8 1 7 6 2 9 5 4
5 6 7 4 3 9 1 2 8
9 2 4 1 8 5 3 7 6
```

Solution # 269
```
5 2 9 7 6 3 4 8 1
8 4 7 1 5 9 2 3 6
6 1 3 4 8 2 9 5 7
3 5 8 9 2 6 7 1 4
2 6 1 3 4 7 5 9 8
9 7 4 8 1 5 6 2 3
4 9 5 6 3 1 8 7 2
7 3 6 2 9 8 1 4 5
1 8 2 5 7 4 3 6 9
```

Solution # 270
```
5 9 8 1 3 7 6 4 2
6 3 4 2 9 5 7 1 8
1 2 7 6 4 8 9 5 3
7 4 6 5 2 1 8 3 9
8 1 3 4 6 9 5 2 7
2 5 9 8 7 3 1 6 4
9 6 5 3 8 4 2 7 1
3 7 2 9 1 6 4 8 5
4 8 1 7 5 2 3 9 6
```

Solution # 271
```
9 3 7 5 8 4 2 1 6
4 1 8 2 7 6 9 3 5
6 2 5 1 3 9 8 4 7
8 4 3 7 6 5 1 2 9
2 5 6 9 1 3 4 7 8
7 9 1 8 4 2 5 6 3
5 8 4 3 2 7 6 9 1
3 6 9 4 5 1 7 8 2
1 7 2 6 9 8 3 5 4
```

Solution # 272
```
5 3 8 9 2 1 4 6 7
4 7 9 8 3 6 5 1 2
2 6 1 4 5 7 9 8 3
6 4 2 5 1 8 7 3 9
9 8 5 7 4 3 1 2 6
7 1 3 2 6 9 8 4 5
8 5 6 3 9 4 2 7 1
3 9 4 1 7 2 6 5 8
1 2 7 6 8 5 3 9 4
```

Solution # 273
```
4 3 7 1 6 9 2 8 5
5 6 1 2 4 8 3 9 7
8 2 9 3 5 7 1 6 4
3 7 6 4 8 1 5 2 9
2 1 4 6 9 5 7 3 8
9 5 8 7 3 2 4 1 6
6 4 5 8 1 3 9 7 2
1 9 2 5 7 6 8 4 3
7 8 3 9 2 4 6 5 1
```

Solution # 274
```
7 8 6 4 3 5 9 2 1
5 1 2 7 9 6 3 8 4
9 4 3 1 2 8 6 5 7
6 2 5 3 8 4 1 7 9
3 9 1 2 6 7 8 4 5
4 7 8 5 1 9 2 6 3
2 5 9 6 4 1 7 3 8
1 3 4 8 7 2 5 9 6
8 6 7 9 5 3 4 1 2
```

Solution # 275
```
8 2 7 9 6 1 3 5 4
5 9 6 2 4 3 1 8 7
4 1 3 7 8 5 2 6 9
9 7 4 8 3 6 5 2 1
2 5 8 1 9 4 6 7 3
3 6 1 5 2 7 4 9 8
1 8 9 3 5 2 7 4 6
6 3 5 4 7 9 8 1 2
7 4 2 6 1 8 9 3 5
```

Solution # 276
```
2 8 3 9 1 6 4 5 7
9 5 4 3 8 7 6 1 2
7 1 6 4 5 2 3 8 9
3 4 2 6 7 1 8 9 5
1 9 5 8 2 4 7 6 3
6 7 8 5 9 3 2 4 1
5 2 1 7 6 8 9 3 4
4 6 7 1 3 9 5 2 8
8 3 9 2 4 5 1 7 6
```

Solution # 277
```
8 5 1 7 2 3 4 6 9
9 6 3 8 1 4 5 7 2
4 2 7 9 5 6 3 8 1
6 1 5 4 9 8 2 3 7
2 7 4 6 3 1 9 5 8
3 8 9 2 7 5 1 4 6
7 9 8 3 4 2 6 1 5
1 4 6 5 8 9 7 2 3
5 3 2 1 6 7 8 9 4
```

Solution # 278
```
4 9 2 3 7 6 1 8 5
5 1 3 9 8 4 2 7 6
7 6 8 1 5 2 4 3 9
8 4 5 2 6 7 3 9 1
2 7 9 4 3 1 5 6 8
1 3 6 5 9 8 7 4 2
9 2 1 8 4 3 6 5 7
3 5 7 6 2 9 8 1 4
6 8 4 7 1 5 9 2 3
```

Solution # 279
```
3 4 7 2 6 5 9 8 1
8 6 9 3 4 1 7 5 2
1 2 5 7 8 9 4 6 3
2 9 8 4 5 6 3 1 7
7 1 6 9 3 2 8 4 5
4 5 3 1 7 8 2 9 6
5 8 2 6 9 7 1 3 4
9 3 1 5 2 4 6 7 8
6 7 4 8 1 3 5 2 9
```

Solution # 280
```
5 9 3 7 2 8 6 4 1
6 2 7 4 1 3 5 9 8
4 1 8 6 9 5 7 2 3
2 4 1 5 6 9 3 8 7
9 8 5 3 7 1 2 6 4
3 6 4 9 5 7 8 1 2
8 5 2 1 3 4 9 7 6
1 7 9 2 8 6 4 3 5
```

Solution # 281
```
1 9 7 | 3 2 6 | 5 4 8
5 8 3 | 9 1 4 | 7 6 2
2 4 6 | 8 7 5 | 1 3 9
6 7 9 | 2 4 3 | 8 1 5
8 1 5 | 7 6 9 | 4 2 3
4 3 2 | 1 5 8 | 9 7 6
7 5 4 | 6 8 2 | 3 9 1
3 6 8 | 4 9 1 | 2 5 7
9 2 1 | 5 3 7 | 6 8 4
```

Solution # 282
```
4 2 3 | 7 5 9 | 8 1 6
1 7 6 | 8 4 2 | 5 9 3
5 8 9 | 3 6 1 | 2 4 7
3 4 7 | 5 9 8 | 1 6 2
2 9 5 | 6 1 7 | 4 3 8
6 1 8 | 4 2 3 | 9 7 5
9 3 1 | 2 7 5 | 6 8 4
7 6 2 | 1 8 4 | 3 5 9
8 5 4 | 9 3 6 | 7 2 1
```

Solution # 283
```
3 8 1 | 4 7 9 | 5 6 2
7 9 2 | 8 5 6 | 4 3 1
4 6 5 | 1 3 2 | 8 7 9
1 2 3 | 7 4 8 | 6 9 5
8 4 6 | 3 9 5 | 2 1 7
5 7 9 | 2 6 1 | 3 8 4
2 3 7 | 6 1 4 | 9 5 8
6 5 8 | 9 2 7 | 1 4 3
9 1 4 | 5 8 3 | 7 2 6
```

Solution # 284
```
5 3 7 | 1 9 4 | 2 8 6
1 8 4 | 3 6 2 | 9 7 5
9 2 6 | 5 7 8 | 3 4 1
3 9 2 | 4 1 6 | 8 5 7
8 7 1 | 2 5 9 | 6 3 4
4 6 5 | 8 3 7 | 1 9 2
6 4 9 | 7 2 3 | 5 1 8
7 5 3 | 6 8 1 | 4 2 9
2 1 8 | 9 4 5 | 7 6 3
```

Solution # 285
```
5 8 3 | 4 9 1 | 6 2 7
4 9 1 | 2 6 7 | 3 5 8
7 6 2 | 5 8 3 | 4 9 1
6 2 4 | 9 3 8 | 7 1 5
1 7 5 | 6 2 4 | 9 8 3
8 3 9 | 7 1 5 | 2 6 4
9 1 8 | 3 7 6 | 5 4 2
3 5 6 | 8 4 2 | 1 7 9
2 4 7 | 1 5 9 | 8 3 6
```

Solution # 286
```
5 9 3 | 1 2 7 | 6 8 4
7 8 2 | 4 6 9 | 1 3 5
4 6 1 | 8 5 3 | 7 2 9
8 2 6 | 9 3 5 | 4 1 7
1 4 9 | 6 7 8 | 3 5 2
3 7 5 | 2 1 4 | 8 9 6
2 1 4 | 5 8 6 | 9 7 3
9 5 7 | 3 4 1 | 2 6 8
6 3 8 | 7 9 2 | 5 4 1
```

Solution # 287
```
7 5 1 | 6 9 4 | 3 2 8
8 6 2 | 7 3 5 | 9 1 4
4 3 9 | 8 1 2 | 6 5 7
1 9 6 | 3 2 7 | 8 4 5
2 4 3 | 5 6 8 | 1 7 9
5 7 8 | 9 4 1 | 2 6 3
9 1 5 | 4 8 6 | 7 3 2
3 2 7 | 1 5 9 | 4 8 6
6 8 4 | 2 7 3 | 5 9 1
```

Solution # 288
```
1 5 2 | 3 8 7 | 9 6 4
3 6 4 | 9 1 5 | 2 8 7
8 9 7 | 4 6 2 | 5 1 3
6 1 5 | 7 2 3 | 8 4 9
4 2 3 | 6 9 8 | 1 7 5
7 8 9 | 1 5 4 | 3 2 6
2 4 8 | 5 3 6 | 7 9 1
5 7 1 | 8 4 9 | 6 3 2
9 3 6 | 2 7 1 | 4 5 8
```

Solution # 289
```
2 9 3 | 6 7 8 | 1 4 5
1 4 7 | 5 2 9 | 6 3 8
8 6 5 | 4 3 1 | 2 7 9
5 2 6 | 1 8 3 | 4 9 7
3 7 4 | 2 9 6 | 8 5 1
9 1 8 | 7 4 5 | 3 6 2
4 8 1 | 9 6 7 | 5 2 3
6 3 9 | 8 5 2 | 7 1 4
7 5 2 | 3 1 4 | 9 8 6
```

Solution # 290
```
5 6 7 | 9 4 2 | 3 8 1
2 3 4 | 8 6 1 | 5 9 7
9 8 1 | 5 3 7 | 2 6 4
1 4 6 | 2 8 3 | 7 5 9
7 2 8 | 6 9 5 | 4 1 3
3 9 5 | 1 7 4 | 8 2 6
8 1 3 | 4 5 6 | 9 7 2
4 5 2 | 7 1 9 | 6 3 8
6 7 9 | 3 2 8 | 1 4 5
```

Solution # 291
```
9 3 1 | 5 7 2 | 6 4 8
2 7 8 | 6 4 3 | 1 9 5
4 6 5 | 9 1 8 | 2 3 7
6 9 3 | 1 8 4 | 5 7 2
8 5 7 | 3 2 6 | 4 1 9
1 2 4 | 7 5 9 | 8 6 3
3 4 2 | 8 9 1 | 7 5 6
5 1 9 | 2 6 7 | 3 8 4
7 8 6 | 4 3 5 | 9 2 1
```

Solution # 292
```
5 9 3 | 4 6 8 | 2 7 1
4 8 2 | 5 1 7 | 6 9 3
1 7 6 | 2 3 9 | 8 5 4
2 6 9 | 3 8 1 | 5 4 7
7 3 5 | 6 9 4 | 1 2 8
8 1 4 | 7 2 5 | 9 3 6
6 2 1 | 9 4 3 | 7 8 5
9 4 7 | 8 5 6 | 3 1 2
3 5 8 | 1 7 2 | 4 6 9
```

Solution # 293
```
4 2 3 | 6 1 9 | 5 8 7
1 6 8 | 7 4 5 | 3 2 9
7 5 9 | 2 3 8 | 4 6 1
5 8 7 | 9 2 1 | 6 3 4
2 4 6 | 5 7 3 | 1 9 8
3 9 1 | 8 6 4 | 7 5 2
9 7 5 | 1 8 6 | 2 4 3
8 1 4 | 3 5 2 | 9 7 6
6 3 2 | 4 9 7 | 8 1 5
```

Solution # 294
```
2 9 8 | 3 6 1 | 4 5 7
4 1 5 | 7 9 8 | 6 2 3
6 7 3 | 2 4 5 | 1 9 8
8 4 1 | 9 5 7 | 3 6 2
5 3 6 | 4 8 2 | 9 7 1
7 2 9 | 6 1 3 | 8 4 5
1 8 4 | 5 2 6 | 7 3 9
3 6 2 | 1 7 9 | 5 8 4
9 5 7 | 8 3 4 | 2 1 6
```

Solution # 295
```
9 1 4 | 7 6 3 | 2 8 5
8 3 5 | 9 2 1 | 4 6 7
2 7 6 | 5 8 4 | 1 9 3
3 2 1 | 6 9 8 | 5 7 4
4 6 9 | 1 7 5 | 8 3 2
7 5 8 | 4 3 2 | 6 1 9
6 9 2 | 8 4 7 | 3 5 1
1 4 7 | 3 5 6 | 9 2 8
5 8 3 | 2 1 9 | 7 4 6
```

Solution # 296
```
6 1 2 | 4 8 5 | 7 3 9
9 7 5 | 6 1 3 | 2 4 8
4 8 3 | 9 7 2 | 5 1 6
5 4 7 | 8 3 9 | 6 2 1
1 3 9 | 7 2 6 | 8 5 4
8 2 6 | 5 4 1 | 9 7 3
7 5 8 | 1 6 4 | 3 9 2
2 6 1 | 3 9 7 | 4 8 5
3 9 4 | 2 5 8 | 1 6 7
```

Solution # 297
```
9 7 5 | 1 4 3 | 6 2 8
6 4 3 | 8 2 5 | 7 1 9
2 1 8 | 7 6 9 | 5 3 4
1 9 2 | 5 3 4 | 8 7 6
4 3 6 | 2 7 8 | 9 5 1
8 5 7 | 9 1 6 | 2 4 3
3 2 9 | 6 5 1 | 4 8 7
7 6 1 | 4 8 2 | 3 9 5
5 8 4 | 3 9 7 | 1 6 2
```

Solution # 298
```
6 1 8 | 2 9 7 | 4 5 3
3 9 7 | 8 5 4 | 6 1 2
5 4 2 | 1 3 6 | 7 8 9
1 3 4 | 7 6 2 | 5 9 8
2 5 6 | 4 8 9 | 1 3 7
7 8 9 | 3 1 5 | 2 4 6
4 2 1 | 9 7 8 | 3 6 5
8 6 3 | 5 2 1 | 9 7 4
9 7 5 | 6 4 3 | 8 2 1
```

Solution # 299
```
6 5 3 | 7 1 2 | 8 4 9
2 7 9 | 3 8 4 | 1 6 5
4 8 1 | 6 9 5 | 2 3 7
8 9 6 | 4 3 1 | 7 5 2
1 4 2 | 9 5 7 | 3 8 6
7 3 5 | 8 2 6 | 9 1 4
3 6 4 | 2 7 8 | 5 9 1
5 2 8 | 1 6 9 | 4 7 3
9 1 7 | 5 4 3 | 6 2 8
```

Solution # 300
```
8 7 3 | 6 2 5 | 9 4 1
6 9 1 | 4 7 3 | 8 2 5
5 2 4 | 1 8 9 | 6 3 7
4 3 2 | 9 1 6 | 5 7 8
1 8 9 | 5 3 7 | 2 6 4
7 5 6 | 8 4 2 | 3 1 9
9 1 5 | 3 6 4 | 7 8 2
2 6 8 | 7 5 1 | 4 9 3
3 4 7 | 2 9 8 | 1 5 6
```

Solution # 301
```
7 8 9 | 5 2 4 | 3 6 1
2 6 4 | 1 8 3 | 9 7 5
1 3 5 | 6 9 7 | 8 4 2
6 5 7 | 9 3 2 | 1 8 4
8 4 3 | 7 5 1 | 2 9 6
9 2 1 | 4 6 8 | 5 3 7
5 9 8 | 2 7 6 | 4 1 3
3 1 6 | 8 4 5 | 7 2 9
4 7 2 | 3 1 9 | 6 5 8
```

Solution # 302
```
3 9 8 | 1 5 7 | 2 4 6
5 4 1 | 8 2 6 | 3 7 9
6 7 2 | 4 3 9 | 5 1 8
4 2 7 | 5 6 1 | 8 9 3
9 6 3 | 7 8 2 | 1 5 4
1 8 5 | 9 4 3 | 6 2 7
8 3 9 | 2 7 5 | 4 6 1
2 1 4 | 6 9 8 | 7 3 5
7 5 6 | 3 1 4 | 9 8 2
```

Solution # 303
```
4 3 6 | 7 9 1 | 2 5 8
2 9 1 | 3 8 5 | 7 4 6
8 7 5 | 2 6 4 | 9 3 1
9 6 7 | 5 4 2 | 8 1 3
3 5 8 | 1 7 9 | 6 2 4
1 4 2 | 6 3 8 | 5 7 9
6 1 4 | 9 5 7 | 3 8 2
7 2 3 | 8 1 6 | 4 9 5
5 8 9 | 4 2 3 | 1 6 7
```

Solution # 304
```
1 4 5 | 6 7 8 | 2 9 3
2 7 3 | 4 1 9 | 5 8 6
9 6 8 | 5 2 3 | 4 1 7
8 2 9 | 7 5 6 | 3 4 1
4 5 7 | 9 3 1 | 8 6 2
6 3 1 | 2 8 4 | 7 5 9
5 1 4 | 3 9 7 | 6 2 8
7 9 6 | 8 4 2 | 1 3 5
3 8 2 | 1 6 5 | 9 7 4
```

Solution # 305
```
7 6 1 | 5 2 4 | 9 3 8
9 3 5 | 7 8 6 | 4 2 1
8 2 4 | 9 1 3 | 6 5 7
6 9 2 | 1 4 8 | 3 7 5
5 4 7 | 2 3 9 | 8 1 6
3 1 8 | 6 5 7 | 2 4 9
1 7 3 | 8 6 2 | 5 9 4
4 8 9 | 3 7 5 | 1 6 2
2 5 6 | 4 9 1 | 7 8 3
```

Solution # 306
```
1 4 9 | 5 2 3 | 8 6 7
6 2 3 | 7 4 8 | 5 1 9
5 8 7 | 1 6 9 | 4 2 3
9 5 1 | 2 3 7 | 6 8 4
4 3 8 | 9 1 6 | 2 7 5
7 6 2 | 4 8 5 | 9 3 1
2 9 4 | 6 7 1 | 3 5 8
8 7 6 | 3 5 4 | 1 9 2
3 1 5 | 8 9 2 | 7 4 6
```

Solution # 307
```
2 9 4 | 8 5 6 | 1 3 7
3 6 7 | 1 4 9 | 2 5 8
8 1 5 | 7 3 2 | 9 4 6
7 8 2 | 4 9 1 | 5 6 3
6 3 9 | 2 8 5 | 4 7 1
4 5 1 | 3 6 7 | 8 2 9
9 7 3 | 5 2 8 | 6 1 4
1 2 8 | 6 7 4 | 3 9 5
5 4 6 | 9 1 3 | 7 8 2
```

Solution # 308
```
3 1 5 | 7 4 8 | 2 6 9
2 7 6 | 5 9 1 | 4 8 3
8 4 9 | 6 2 3 | 1 7 5
7 5 2 | 3 1 9 | 6 4 8
6 9 4 | 2 8 5 | 3 1 7
1 8 3 | 4 7 6 | 5 9 2
5 3 8 | 1 6 7 | 9 2 4
4 6 7 | 9 3 2 | 8 5 1
9 2 1 | 8 5 4 | 7 3 6
```

Solution # 309
```
3 2 6 | 4 1 5 | 7 9 8
1 5 9 | 8 7 3 | 6 4 2
7 8 4 | 6 2 9 | 5 1 3
4 3 8 | 9 5 2 | 1 6 7
9 7 2 | 1 4 6 | 3 8 5
6 1 5 | 3 8 7 | 4 2 9
8 4 7 | 5 9 1 | 2 3 6
5 9 3 | 2 6 4 | 8 7 1
2 6 1 | 7 3 8 | 9 5 4
```

Solution # 310
```
6 9 2 | 7 5 1 | 4 3 8
5 7 4 | 2 3 8 | 1 9 6
8 1 3 | 4 9 6 | 2 5 7
2 3 8 | 9 6 4 | 7 1 5
7 4 9 | 8 1 5 | 6 2 3
1 5 6 | 3 2 7 | 8 4 9
3 8 5 | 1 7 2 | 9 6 4
9 2 7 | 6 4 3 | 5 8 1
4 6 1 | 5 8 9 | 3 7 2
```

Solution # 311
```
9 3 8 | 5 6 4 | 2 1 7
1 4 7 | 8 2 3 | 5 6 9
2 6 5 | 1 7 9 | 4 3 8
4 7 2 | 3 5 8 | 6 9 1
5 8 1 | 4 9 6 | 3 7 2
6 9 3 | 2 1 7 | 8 4 5
3 1 4 | 7 8 5 | 9 2 6
7 5 9 | 6 3 2 | 1 8 4
8 2 6 | 9 4 1 | 7 5 3
```

Solution # 312
```
4 8 1 | 2 9 6 | 5 7 3
5 7 9 | 4 1 3 | 2 8 6
6 3 2 | 8 5 7 | 4 9 1
2 9 4 | 6 8 1 | 3 5 7
1 5 3 | 9 7 4 | 6 2 8
8 6 7 | 3 2 5 | 1 4 9
7 4 5 | 1 3 9 | 8 6 2
3 2 6 | 7 4 8 | 9 1 5
9 1 8 | 5 6 2 | 7 3 4
```

Solution # 313
```
2 6 5 | 4 7 8 | 3 9 1
4 3 7 | 9 1 2 | 5 6 8
9 8 1 | 6 3 5 | 2 4 7
8 9 3 | 2 6 7 | 4 1 5
5 7 4 | 1 9 3 | 6 8 2
6 1 2 | 5 8 4 | 7 3 9
1 2 9 | 7 4 6 | 8 5 3
3 5 6 | 8 2 9 | 1 7 4
7 4 8 | 3 5 1 | 9 2 6
```

Solution # 314
```
2 1 5 | 3 4 7 | 9 8 6
3 9 4 | 6 1 8 | 2 7 5
7 8 6 | 9 2 5 | 3 4 1
1 7 2 | 8 3 6 | 4 5 9
9 6 8 | 4 5 2 | 1 3 7
4 5 3 | 1 7 9 | 8 6 2
5 3 9 | 7 8 1 | 6 2 4
8 4 1 | 2 6 3 | 5 9 7
6 2 7 | 5 9 4 | 1 3 8
```

Solution # 315
```
6 2 5 | 4 1 9 | 3 8 7
4 9 3 | 7 8 5 | 1 2 6
8 7 1 | 2 6 3 | 9 5 4
2 4 9 | 6 3 7 | 8 1 5
7 5 8 | 1 9 2 | 4 6 3
3 1 6 | 8 5 4 | 2 7 9
1 6 7 | 3 4 8 | 5 9 2
5 3 2 | 9 7 1 | 6 4 8
9 8 4 | 5 2 6 | 7 3 1
```

Solution # 316
```
4 3 9 2 8 7 6 1 5
1 6 2 5 9 3 7 4 8
7 8 5 4 1 6 9 2 3
5 4 7 8 6 1 3 9 2
3 1 6 9 4 2 5 8 7
9 2 8 3 7 5 4 6 1
2 7 1 6 3 4 8 5 9
8 5 4 7 2 9 1 3 6
6 9 3 1 5 8 2 7 4
```

Solution # 317
```
8 1 9 7 5 4 3 2 6
2 6 5 3 1 8 4 7 9
7 4 3 6 2 9 8 1 5
3 5 1 9 8 2 6 4 7
9 2 6 4 7 3 5 8 1
4 8 7 5 6 1 9 3 2
1 3 2 8 9 6 7 5 4
6 7 4 2 3 5 1 9 8
5 9 8 1 4 7 2 6 3
```

Solution # 318
```
4 3 2 5 1 6 8 7 9
6 7 5 2 8 9 3 1 4
8 1 9 3 4 7 6 2 5
5 9 3 8 7 2 1 4 6
2 8 6 4 9 1 5 3 7
7 4 1 6 5 3 2 9 8
9 2 7 1 6 8 4 5 3
1 6 4 7 3 5 9 8 2
3 5 8 9 2 4 7 6 1
```

Solution # 319
```
3 4 1 7 2 9 8 6 5
6 9 5 4 3 8 2 7 1
2 8 7 5 6 1 4 3 9
9 3 6 8 4 2 5 1 7
1 2 8 9 7 5 6 4 3
7 5 4 6 1 3 9 2 8
5 1 2 3 8 6 7 9 4
8 7 3 2 9 4 1 5 6
4 6 9 1 5 7 3 8 2
```

Solution # 320
```
7 2 9 5 4 3 1 6 8
6 5 4 7 8 1 2 3 9
8 3 1 9 6 2 4 7 5
5 4 2 1 3 8 6 9 7
1 9 7 2 5 6 3 8 4
3 6 8 4 9 7 5 2 1
9 8 5 6 2 4 7 1 3
4 7 6 3 1 9 8 5 2
2 1 3 8 7 5 9 4 6
```

Solution # 321
```
4 6 8 2 7 9 1 3 5
2 7 3 4 5 1 8 6 9
9 5 1 8 6 3 4 2 7
7 4 5 1 3 8 2 9 6
6 3 9 7 4 2 5 8 1
1 8 2 5 9 6 3 7 4
5 9 6 3 2 4 7 1 8
8 2 7 9 1 5 6 4 3
3 1 4 6 8 7 9 5 2
```

Solution # 322
```
7 4 1 9 8 6 3 2 5
3 6 2 7 5 1 8 9 4
5 9 8 2 3 4 6 7 1
8 1 9 5 6 7 4 3 2
2 3 7 1 4 8 5 6 9
4 5 6 3 9 2 1 8 7
9 2 4 6 1 3 7 5 8
1 7 3 8 2 5 9 4 6
6 8 5 4 7 9 2 1 3
```

Solution # 323
```
6 5 4 9 2 3 8 7 1
9 7 3 5 8 1 4 2 6
8 2 1 7 4 6 5 3 9
2 4 8 6 3 5 1 9 7
5 1 7 2 9 8 3 6 4
3 9 6 1 7 4 2 5 8
7 6 5 8 1 2 9 4 3
4 8 2 3 6 9 7 1 5
1 3 9 4 5 7 6 8 2
```

Solution # 324
```
7 6 1 5 9 2 8 4 3
3 4 9 8 7 1 2 6 5
2 8 5 6 4 3 1 9 7
4 2 6 3 5 7 9 8 1
1 3 8 9 2 4 5 7 6
9 5 7 1 6 8 3 2 4
5 9 2 7 3 6 4 1 8
8 7 4 2 1 5 6 3 9
6 1 3 4 8 9 7 5 2
```

Solution # 325
```
5 1 7 4 2 6 3 8 9
6 4 9 3 7 8 5 1 2
3 2 8 5 9 1 7 4 6
7 6 1 9 5 4 8 2 3
4 9 3 8 6 2 1 7 5
2 8 5 7 1 3 9 6 4
9 3 6 1 4 7 2 5 8
1 5 4 2 8 9 6 3 7
8 7 2 6 3 5 4 9 1
```

Solution # 326
```
5 8 4 9 2 7 3 6 1
7 3 1 8 6 4 2 9 5
9 2 6 3 5 1 8 4 7
6 7 8 2 3 5 4 1 9
2 5 3 1 4 9 6 7 8
1 4 9 6 7 8 5 3 2
3 1 5 4 9 2 7 8 6
4 9 7 5 8 6 1 2 3
8 6 2 7 1 3 9 5 4
```

Solution # 327
```
3 6 7 5 8 1 4 2 9
4 8 1 2 9 7 6 5 3
9 5 2 3 4 6 7 1 8
1 2 3 9 7 4 8 6 5
5 7 4 6 2 8 3 9 1
6 9 8 1 3 5 2 4 7
7 1 9 4 6 3 5 8 2
2 3 6 8 5 9 1 7 4
8 4 5 7 1 2 9 3 6
```

Solution # 328
```
5 1 3 9 4 7 2 6 8
9 2 6 5 8 1 7 4 3
4 7 8 6 2 3 5 1 9
3 5 4 2 9 8 1 7 6
2 8 1 3 7 6 9 5 4
7 6 9 4 1 5 3 8 2
1 9 5 8 6 2 4 3 7
6 4 7 1 3 9 8 2 5
8 3 2 7 5 4 6 9 1
```

Solution # 329
```
8 2 7 3 9 5 4 6 1
9 5 4 8 1 6 7 2 3
3 1 6 4 7 2 9 8 5
6 4 3 7 8 9 5 1 2
1 9 8 5 2 3 6 4 7
2 7 5 6 4 1 8 3 9
7 6 2 1 5 8 3 9 4
4 3 9 2 6 7 1 5 8
5 8 1 9 3 4 2 7 6
```

Solution # 330
```
9 2 7 6 8 1 5 3 4
3 6 8 2 5 4 1 7 9
4 5 1 3 7 9 8 6 2
6 9 4 5 1 2 7 8 3
7 8 5 9 6 3 4 2 1
2 1 3 8 4 7 6 9 5
1 7 2 4 9 6 3 5 8
8 4 9 7 3 5 2 1 6
5 3 6 1 2 8 9 4 7
```

Solution # 331
```
4 7 3 5 1 6 8 2 9
1 5 8 2 9 3 6 4 7
9 2 6 8 4 7 5 3 1
8 6 2 1 3 4 7 9 5
7 4 1 6 5 9 2 8 3
3 9 5 7 2 8 1 6 4
2 8 9 3 7 1 4 5 6
6 1 4 9 8 5 3 7 2
5 3 7 4 6 2 9 1 8
```

Solution # 332
```
7 8 1 9 2 6 3 4 5
3 9 5 1 4 7 2 6 8
4 6 2 5 8 3 9 1 7
5 2 9 6 3 1 7 8 4
6 1 3 4 7 8 5 2 9
8 7 4 2 9 5 1 3 6
2 3 8 7 5 4 6 9 1
1 4 7 3 6 9 8 5 2
9 5 6 8 1 2 4 7 3
```

Solution # 333
```
5 4 6 3 8 7 2 1 9
3 7 2 9 1 6 4 5 8
9 8 1 5 2 4 3 6 7
6 2 5 8 7 1 9 3 4
8 1 3 4 5 9 7 2 6
4 9 7 2 6 3 5 8 1
7 6 9 1 3 5 8 4 2
2 3 4 6 9 8 1 7 5
1 5 8 7 4 2 6 9 3
```

Solution # 334
```
1 2 6 3 7 4 8 9 5
7 5 9 1 2 8 6 4 3
4 8 3 9 5 6 7 1 2
9 3 8 4 6 2 1 5 7
2 6 7 5 1 9 3 8 4
5 4 1 8 3 7 2 6 9
6 7 5 2 4 1 9 3 8
3 9 2 6 8 5 4 7 1
8 1 4 7 9 3 5 2 6
```

Solution # 335
```
8 4 6 9 3 1 2 5 7
1 3 5 6 2 7 4 9 8
2 9 7 4 8 5 1 3 6
3 2 8 5 7 6 9 4 1
4 7 1 8 9 2 3 6 5
5 6 9 3 1 4 8 7 2
9 5 3 2 6 8 7 1 4
7 8 4 1 5 9 6 2 3
6 1 2 7 4 3 5 8 9
```

Solution # 336
```
5 6 2 1 3 7 4 9 8
7 9 4 8 5 6 3 2 1
8 3 1 9 4 2 7 5 6
9 4 7 6 2 8 5 1 3
3 2 6 7 1 5 8 4 9
1 8 5 4 9 3 6 7 2
6 5 9 3 7 1 2 8 4
4 7 3 2 8 9 1 6 5
2 1 8 5 6 4 9 3 7
```

Solution # 337
```
7 5 8 6 1 9 2 4 3
1 4 3 7 5 2 8 9 6
2 9 6 4 8 3 5 1 7
8 7 1 3 2 4 9 6 5
6 2 9 1 7 5 4 3 8
5 3 4 9 6 8 1 7 2
9 8 7 2 3 1 6 5 4
4 6 2 5 9 7 3 8 1
3 1 5 8 4 6 7 2 9
```

Solution # 338
```
4 9 7 3 5 2 6 8 1
2 6 1 9 7 8 3 5 4
3 8 5 6 1 4 7 9 2
7 3 6 8 4 1 5 2 9
5 2 4 7 9 6 8 1 3
8 1 9 2 3 5 4 6 7
6 4 8 1 2 3 9 7 5
9 5 2 4 6 7 1 3 8
1 7 3 5 8 9 2 4 6
```

Solution # 339
```
9 2 5 6 3 8 1 4 7
3 8 4 9 7 1 2 5 6
7 6 1 2 4 5 3 9 8
2 4 3 7 8 6 5 1 9
1 5 6 3 9 2 8 7 4
8 9 7 1 5 4 6 3 2
4 7 8 5 2 3 9 6 1
5 1 9 8 6 7 4 2 3
6 3 2 4 1 9 7 8 5
```

Solution # 340
```
3 8 5 2 4 7 6 9 1
7 4 6 8 9 1 2 3 5
2 1 9 5 6 3 4 7 8
6 7 2 3 1 4 8 5 9
8 9 3 6 2 5 1 4 7
1 5 4 9 7 8 3 6 2
4 3 7 1 5 2 9 8 6
5 6 1 4 8 9 7 2 3
9 2 8 7 3 6 5 1 4
```

Solution # 341
```
9 1 8 4 3 2 6 5 7
3 6 5 9 1 7 2 4 8
2 4 7 8 5 6 3 1 9
7 5 3 6 4 9 1 8 2
1 2 6 5 7 8 4 9 3
8 9 4 1 2 3 7 6 5
4 7 9 3 6 5 8 2 1
5 3 1 2 8 4 9 7 6
6 8 2 7 9 1 5 3 4
```

Solution # 342
```
4 8 1 2 5 7 9 3 6
9 5 2 3 1 6 8 7 4
6 3 7 8 9 4 5 2 1
8 6 3 1 2 9 7 4 5
1 2 4 5 7 8 6 9 3
5 7 9 4 6 3 1 8 2
3 9 5 7 4 1 2 6 8
7 1 8 6 3 2 4 5 9
2 4 6 9 8 5 3 1 7
```

Solution # 343
```
4 8 3 1 7 5 6 2 9
2 9 7 6 4 3 1 8 5
6 1 5 2 8 9 3 4 7
9 6 8 4 5 1 2 7 3
1 3 2 9 6 7 8 5 4
7 5 4 8 3 2 9 6 1
5 4 6 3 9 8 7 1 2
3 7 1 5 2 6 4 9 8
8 2 9 7 1 4 5 3 6
```

Solution # 344
```
6 9 1 3 5 7 4 8 2
2 4 7 6 9 8 3 5 1
8 3 5 1 2 4 9 6 7
1 8 9 4 3 5 2 7 6
4 7 2 8 1 6 5 9 3
5 6 3 9 7 2 1 4 8
3 1 4 7 6 9 8 2 5
7 5 8 2 4 3 6 1 9
9 2 6 5 8 1 7 3 4
```

Solution # 345
```
4 6 5 8 7 3 9 2 1
7 9 1 6 2 4 5 8 3
2 8 3 1 9 5 4 7 6
5 7 2 9 3 1 8 6 4
8 3 6 4 5 7 2 1 9
9 1 4 2 8 6 7 3 5
1 2 7 3 4 9 6 5 8
3 4 8 5 6 2 1 9 7
6 5 9 7 1 8 3 4 2
```

Solution # 346
```
8 6 2 7 3 9 5 1 4
4 3 1 2 6 5 9 8 7
7 5 9 8 1 4 3 6 2
3 8 4 9 2 6 1 7 5
5 1 7 4 8 3 2 9 6
2 9 6 5 7 1 4 3 8
6 9 5 1 4 8 7 2 3
9 4 8 3 9 7 6 5 1
1 7 3 6 5 2 8 4 9
```

Solution # 347
```
9 4 3 6 5 1 2 8 7
5 8 1 2 7 4 6 9 3
6 2 7 9 8 3 4 1 5
3 5 4 7 1 8 9 2 6
7 6 8 4 9 2 5 3 1
2 1 9 5 3 6 7 4 8
4 3 5 1 2 7 8 6 9
1 7 6 8 4 9 3 5 2
8 9 2 3 6 5 1 7 4
```

Solution # 348
```
2 3 9 8 6 1 4 7 5
7 1 5 3 2 4 9 8 6
6 4 8 9 5 7 2 1 3
8 2 7 1 9 6 3 5 4
1 5 3 4 8 2 6 9 7
4 9 6 5 7 3 1 2 8
5 6 4 2 7 9 8 3 1
3 7 2 6 1 8 5 4 9
9 8 1 5 4 3 7 6 2
```

Solution # 349
```
4 9 6 1 2 7 5 8 3
2 5 3 9 6 8 7 1 4
7 1 8 4 3 5 2 9 6
1 2 7 3 5 4 9 6 8
9 8 4 2 7 6 3 5 1
3 6 5 8 1 9 4 7 2
5 3 2 7 8 1 6 4 9
8 7 9 6 4 3 1 2 5
6 4 1 5 9 2 8 3 7
```

Solution # 350
```
8 9 6 4 3 7 2 1 5
4 2 5 8 1 9 3 6 7
3 1 7 2 6 5 4 9 8
9 3 8 7 2 1 5 4 6
6 5 2 9 4 8 7 3 1
7 4 1 3 5 6 8 2 9
5 8 9 6 4 3 1 7 2
2 6 4 1 7 8 9 5 3
1 7 3 5 9 2 6 8 4
```

Solution # 351
```
1 2 5 9 7 6 4 8 3
7 6 3 8 4 1 9 5 2
4 9 8 3 5 2 7 6 1
5 4 6 1 9 8 2 3 7
9 7 1 5 2 3 6 4 8
3 8 2 7 6 4 5 1 9
2 3 4 6 8 7 1 9 5
8 5 7 4 1 9 3 2 6
6 1 9 2 3 5 8 7 4
```

Solution # 352
```
5 7 4 9 3 2 8 1 6
2 3 8 1 5 6 9 4 7
9 1 6 7 4 8 3 2 5
6 9 2 3 1 7 5 8 4
1 8 3 4 2 5 6 7 9
7 4 5 8 6 9 2 3 1
3 2 9 5 7 1 4 6 8
4 5 1 6 8 3 7 9 2
8 6 7 2 9 4 1 5 3
```

Solution # 353
```
6 5 1 2 9 4 3 8 7
4 2 3 7 1 8 9 6 5
7 9 8 5 6 3 4 1 2
9 6 7 1 3 2 5 4 8
1 4 2 9 8 5 7 3 6
3 8 5 4 7 6 2 9 1
8 1 4 3 2 7 6 5 9
5 7 6 8 4 9 1 2 3
2 3 9 6 5 1 8 7 4
```

Solution # 354
```
6 7 5 9 3 8 1 2 4
2 9 1 5 4 6 3 8 7
3 4 8 7 1 2 9 6 5
1 6 7 2 9 5 4 3 8
4 5 9 3 8 1 6 7 2
8 3 2 6 7 4 5 1 9
5 2 4 1 6 7 8 9 3
7 1 3 8 5 9 2 4 6
9 8 6 4 2 3 7 5 1
```

Solution # 355
```
4 5 6 2 8 3 7 9 1
9 3 8 7 6 1 5 2 4
2 7 1 4 5 9 6 8 3
5 1 7 6 3 8 9 4 2
3 4 9 5 7 2 1 6 8
8 6 2 1 9 4 3 5 7
1 9 4 3 2 5 8 7 6
7 8 3 9 4 6 2 1 5
6 2 5 8 1 7 4 3 9
```

Solution # 356
```
1 3 6 9 4 2 5 8 7
5 9 7 6 3 8 4 2 1
2 4 8 5 7 1 3 6 9
9 2 1 3 8 5 6 7 4
7 6 5 4 2 9 8 1 3
4 8 3 7 1 6 2 9 5
8 7 9 2 5 4 1 3 6
6 5 2 1 9 3 7 4 8
3 1 4 8 6 7 9 5 2
```

Solution # 357
```
4 3 7 9 2 8 5 1 6
2 8 6 1 7 5 4 3 9
9 5 1 3 4 6 2 7 8
6 4 2 7 8 3 1 9 5
3 1 5 4 6 9 8 2 7
8 7 9 2 5 1 6 4 3
7 9 8 6 1 2 3 5 4
5 2 3 8 9 4 7 6 1
1 6 4 5 3 7 9 8 2
```

Solution # 358
```
5 7 3 1 4 8 9 2 6
2 6 1 5 9 7 8 4 3
8 4 9 3 6 2 7 5 1
7 3 8 4 5 9 1 6 2
4 2 5 7 1 6 3 9 8
1 9 6 8 2 3 4 7 5
6 8 7 9 3 5 2 1 4
9 1 2 6 8 4 5 3 7
3 5 4 2 7 1 6 8 9
```

Solution # 359
```
7 4 8 6 5 9 1 2 3
5 3 9 1 2 4 7 8 6
2 1 6 7 3 8 5 4 9
8 2 4 3 6 1 9 5 7
3 9 7 4 8 5 2 6 1
6 5 1 2 9 7 8 3 4
9 7 2 5 4 6 3 1 8
4 8 5 9 1 3 6 7 2
1 6 3 8 7 2 4 9 5
```

Solution # 360
```
5 1 4 6 9 2 3 7 8
8 2 7 3 5 1 9 4 6
9 3 6 4 8 7 1 2 5
2 5 3 8 7 9 6 1 4
4 8 1 2 3 6 7 5 9
6 7 9 1 4 5 2 8 3
7 4 8 9 2 3 5 6 1
1 9 5 7 6 8 4 3 2
3 6 2 5 1 4 8 9 7
```

Solution # 361
```
5 6 7 8 4 2 3 1 9
2 4 1 5 9 3 6 8 7
3 8 9 7 1 6 2 5 4
6 7 5 2 8 9 1 4 3
9 3 2 4 5 1 7 6 8
8 1 4 3 6 7 9 2 5
1 5 3 9 2 4 8 7 6
7 2 8 6 3 5 4 9 1
4 9 6 1 7 8 5 3 2
```

Solution # 362
```
7 5 2 6 9 3 4 1 8
8 1 9 4 2 7 6 3 5
6 4 3 5 8 1 2 7 9
4 8 6 1 5 2 3 9 7
9 2 7 3 6 8 1 5 4
1 3 5 9 7 4 8 6 2
5 6 4 2 3 9 7 8 1
3 7 1 8 4 5 9 2 6
2 9 8 7 1 6 5 4 3
```

Solution # 363
```
3 8 1 2 5 9 6 4 7
5 7 2 4 6 8 1 3 9
6 9 4 3 1 7 5 8 2
2 4 5 7 3 6 8 9 1
8 6 3 1 9 2 4 7 5
7 1 9 8 4 5 2 6 3
9 2 6 5 8 3 7 1 4
4 5 8 9 7 1 3 2 6
1 3 7 6 2 4 9 5 8
```

Solution # 364
```
4 9 8 3 6 7 1 2 5
7 6 2 5 1 4 8 3 9
5 1 3 9 8 2 7 6 4
8 4 1 6 2 5 3 9 7
2 5 9 7 4 3 6 8 1
6 3 7 1 9 8 4 5 2
3 7 4 2 5 6 9 1 8
9 2 6 8 7 1 5 4 3
1 8 5 4 3 9 2 7 6
```

Solution # 365
```
7 9 5 2 6 8 4 1 3
8 4 6 7 1 3 9 2 5
2 1 3 5 9 4 6 8 7
6 5 4 3 2 9 1 7 8
1 7 2 4 8 5 3 9 6
9 3 8 6 7 1 5 4 2
5 6 9 8 4 2 7 3 1
4 2 7 1 3 6 8 5 9
3 8 1 9 5 7 2 6 4
```

Solution # 366
```
5 7 1 8 6 9 3 2 4
9 4 3 5 1 2 6 8 7
6 2 8 4 3 7 9 5 1
4 6 2 7 9 5 8 1 3
8 3 9 2 4 1 5 7 6
1 5 7 6 8 3 2 4 9
3 1 5 9 7 8 4 6 2
7 8 6 3 2 4 1 9 5
2 9 4 1 5 6 7 3 8
```

Solution # 367
```
7 4 8 9 3 5 2 1 6
1 2 9 6 4 7 8 3 5
3 6 5 2 8 1 4 9 7
4 9 2 7 1 6 3 5 8
8 5 7 4 2 3 9 6 1
6 3 1 8 5 9 7 4 2
5 1 4 3 7 2 6 8 9
2 8 6 1 9 4 5 7 3
9 7 3 5 6 8 1 2 4
```

Solution # 368
```
3 9 1 5 2 7 4 6 8
4 7 6 9 8 1 2 3 5
8 5 2 3 4 6 9 7 1
9 3 8 2 7 4 5 1 6
6 2 4 8 1 5 3 9 7
7 1 5 6 3 9 8 4 2
2 6 3 7 9 8 1 5 4
1 8 7 4 5 3 6 2 9
5 4 9 1 6 2 7 8 3
```

Solution # 369
```
9 2 1 6 4 7 3 5 8
4 8 6 5 3 9 2 1 7
7 3 5 1 2 8 9 4 6
3 5 9 7 8 1 6 2 4
6 1 4 2 5 3 8 7 9
8 7 2 9 6 4 5 3 1
5 9 3 4 7 6 1 8 2
1 4 8 3 9 2 7 6 5
2 6 7 8 1 5 4 9 3
```

Solution # 370
```
2 5 7 4 3 8 9 6 1
3 8 9 1 7 6 4 2 5
1 4 6 5 2 9 7 8 3
5 7 3 8 9 4 6 1 2
6 1 4 7 5 2 8 3 9
9 2 8 3 6 1 5 4 7
7 9 1 6 8 3 2 5 4
8 3 2 9 4 5 1 7 6
4 6 5 2 1 7 3 9 8
```

Solution # 371
```
1 8 2 5 6 7 4 9 3
9 7 5 4 3 2 6 8 1
6 4 3 9 8 1 5 7 2
5 3 8 7 2 6 1 4 9
2 9 6 1 5 4 8 3 7
7 1 4 8 9 3 2 5 6
8 5 1 2 7 9 3 6 4
3 2 7 6 4 5 9 1 8
4 6 9 3 1 8 7 2 5
```

Solution # 372
```
9 3 1 4 2 7 8 5 6
8 6 7 9 5 1 4 3 2
5 2 4 3 8 6 9 1 7
7 1 3 5 4 8 2 6 9
2 4 5 6 3 9 7 8 1
6 8 9 1 7 2 3 4 5
1 9 8 7 6 4 5 2 3
3 7 2 8 1 5 6 9 4
4 5 6 2 9 3 1 7 8
```

Solution # 373
```
2 7 6 3 9 1 8 5 4
9 4 5 6 8 7 2 3 1
1 8 3 2 4 5 7 6 9
8 2 7 5 1 9 6 4 3
5 6 1 7 3 4 9 2 8
4 3 9 8 2 6 1 7 5
3 5 2 9 7 8 4 1 6
7 9 4 1 6 3 5 8 2
6 1 8 4 5 2 3 9 7
```

Solution # 374
```
2 4 5 7 1 3 6 8 9
7 9 6 5 2 8 4 1 3
1 8 3 9 6 4 2 7 5
4 5 7 2 3 6 8 9 1
3 1 8 4 9 7 5 6 2
9 6 2 1 8 5 3 4 7
5 3 4 6 7 1 9 2 8
6 7 9 8 5 2 1 3 4
8 2 1 3 4 9 7 5 6
```

Solution # 375
```
9 6 3 1 7 5 4 8 2
7 2 1 8 4 9 5 6 3
4 5 8 3 6 2 1 7 9
1 7 4 6 2 3 9 5 8
8 9 6 4 5 1 3 2 7
2 3 5 9 8 7 6 4 1
6 8 9 2 1 4 7 3 5
3 4 7 5 9 8 2 1 6
5 1 2 7 3 6 8 9 4
```

Solution # 376
```
8 3 5 9 2 6 4 7 1
4 1 2 3 8 7 5 6 9
9 7 6 4 1 5 3 2 8
1 4 9 6 7 2 8 3 5
5 6 3 1 4 8 2 9 7
2 8 7 5 9 3 6 1 4
7 5 8 2 3 9 1 4 6
3 9 4 8 6 1 7 5 2
6 2 1 7 5 4 9 8 3
```

Solution # 377
```
3 6 7 2 8 9 4 1 5
2 9 4 1 5 3 8 7 6
8 1 5 7 4 6 2 9 3
5 8 2 4 3 1 7 6 9
9 7 3 5 6 8 1 4 2
6 4 1 9 7 2 3 5 8
7 2 8 6 1 5 9 3 4
4 5 9 3 2 7 6 8 1
1 3 6 8 9 4 5 2 7
```

Solution # 378
```
7 5 2 3 6 4 1 8 9
3 8 9 5 2 1 4 6 7
6 4 1 9 8 7 3 5 2
8 6 3 2 7 5 9 1 4
2 1 4 8 3 9 6 7 5
9 7 5 4 1 6 8 2 3
5 3 8 6 4 2 7 9 1
4 2 7 1 9 8 5 3 6
1 9 6 7 5 3 2 4 8
```

Solution # 379
```
9 2 1 3 6 7 4 8 5
4 7 6 9 8 5 3 2 1
3 5 8 1 2 4 7 6 9
8 3 4 5 1 6 9 7 2
5 6 9 4 7 2 1 3 8
2 1 7 8 3 9 5 4 6
1 4 2 7 9 8 6 5 3
7 8 3 6 5 1 2 9 4
6 9 5 2 4 3 8 1 7
```

Solution # 380
```
7 6 2 4 9 5 1 3 8
3 8 5 2 1 6 7 9 4
1 4 9 8 7 3 2 5 6
8 5 1 6 4 9 3 7 2
4 7 3 1 8 2 9 6 5
2 9 6 3 5 7 8 4 1
6 2 4 9 3 1 5 8 7
5 3 8 7 2 4 6 1 9
9 1 7 5 6 8 4 2 3
```

Solution # 381
```
7 1 3 4 5 2 6 9 8
6 5 2 1 8 9 4 7 3
8 4 9 3 7 6 1 2 5
5 3 6 7 2 8 9 4 1
9 7 1 5 6 4 3 8 2
2 8 4 9 3 1 7 5 6
4 9 5 8 1 3 2 6 7
3 2 8 6 4 7 5 1 9
1 6 7 2 9 5 8 3 4
```

Solution # 382
```
7 5 6 9 1 2 8 4 3
2 1 8 4 7 3 6 5 9
9 4 3 8 5 6 7 2 1
3 8 4 1 2 9 5 6 7
5 6 9 3 8 7 2 1 4
1 2 7 5 6 4 3 9 8
4 9 2 7 3 5 1 8 6
6 3 1 2 4 8 9 7 5
8 7 5 6 9 1 4 3 2
```

Solution # 383
```
1 9 8 7 2 6 4 3 5
4 3 6 5 8 1 9 2 7
2 5 7 4 3 9 8 1 6
5 4 3 1 9 7 2 6 8
7 2 9 3 6 8 5 4 1
8 6 1 2 5 4 3 7 9
3 1 2 8 7 5 6 9 4
6 7 5 9 4 2 1 8 3
9 8 4 6 1 3 7 5 2
```

Solution # 384
```
3 1 5 6 7 2 9 4 8
9 6 4 3 8 1 7 2 5
2 8 7 5 4 9 3 6 1
6 2 3 9 5 8 4 1 7
1 5 9 4 2 7 8 3 6
7 4 8 1 3 6 5 9 2
5 9 2 7 1 3 6 8 4
8 7 6 2 9 4 1 5 3
4 3 1 8 6 5 2 7 9
```

Solution # 385
```
1 3 9 4 5 6 8 2 7
2 6 4 1 8 7 5 3 9
8 7 5 2 3 9 4 6 1
4 1 8 5 6 3 9 7 2
7 5 6 9 2 8 1 4 3
3 9 2 7 1 4 6 8 5
9 2 3 8 4 5 7 1 6
5 4 1 6 7 2 3 9 8
6 8 7 3 9 1 2 5 4
```

Page 194

Solution # 386
```
5 7 6 2 9 8 1 3 4
1 3 2 7 5 4 8 6 9
4 8 9 3 1 6 5 2 7
9 2 1 8 4 3 7 5 6
7 4 8 5 6 2 9 1 3
3 6 5 9 7 1 4 8 2
6 5 4 1 3 7 2 9 8
2 9 3 4 8 5 6 7 1
8 1 7 6 2 9 3 4 5
```

Solution # 387
```
4 7 9 3 6 5 1 2 8
8 6 3 1 9 2 5 4 7
2 1 5 7 8 4 9 6 3
7 8 1 5 2 6 3 9 4
6 5 4 9 3 8 2 7 1
3 9 2 4 1 7 8 5 6
1 3 6 2 4 9 7 8 5
9 4 7 8 5 3 6 1 2
5 2 8 6 7 1 4 3 9
```

Solution # 388
```
4 5 6 8 9 1 2 3 7
7 2 8 4 6 3 9 1 5
1 9 3 2 5 7 4 8 6
2 4 1 6 3 8 7 5 9
8 7 9 1 2 5 6 4 3
3 6 5 9 7 4 1 2 8
9 8 7 3 4 2 5 6 1
5 3 2 7 1 6 8 9 4
6 1 4 5 8 9 3 7 2
```

Solution # 389
```
6 7 1 2 9 5 4 8 3
4 8 9 7 1 3 5 6 2
3 5 2 8 6 4 9 1 7
5 6 3 4 2 8 7 9 1
7 2 4 1 5 9 6 3 8
9 1 8 6 3 7 2 4 5
1 9 7 3 4 2 8 5 6
8 4 6 5 7 1 3 2 9
2 3 5 9 8 6 1 7 4
```

Solution # 390
```
4 8 3 5 1 9 6 7 2
1 5 9 7 6 2 8 4 3
6 2 7 4 3 8 5 1 9
2 4 8 3 9 7 1 6 5
7 1 5 2 4 6 9 3 8
9 3 6 8 5 1 7 2 4
5 9 2 6 7 4 3 8 1
3 6 4 1 8 5 2 9 7
8 7 1 9 2 3 4 5 6
```

Solution # 391
```
3 1 5 8 9 7 4 2 6
7 9 8 2 6 4 1 5 3
6 2 4 3 5 1 7 9 8
5 7 3 1 2 9 6 8 4
9 8 2 4 3 6 5 1 7
1 4 6 7 8 5 9 3 2
4 3 1 5 7 2 8 6 9
2 5 9 6 4 8 3 7 1
8 6 7 9 1 3 2 4 5
```

Solution # 392
```
2 4 1 5 7 6 3 9 8
6 8 5 2 9 3 1 7 4
3 9 7 1 4 8 5 6 2
9 7 3 4 8 2 6 1 5
1 2 6 3 5 9 4 8 7
4 5 8 6 1 7 2 3 9
5 1 9 7 6 4 8 2 3
7 6 2 8 3 5 9 4 1
8 3 4 9 2 1 7 5 6
```

Solution # 393
```
4 7 6 2 5 3 8 9 1
9 3 5 1 8 7 2 4 6
2 1 8 9 6 4 3 7 5
1 8 7 4 2 6 9 5 3
6 9 2 5 3 8 7 1 4
5 4 3 7 1 9 6 2 8
8 5 9 6 4 2 1 3 7
3 2 1 8 7 5 4 6 9
7 6 4 3 9 1 5 8 2
```

Solution # 394
```
5 2 7 3 8 9 6 4 1
3 1 6 2 7 4 8 5 9
8 4 9 1 5 6 3 7 2
7 5 3 6 9 1 4 2 8
6 8 4 7 3 2 1 9 5
1 9 2 5 4 8 7 6 3
9 7 5 8 6 3 2 1 4
2 6 8 4 1 5 9 3 7
4 3 1 9 2 7 5 8 6
```

Solution # 395
```
2 3 6 4 5 8 9 1 7
1 7 4 9 6 2 5 3 8
9 8 5 7 3 1 6 2 4
3 6 2 1 4 5 8 7 9
4 9 1 6 8 7 3 5 2
7 5 8 2 9 3 4 6 1
5 4 7 3 1 9 2 8 6
8 2 9 5 7 6 1 4 3
6 1 3 8 2 4 7 9 5
```

Solution # 396
```
8 3 2 1 7 4 9 5 6
5 4 9 6 3 8 2 7 1
1 7 6 5 9 2 3 8 4
6 9 7 8 2 3 1 4 5
3 5 8 9 4 1 7 6 2
4 2 1 7 6 5 8 9 3
7 8 4 2 1 6 5 3 9
9 1 3 4 5 7 6 2 8
2 6 5 3 8 9 4 1 7
```

Solution # 397
```
6 8 9 2 7 4 3 5 1
4 5 3 1 6 8 7 2 9
2 1 7 9 5 3 6 8 4
5 6 8 7 4 2 9 1 3
9 2 1 6 3 5 8 4 7
7 3 4 8 9 1 2 6 5
3 4 6 5 8 9 1 7 2
1 7 5 3 2 6 4 9 8
8 9 2 4 1 7 5 3 6
```

Solution # 398
```
2 5 4 7 9 6 8 1 3
6 1 9 3 4 8 7 2 5
7 8 3 1 2 5 4 6 9
5 7 8 9 6 2 1 3 4
4 9 6 8 3 1 5 7 2
3 2 1 4 5 7 6 9 8
1 3 5 6 8 9 2 4 7
8 4 7 2 1 3 9 5 6
9 6 2 5 7 4 3 8 1
```

Solution # 399
```
2 7 3 1 9 5 8 6 4
8 1 6 7 4 3 9 2 5
4 5 9 6 8 2 3 7 1
7 9 8 2 6 4 5 1 3
1 2 4 5 3 9 7 8 6
3 6 5 8 7 1 4 9 2
9 4 7 3 2 6 1 5 8
6 8 1 4 5 7 2 3 9
5 3 2 9 1 8 6 4 7
```

Solution # 400
```
6 3 4 5 9 7 8 1 2
7 9 8 2 1 3 6 4 5
1 2 5 6 4 8 3 7 9
4 7 2 9 6 1 5 8 3
3 8 6 7 5 4 2 9 1
5 1 9 3 8 2 7 6 4
8 5 3 4 7 9 1 2 6
2 4 1 8 3 6 9 7 5
9 6 7 1 2 5 4 3 8
```

Solution # 401
```
4 3 7 5 9 6 1 2 8
2 1 5 7 4 8 9 3 6
9 8 6 1 2 3 7 5 4
3 6 2 4 1 7 5 8 9
7 5 4 9 8 2 6 1 3
1 9 8 6 3 5 2 4 7
6 2 1 8 7 4 3 9 5
8 7 9 3 5 1 4 6 2
5 4 3 2 6 9 8 7 1
```

Solution # 402
```
6 4 3 5 7 1 2 9 8
1 5 9 8 2 3 6 4 7
8 7 2 4 9 6 5 3 1
9 8 7 3 6 2 1 5 4
3 1 5 7 4 8 9 6 2
2 6 4 1 5 9 7 8 3
5 3 1 6 8 7 4 2 9
4 9 8 2 1 5 3 7 6
7 2 6 9 3 4 8 1 5
```

Solution # 403
```
3 8 1 2 5 7 4 6 9
2 5 9 3 4 6 1 7 8
4 6 7 9 8 1 5 3 2
7 4 3 1 6 9 8 2 5
5 9 8 4 2 3 6 1 7
6 1 2 5 7 8 3 9 4
1 2 4 6 9 5 7 8 3
8 3 5 7 1 2 9 4 6
9 7 6 8 3 4 2 5 1
```

Solution # 404
```
2 8 7 5 6 9 3 4 1
4 6 1 2 3 8 9 7 5
9 5 3 4 7 1 8 6 2
7 3 2 1 8 5 4 9 6
6 1 5 3 9 4 7 2 8
8 9 4 6 2 7 5 1 3
1 4 6 7 5 3 2 8 9
3 7 8 9 1 2 6 5 4
5 2 9 8 4 6 1 3 7
```

Solution # 405
```
1 3 6 8 4 7 2 5 9
7 4 5 9 2 3 8 6 1
8 9 2 6 1 5 3 4 7
2 6 1 5 7 8 4 9 3
9 5 7 2 3 4 6 1 8
3 8 4 1 9 6 5 7 2
6 1 9 4 8 2 7 3 5
5 7 8 3 6 9 1 2 4
4 2 3 7 5 1 9 8 6
```

Solution # 406
```
2 3 8 6 4 7 9 5 1
4 6 1 2 5 9 7 8 3
9 5 7 8 1 3 6 4 2
3 2 5 7 6 4 8 1 9
6 1 9 5 3 8 2 7 4
8 7 4 9 2 1 3 6 5
5 8 2 4 9 6 1 3 7
1 4 6 3 7 2 5 9 8
7 9 3 1 8 5 4 2 6
```

Solution # 407
```
4 3 2 8 7 9 1 6 5
6 5 7 2 1 3 8 4 9
1 8 9 6 4 5 2 3 7
7 1 3 5 9 8 6 2 4
5 2 4 3 6 1 7 9 8
8 9 6 4 2 7 3 5 1
3 6 5 1 8 4 9 7 2
2 7 8 9 5 6 4 1 3
9 4 1 7 3 2 5 8 6
```

Solution # 408
```
3 2 5 6 9 7 8 1 4
8 7 9 4 1 5 6 3 2
4 6 1 2 3 8 5 9 7
2 9 4 5 8 1 3 7 6
6 8 3 7 2 9 4 5 1
5 1 7 3 4 6 9 2 8
1 5 6 8 7 3 2 4 9
7 4 8 9 5 2 1 6 3
9 3 2 1 6 4 7 8 5
```

Solution # 409
```
7 6 8 1 4 2 9 3 5
4 3 2 5 9 8 1 7 6
1 9 5 6 7 3 2 8 4
8 5 9 7 1 4 3 6 2
3 1 4 8 2 6 5 9 7
6 2 7 3 5 9 8 4 1
5 7 3 9 6 1 4 2 8
9 4 6 2 8 5 7 1 3
2 8 1 4 3 7 6 5 9
```

Solution # 410
```
6 9 1 2 5 4 8 7 3
2 5 7 8 9 3 6 4 1
3 4 8 6 7 1 2 5 9
7 8 5 4 1 2 9 3 6
9 3 6 7 8 5 4 1 2
1 2 4 9 3 6 7 8 5
4 1 2 3 6 7 5 9 8
8 7 3 5 2 9 1 6 4
5 6 9 1 4 8 3 2 7
```

Solution # 411
```
7 3 4 9 2 8 5 1 6
9 2 6 3 5 1 7 8 4
8 1 5 7 6 4 3 9 2
2 4 7 5 8 3 9 6 1
5 9 1 2 7 6 8 4 3
6 8 3 4 1 9 2 7 5
4 6 9 8 3 5 1 2 7
1 5 2 6 9 7 4 3 8
3 7 8 1 4 2 6 5 9
```

Solution # 412
```
2 3 8 6 4 5 1 9 7
6 7 9 1 3 8 5 2 4
1 4 5 9 7 2 6 3 8
5 9 7 8 2 6 4 1 3
4 2 1 7 9 3 8 5 6
8 6 3 5 1 4 9 7 2
3 5 2 4 6 1 7 8 9
9 1 4 2 8 7 3 6 5
7 8 6 3 5 9 2 4 1
```

Solution # 413
```
3 9 4 6 7 8 5 2 1
2 1 6 9 5 3 4 7 8
5 8 7 4 1 2 9 6 3
4 2 9 5 8 1 7 3 6
1 6 5 7 3 4 8 9 2
7 3 8 2 9 6 1 5 4
6 5 2 1 4 7 3 8 9
8 7 1 3 6 9 2 4 5
9 4 3 8 2 5 6 1 7
```

Solution # 414
```
1 9 2 8 3 5 6 4 7
7 3 4 6 1 9 2 8 5
5 6 8 7 4 2 1 3 9
9 7 6 1 8 3 4 5 2
3 2 1 5 6 4 9 7 8
8 4 5 2 9 7 3 6 1
4 1 7 3 2 8 5 9 6
2 5 3 9 7 6 8 1 4
6 8 9 4 5 1 7 2 3
```

Solution # 415
```
2 5 4 8 3 6 9 1 7
6 7 1 2 9 4 5 3 8
3 8 9 5 1 7 4 6 2
7 1 6 9 4 2 3 8 5
8 4 3 6 5 1 2 7 9
5 9 2 7 8 3 1 4 6
1 6 8 4 2 9 7 5 3
4 2 5 3 7 8 6 9 1
9 3 7 1 6 5 8 2 4
```

Solution # 416
```
2 7 8 1 3 4 9 6 5
3 9 1 5 6 7 2 4 8
4 5 6 9 2 8 1 7 3
1 2 4 8 7 5 3 9 6
8 6 9 3 1 2 7 5 4
5 3 7 4 9 6 8 2 1
9 8 2 6 4 1 5 3 7
6 1 3 7 5 9 4 8 2
7 4 5 2 8 3 6 1 9
```

Solution # 417
```
4 7 2 9 1 8 6 3 5
3 6 1 2 5 7 4 9 8
9 5 8 4 6 3 7 1 2
6 1 9 8 2 5 3 4 7
2 4 7 1 3 9 5 8 6
8 3 5 6 7 4 9 2 1
1 2 4 7 9 6 8 5 3
5 8 6 3 4 1 2 7 9
7 9 3 5 8 2 1 6 4
```

Solution # 418
```
3 5 2 4 1 9 8 7 6
4 8 1 2 6 7 3 9 5
6 7 9 8 5 3 4 2 1
1 2 5 7 4 8 6 3 9
8 9 3 1 2 6 7 5 4
7 4 6 3 9 5 2 1 8
2 6 4 9 3 1 5 8 7
9 3 8 5 7 4 1 6 2
5 1 7 6 8 2 9 4 3
```

Solution # 419
```
3 2 8 6 1 5 4 7 9
5 4 1 9 8 7 6 2 3
6 9 7 4 3 2 1 8 5
2 7 3 1 4 6 5 9 8
8 1 9 7 5 3 2 4 6
4 5 6 8 2 9 7 3 1
7 3 2 5 9 1 8 6 4
9 8 5 2 6 4 3 1 7
1 6 4 3 7 8 9 5 2
```

Solution # 420
```
9 3 4 1 2 5 7 8 6
6 1 8 4 7 9 5 3 2
7 5 2 3 6 8 4 9 1
4 2 7 8 5 1 9 6 3
1 8 9 6 4 3 2 5 7
3 6 5 2 9 7 8 1 4
8 4 6 9 1 2 3 7 5
2 7 3 5 8 6 1 4 9
5 9 1 7 3 4 6 2 8
```

Solution # 421

```
8 1 2 3 9 5 4 6 7
7 5 4 1 6 8 2 9 3
6 3 9 4 7 2 5 8 1
3 4 7 9 5 6 1 2 8
9 2 1 8 3 4 7 5 6
5 8 6 7 2 1 3 4 9
2 6 3 5 8 7 9 1 4
1 7 5 6 4 9 8 3 2
4 9 8 2 1 3 6 7 5
```

Solution # 422

```
1 8 4 5 2 7 3 6 9
5 9 2 8 6 3 1 7 4
7 6 3 4 1 9 2 8 5
3 4 6 9 8 1 7 5 2
9 2 5 7 3 6 8 4 1
8 7 1 2 4 5 6 9 3
6 5 9 1 7 2 4 3 8
4 1 7 3 5 8 9 2 6
2 3 8 6 9 4 5 1 7
```

Solution # 423

```
7 1 2 9 3 5 4 6 8
3 9 5 8 4 6 2 1 7
8 6 4 2 1 7 5 3 9
5 7 6 4 8 9 3 2 1
9 2 8 1 5 3 6 7 4
4 3 1 6 7 2 9 8 5
1 4 3 5 6 8 7 9 2
6 5 9 7 2 1 8 4 3
2 8 7 3 9 4 1 5 6
```

Solution # 424

```
4 3 2 6 5 1 8 9 7
9 5 6 7 4 8 2 3 1
8 1 7 9 2 3 4 6 5
6 4 5 2 1 9 7 8 3
2 8 9 4 3 7 1 5 6
1 7 3 5 8 6 9 4 2
3 2 4 1 9 5 6 7 8
5 6 1 8 7 4 3 2 9
7 9 8 3 6 2 5 1 4
```

Solution # 425

```
9 8 5 4 2 3 6 7 1
2 3 1 7 6 9 5 4 8
6 4 7 8 5 1 9 3 2
7 6 8 9 4 2 1 5 3
4 5 9 3 1 8 2 6 7
1 2 3 5 7 6 8 9 4
3 9 6 1 8 4 7 2 5
8 7 4 2 9 5 3 1 6
5 1 2 6 3 7 4 8 9
```

Solution # 426

```
7 1 6 9 3 5 2 4 8
5 4 9 2 8 7 3 6 1
8 2 3 4 1 6 9 7 5
4 8 7 3 9 2 1 5 6
9 3 5 7 6 1 4 8 2
1 6 2 8 5 4 7 9 3
6 5 4 1 7 3 8 2 9
2 9 1 6 4 8 5 3 7
3 7 8 5 2 9 6 1 4
```

Solution # 427

```
4 6 8 5 9 7 2 1 3
2 1 5 4 3 6 9 8 7
7 9 3 8 2 1 5 4 6
1 8 2 3 6 9 7 5 4
3 5 4 2 7 8 6 9 1
9 7 6 1 4 5 3 2 8
6 2 7 9 1 4 8 3 5
8 3 1 6 5 2 4 7 9
5 4 9 7 8 3 1 6 2
```

Solution # 428

```
6 2 8 9 1 5 3 4 7
7 1 5 3 2 4 8 9 6
3 9 4 8 7 6 1 2 5
4 5 2 1 6 7 9 8 3
8 7 1 2 9 3 5 6 4
9 6 3 4 5 8 2 7 1
1 4 9 6 3 2 7 5 8
5 3 6 7 8 9 4 1 2
2 8 7 5 4 1 6 3 9
```

Solution # 429

```
2 6 4 8 7 1 9 3 5
5 3 9 2 4 6 8 7 1
7 1 8 9 5 3 2 6 4
3 2 6 1 8 4 5 9 7
9 4 7 6 2 5 1 8 3
8 5 1 3 9 7 4 2 6
1 7 2 4 6 9 3 5 8
4 8 5 7 3 2 6 1 9
6 9 3 5 1 8 7 4 2
```

Solution # 430

```
1 3 7 2 5 8 6 9 4
4 5 6 7 3 9 8 1 2
2 9 8 6 4 1 5 3 7
7 8 5 9 6 4 1 2 3
6 1 3 8 7 2 9 4 5
9 4 2 5 1 3 7 6 8
3 7 4 1 8 6 2 5 9
5 2 1 4 9 7 3 8 6
8 6 9 3 2 5 4 7 1
```

Solution # 431

```
1 5 3 9 2 4 6 7 8
4 2 9 7 6 8 1 5 3
6 8 7 5 3 1 2 4 9
5 4 2 1 8 9 3 6 7
3 9 6 2 7 5 8 1 4
7 1 8 3 4 6 9 2 5
8 6 5 4 1 3 7 9 2
9 7 1 8 5 2 4 3 6
2 3 4 6 9 7 5 8 1
```

Solution # 432

```
2 5 6 9 1 8 7 3 4
4 7 1 2 6 3 5 9 8
3 8 9 5 7 4 1 6 2
5 1 2 4 3 9 6 8 7
9 6 7 8 5 1 2 4 3
8 4 3 7 2 6 9 5 1
6 3 5 1 4 7 8 2 9
7 2 8 3 9 5 4 1 6
1 9 4 6 8 2 3 7 5
```

Solution # 433

```
1 4 7 2 3 5 6 9 8
9 5 3 6 8 7 2 1 4
6 2 8 4 1 9 5 7 3
4 8 2 7 5 1 9 3 6
5 7 9 3 6 4 8 2 1
3 1 6 8 9 2 4 5 7
8 9 4 1 2 3 7 6 5
2 6 1 5 7 8 3 4 9
7 3 5 9 4 6 1 8 2
```

Solution # 434

```
1 9 6 5 2 7 8 3 4
5 8 4 1 3 6 9 2 7
3 2 7 9 4 8 6 1 5
2 3 5 8 7 9 4 6 1
4 7 8 6 1 3 2 5 9
6 1 9 2 5 4 7 8 3
7 4 2 3 6 5 1 9 8
9 5 1 7 8 2 3 4 6
8 6 3 4 9 1 5 7 2
```

Solution # 435

```
4 8 6 3 1 9 2 7 5
3 7 1 4 5 2 8 6 9
2 5 9 6 7 8 4 3 1
1 3 4 9 2 6 7 5 8
9 6 8 5 4 7 3 1 2
7 2 5 1 8 3 6 9 4
6 4 3 8 9 1 5 2 7
5 9 2 7 3 4 1 8 6
8 1 7 2 6 5 9 4 3
```

Solution # 436

```
8 2 1 5 7 4 9 3 6
4 6 9 2 3 1 8 7 5
3 7 5 9 6 8 1 2 4
5 4 8 7 1 2 3 6 9
1 9 7 6 4 3 2 5 8
6 3 2 8 5 9 7 4 1
9 5 4 3 8 7 6 1 2
7 8 6 1 2 5 4 9 3
2 1 3 4 9 6 5 8 7
```

Solution # 437

```
5 4 6 8 3 7 2 1 9
7 9 3 1 5 2 6 8 4
1 2 8 6 9 4 3 5 7
2 3 7 5 1 6 4 9 8
9 6 1 4 8 3 5 7 2
8 5 4 7 2 9 1 6 3
6 8 2 3 7 5 9 4 1
4 1 9 2 6 8 7 3 5
3 7 5 9 4 1 8 2 6
```

Solution # 438

```
9 4 5 7 8 3 2 6 1
7 8 1 4 2 6 3 5 9
3 2 6 1 9 5 4 8 7
2 7 9 5 6 4 1 3 8
8 6 4 2 3 1 9 7 5
1 5 3 9 7 8 6 2 4
5 3 2 8 1 9 7 4 6
6 9 8 3 4 7 5 1 2
4 1 7 6 5 2 8 9 3
```

Solution # 439

```
2 1 7 4 9 8 5 3 6
8 4 3 7 6 5 1 2 9
5 9 6 1 2 3 8 7 4
4 5 8 6 1 7 2 9 3
7 6 2 8 3 9 4 5 1
1 3 9 2 5 4 6 8 7
9 2 5 3 4 1 7 6 8
6 7 4 9 8 2 3 1 5
3 8 1 5 7 6 9 4 2
```

Solution # 440

```
7 6 3 8 2 5 9 1 4
2 9 1 7 4 3 5 6 8
4 5 8 1 9 6 2 7 3
1 8 5 6 3 7 4 9 2
3 2 7 4 5 9 6 8 1
6 4 9 2 1 8 7 3 5
5 3 6 9 8 2 1 4 7
8 7 4 5 6 1 3 2 9
9 1 2 3 7 4 8 5 6
```

Solution # 441

```
4 1 7 5 2 6 9 8 3
6 2 9 7 3 8 4 1 5
5 8 3 1 4 9 2 7 6
3 7 1 4 6 2 8 5 9
2 6 4 8 9 5 7 3 1
9 5 8 3 1 7 6 4 2
8 4 6 9 5 3 1 2 7
1 3 2 6 7 4 5 9 8
7 9 5 2 8 1 3 6 4
```

Solution # 442

```
2 7 1 3 4 5 9 6 8
8 4 6 7 9 2 5 1 3
3 5 9 6 1 8 4 2 7
9 1 2 4 5 3 8 7 6
7 8 3 1 6 9 2 4 5
4 6 5 8 2 7 3 9 1
1 3 8 2 7 4 6 5 9
6 9 4 5 8 1 7 3 2
5 2 7 9 3 6 1 8 4
```

Solution # 443

```
5 4 1 2 6 3 7 8 9
8 2 6 1 7 9 3 5 4
7 3 9 4 5 8 2 6 1
2 9 4 3 8 7 5 1 6
3 5 8 6 9 1 4 2 7
6 1 7 5 2 4 8 9 3
1 6 2 7 3 5 9 4 8
4 8 3 9 1 2 6 7 5
9 7 5 8 4 6 1 3 2
```

Solution # 444

```
8 3 6 1 2 7 4 9 5
4 1 2 3 9 5 6 8 7
7 9 5 8 4 6 1 2 3
5 7 1 4 6 8 2 3 9
9 4 3 2 7 1 8 5 6
6 2 8 9 5 3 7 4 1
1 6 4 5 3 2 9 7 8
2 5 7 6 8 9 3 1 4
3 8 9 7 1 4 5 6 2
```

Solution # 445

```
9 2 8 5 7 3 6 1 4
3 7 5 4 1 6 8 9 2
4 1 6 9 2 8 7 3 5
7 6 3 2 8 9 4 5 1
5 9 2 1 4 7 3 8 6
8 4 1 6 3 5 2 7 9
2 3 4 8 5 1 9 6 7
1 8 9 7 6 4 5 2 3
6 5 7 3 9 2 1 4 8
```

Solution # 446

```
3 5 4 1 9 8 2 6 7
8 1 2 3 7 6 4 5 9
7 6 9 5 4 2 1 8 3
2 9 5 4 1 7 6 3 8
4 8 7 6 5 3 9 1 2
1 3 6 8 2 9 5 7 4
9 2 3 7 6 5 8 4 1
6 7 1 9 8 4 3 2 5
5 4 8 2 3 1 7 9 6
```

Solution # 447

```
6 3 5 2 7 8 1 4 9
7 4 2 9 1 3 8 6 5
9 8 1 6 5 4 7 3 2
4 2 7 5 6 1 3 9 8
8 5 3 7 4 9 6 2 1
1 6 9 3 8 2 4 5 7
5 9 6 1 3 7 2 8 4
3 7 4 8 2 5 9 1 6
2 1 8 4 9 6 5 7 3
```

Solution # 448

```
1 2 8 6 4 9 5 3 7
3 5 6 1 7 2 4 8 9
7 4 9 5 8 3 2 6 1
2 6 3 7 1 4 8 9 5
5 7 4 8 9 6 3 1 2
8 9 1 2 3 5 6 7 4
4 1 2 3 6 7 9 5 8
9 3 7 4 5 8 1 2 6
6 8 5 9 2 1 7 4 3
```

Solution # 449

```
6 2 3 9 4 1 7 5 8
5 9 8 2 3 7 4 1 6
4 1 7 6 8 5 9 2 3
8 4 2 1 5 9 3 6 7
3 5 9 4 7 6 2 8 1
7 6 1 8 2 3 5 9 4
1 8 4 7 9 2 6 3 5
2 7 5 3 6 8 1 4 9
9 3 6 5 1 4 8 7 2
```

Solution # 450

```
1 8 9 6 3 2 5 7 4
3 6 5 8 4 7 1 2 9
2 7 4 5 1 9 3 6 8
5 9 8 7 6 3 2 4 1
4 3 6 2 5 1 8 9 7
7 1 2 9 8 4 6 3 5
8 5 7 3 9 6 4 1 2
9 4 3 1 2 5 7 8 6
6 2 1 4 7 8 9 5 3
```

Solution # 451

```
4 5 1 9 6 8 2 7 3
2 9 6 7 3 5 8 1 4
3 7 8 4 2 1 9 6 5
6 4 2 1 5 9 3 8 7
5 3 7 2 8 6 4 9 1
1 8 9 3 4 7 5 2 6
7 2 3 8 1 4 6 5 9
9 6 4 5 7 2 1 3 8
8 1 5 6 9 3 7 4 2
```

Solution # 452

```
4 3 9 6 2 8 5 7 1
7 2 5 3 1 9 6 8 4
6 1 8 5 4 7 3 9 2
2 5 6 9 3 1 7 4 8
8 4 1 7 6 5 9 2 3
3 9 7 4 8 2 1 6 5
5 8 2 1 9 6 4 3 7
9 7 3 8 5 4 2 1 6
1 6 4 2 7 3 8 5 9
```

Solution # 453

```
8 5 3 6 1 2 7 9 4
4 9 6 3 8 7 2 1 5
1 7 2 9 4 5 3 8 6
7 6 8 1 2 3 5 4 9
9 3 1 5 6 4 8 2 7
2 4 5 7 9 8 6 3 1
3 1 9 2 5 6 4 7 8
5 2 4 8 7 9 1 6 3
6 8 7 4 3 1 9 5 2
```

Solution # 454

```
9 5 8 2 1 7 6 3 4
3 7 2 4 6 9 5 8 1
6 4 1 8 3 5 2 7 9
7 9 5 3 2 1 8 4 6
2 6 4 7 9 8 3 1 5
8 1 3 6 5 4 7 9 2
1 8 7 5 4 6 9 2 3
4 2 6 9 8 3 1 5 7
5 3 9 1 7 2 4 6 8
```

Solution # 455

```
5 4 6 3 1 7 8 2 9
2 7 9 6 8 5 1 3 4
8 3 1 4 9 2 6 7 5
6 5 7 2 4 8 3 9 1
9 8 2 7 3 1 4 5 6
4 1 3 5 6 9 2 8 7
7 6 8 1 5 3 9 4 2
3 2 4 9 7 6 5 1 8
1 9 5 8 2 4 7 6 3
```

```
Solution # 456          Solution # 457          Solution # 458          Solution # 459          Solution # 460
3 1 6 8 2 5 7 9 4       2 3 6 5 4 7 8 1 9       6 3 7 2 5 9 1 4 8       1 2 6 5 9 8 7 3 4       4 2 8 5 7 3 9 6 1
8 4 2 9 1 7 5 6 3       5 7 9 8 6 1 3 4 2       8 9 2 6 4 1 5 7 3       7 5 3 1 2 4 6 9 8       9 6 7 8 2 1 4 5 3
7 5 9 4 3 6 8 2 1       8 4 1 9 3 2 5 7 6       4 1 5 7 3 8 6 2 9       9 4 8 7 6 3 2 1 5       1 5 3 4 6 9 2 7 8
4 2 7 5 8 1 9 3 6       1 9 7 4 2 5 6 3 8       9 8 1 4 7 6 2 3 5       3 7 2 8 4 6 1 5 9       6 4 9 7 3 8 1 2 5
1 9 8 6 4 3 2 5 7       3 8 4 6 7 9 2 5 1       2 5 6 1 9 3 7 8 4       6 9 1 3 5 2 4 8 7       8 1 5 2 9 4 6 3 7
6 3 5 2 7 9 1 4 8       6 2 5 3 1 8 7 9 4       7 4 3 8 2 5 9 6 1       5 8 4 9 7 1 3 2 6       7 3 2 1 5 6 8 4 9
2 6 1 3 5 8 4 7 9       7 6 8 1 5 4 9 2 3       3 2 4 5 1 7 8 9 6       2 3 5 4 8 7 9 6 1       2 7 6 9 8 5 3 1 4
9 7 4 1 6 2 3 8 5       9 1 2 7 8 3 4 6 5       5 7 8 9 6 4 3 1 2       8 6 7 2 1 9 5 4 3       5 9 1 3 4 2 7 8 6
5 8 3 7 9 4 6 1 2       4 5 3 2 9 6 1 8 7       1 6 9 3 8 2 4 5 7       4 1 9 6 3 5 8 7 2       3 8 4 6 1 7 5 9 2

Solution # 461          Solution # 462          Solution # 463          Solution # 464          Solution # 465
2 9 3 4 8 1 6 5 7       9 5 2 6 1 4 8 7 3       4 8 9 5 7 3 6 1 2       4 8 3 1 9 5 6 7 2       9 5 7 6 1 3 2 8 4
7 4 5 3 2 6 8 9 1       1 8 6 2 7 3 5 9 4       1 2 6 4 8 9 3 5 7       2 6 5 7 4 8 3 9 1       6 3 4 5 2 8 1 9 7
8 1 6 5 9 7 3 4 2       4 7 3 8 5 9 2 1 6       7 5 3 6 1 2 4 9 8       9 7 1 3 6 2 8 4 5       1 2 8 9 4 7 3 6 5
5 2 4 1 3 8 9 7 6       6 1 5 3 2 8 7 4 9       9 3 2 7 4 6 5 8 1       1 4 2 6 8 7 9 5 3       5 8 1 3 7 2 6 4 9
6 7 1 9 4 2 5 8 3       2 3 9 4 7 5 6 8 1       5 4 7 1 9 8 2 6 3       8 5 9 4 3 1 7 2 6       7 4 2 1 9 6 5 3 8
9 3 8 7 6 5 1 2 4       8 4 7 9 6 1 3 2 5       6 1 8 3 2 5 7 4 9       7 3 6 2 5 9 1 8 4       3 6 9 4 8 5 7 1 2
1 6 2 8 7 9 4 3 5       5 6 4 1 8 2 9 3 7       8 9 4 2 6 7 1 3 5       3 1 8 9 2 4 5 6 7       2 7 3 8 6 4 9 5 1
3 8 7 6 5 4 2 1 9       7 9 8 4 3 6 1 5 2       2 6 5 8 3 1 9 7 4       6 9 4 5 7 3 2 1 8       8 1 6 7 5 9 4 2 3
4 5 9 2 1 3 7 6 8       3 2 1 5 9 7 4 6 8       3 7 1 9 5 4 8 2 6       5 2 7 8 1 6 4 3 9       4 9 5 2 3 1 8 7 6

Solution # 466          Solution # 467          Solution # 468          Solution # 469          Solution # 470
6 1 7 2 4 8 5 3 9       4 7 3 9 6 8 2 5 1       6 3 9 2 5 8 4 1 7       9 8 6 1 3 7 4 2 5       2 1 6 7 3 5 4 8 9
9 2 5 7 3 6 4 1 8       9 2 1 4 5 7 3 8 6       4 5 7 3 1 6 2 8 9       4 3 7 2 8 5 9 1 6       7 5 9 6 4 8 1 3 2
4 3 8 9 1 5 2 7 6       6 8 5 1 2 3 4 7 9       1 8 2 9 7 4 5 3 6       1 5 2 6 4 9 7 3 8       3 4 8 1 9 2 5 6 7
8 4 6 3 5 9 1 2 7       5 4 9 8 3 1 7 6 2       9 7 1 8 4 2 6 5 3       6 2 9 3 7 1 5 8 4       1 7 5 4 6 9 3 2 8
7 5 3 6 2 1 9 8 4       3 6 2 5 7 4 1 9 8       3 2 5 6 9 1 7 4 8       3 1 8 4 5 6 2 9 7       4 6 2 5 8 3 7 9 1
2 9 1 8 7 4 6 5 3       8 1 7 6 9 2 5 3 4       8 6 4 7 3 5 9 2 1       7 4 5 9 2 8 3 6 1       8 9 3 2 7 1 6 5 4
3 6 9 1 8 2 7 4 5       1 3 4 7 8 9 6 2 5       2 4 3 1 6 9 8 7 5       2 9 1 7 6 4 8 5 3       9 2 1 3 5 4 8 7 6
1 8 4 5 6 7 3 9 2       7 9 6 2 1 5 8 4 3       7 9 8 5 2 3 1 6 4       8 7 3 5 1 2 6 4 9       6 3 4 8 2 7 9 1 5
5 7 2 4 9 3 8 6 1       2 5 8 3 4 6 9 1 7       5 1 6 4 8 7 3 9 2       5 6 4 8 9 3 1 7 2       5 8 7 9 1 6 2 4 3

Solution # 471          Solution # 472          Solution # 473          Solution # 474          Solution # 475
2 3 1 5 6 7 9 4 8       9 5 1 7 2 3 8 6 4       3 2 9 8 6 5 4 7 1       3 2 4 9 1 6 8 7 5       4 8 2 6 5 7 9 3 1
5 9 6 8 4 3 1 7 2       2 8 7 4 6 5 9 1 3       5 6 7 1 4 2 9 3 8       6 8 9 7 5 4 3 1 2       7 3 5 8 9 1 6 4 2
4 7 8 1 9 2 3 6 5       4 6 3 8 9 1 2 7 5       4 1 8 9 3 7 2 6 5       5 1 7 2 8 3 4 6 9       6 1 9 2 3 4 5 8 7
7 6 3 9 8 5 2 1 4       1 4 8 9 5 2 6 3 7       7 3 2 4 5 9 1 8 6       2 6 8 3 7 5 1 9 4       9 6 3 1 4 5 7 2 8
9 4 2 3 7 1 5 8 6       3 2 5 6 1 7 4 9 8       9 4 6 7 8 1 5 2 3       7 4 1 6 9 8 5 2 3       1 5 7 9 2 8 3 6 4
8 1 5 4 2 6 7 9 3       7 9 6 3 4 8 1 5 2       1 8 5 3 2 6 7 4 9       9 3 5 1 4 2 7 8 6       2 4 8 7 6 3 1 5 9
3 8 9 2 1 4 6 5 7       5 1 9 2 7 4 3 8 6       6 9 1 2 7 8 3 5 4       8 9 3 4 2 7 6 5 1       8 2 6 5 7 9 4 1 3
6 2 4 7 5 9 8 3 1       8 7 2 1 3 6 5 4 9       8 7 3 5 9 4 6 1 2       4 5 2 8 6 1 9 3 7       3 7 1 4 8 6 2 9 5
1 5 7 6 3 8 4 2 9       6 3 4 5 8 9 7 2 1       2 5 4 6 1 3 8 9 7       1 7 6 5 3 9 2 4 8       5 9 4 3 1 2 8 7 6

Solution # 476          Solution # 477          Solution # 478          Solution # 479          Solution # 480
1 5 9 8 6 4 7 2 3       4 1 5 6 8 7 2 3 9       4 5 8 2 1 3 6 7 9       8 6 1 5 3 2 9 4 7       2 5 3 7 4 6 9 1 8
2 4 7 5 9 3 1 8 6       6 8 9 2 3 5 7 1 4       7 3 2 4 6 9 1 5 8       5 9 3 7 4 8 6 2 1       1 6 8 9 2 3 5 7 4
3 8 6 7 2 1 4 9 5       3 2 7 9 1 4 5 8 6       1 6 9 7 8 5 2 4 3       4 7 2 6 9 1 5 3 8       7 4 9 8 1 5 3 6 2
9 7 8 4 3 2 6 5 1       5 7 2 3 4 8 9 6 1       6 9 4 1 3 2 5 8 7       3 4 5 8 6 7 1 9 2       9 8 5 1 3 4 7 2 6
6 2 4 1 5 8 3 7 9       9 6 8 7 2 1 4 5 3       5 8 7 9 4 6 3 2 1       1 2 6 9 5 4 7 8 3       6 7 1 2 5 8 4 3 9
5 3 1 6 7 9 8 4 2       1 4 3 5 6 9 8 2 7       2 1 3 8 5 7 4 9 6       7 8 9 2 1 3 4 5 6       3 2 4 6 9 7 8 5 1
4 9 5 3 8 6 2 1 7       7 3 6 8 9 2 1 4 5       3 4 6 5 9 8 7 1 2       6 5 8 1 2 9 3 7 4       5 3 6 4 8 2 1 9 7
7 1 3 2 4 5 9 6 8       2 9 1 4 5 6 3 7 8       9 7 5 6 2 1 8 3 4       2 1 4 3 7 5 8 6 9       8 9 2 5 7 1 6 4 3
8 6 2 9 1 7 5 3 4       8 5 4 1 7 3 6 9 2       8 2 1 3 7 4 9 6 5       9 3 7 4 8 6 2 1 5       4 1 7 3 6 9 2 8 5

Solution # 481          Solution # 482          Solution # 483          Solution # 484          Solution # 485
6 2 3 4 7 1 9 5 8       9 5 2 8 7 1 4 3 6       5 7 3 6 8 1 9 2 4       7 1 4 8 3 2 5 6 9       8 9 7 4 1 6 3 2 5
5 8 4 6 3 9 2 1 7       4 8 1 6 3 5 9 7 2       6 1 2 5 9 4 7 3 8       8 9 2 4 6 5 1 7 3       6 3 5 7 9 2 4 8 1
9 7 1 8 2 5 4 3 6       7 6 3 2 9 4 5 8 1       9 8 4 7 2 3 5 1 6       5 3 6 9 7 1 4 8 2       2 4 1 3 5 8 6 7 9
8 1 5 2 9 3 7 6 4       6 3 8 4 5 9 1 2 7       2 6 7 3 5 8 4 9 1       4 7 9 1 5 6 2 3 8       7 6 3 5 8 4 9 1 2
7 4 2 5 8 6 1 9 3       5 2 7 1 8 3 6 4 9       3 4 5 9 1 7 8 6 2       6 2 1 3 8 4 9 5 7       4 8 9 2 6 1 5 3 7
3 6 9 1 4 7 5 8 2       1 4 9 7 2 6 8 5 3       1 9 8 4 6 2 3 7 5       3 8 5 2 9 7 6 4 1       5 1 2 9 3 7 8 6 4
1 5 8 7 6 2 3 4 9       3 1 5 9 4 2 7 6 8       7 3 1 2 4 5 6 8 9       2 5 3 7 4 9 8 1 6       3 2 4 6 7 5 1 9 8
2 3 6 9 5 4 8 7 1       2 7 6 5 1 8 3 9 4       4 2 6 8 7 9 1 5 3       9 4 8 6 1 3 7 2 5       9 7 8 1 4 3 2 5 6
4 9 7 3 1 8 6 2 5       8 9 4 3 6 7 2 1 5       8 5 9 1 3 6 2 4 7       1 6 7 5 2 8 3 9 4       1 5 6 8 2 9 7 4 3

Solution # 486          Solution # 487          Solution # 488          Solution # 489          Solution # 490
4 5 2 3 7 9 1 8 6       3 6 1 7 4 9 2 8 5       6 9 3 7 2 4 1 5 8       5 1 8 3 6 4 7 9 2       8 3 5 6 2 1 4 9 7
3 1 7 6 2 8 9 5 4       9 4 8 2 6 5 3 1 7       5 1 7 3 8 6 4 9 2       4 7 3 1 9 2 6 8 5       1 6 9 8 4 7 5 2 3
6 8 9 5 4 1 7 2 3       2 5 7 1 3 8 4 6 9       8 4 2 1 9 5 7 6 3       9 2 6 7 5 8 4 3 1       7 2 4 9 5 3 8 6 1
1 4 8 7 3 5 2 6 9       6 7 2 3 1 4 5 9 8       3 7 8 5 4 9 2 1 6       3 4 9 8 2 7 5 1 6       9 4 6 2 1 5 3 7 8
2 7 6 8 9 4 5 3 1       8 3 4 9 5 7 1 2 6       4 2 9 6 3 1 8 7 5       1 8 5 9 4 6 3 2 7       3 5 1 7 8 9 2 4 6
9 3 5 1 6 2 4 7 8       5 1 9 8 2 6 7 3 4       1 6 5 2 7 8 3 4 9       2 6 7 5 3 1 9 4 8       2 8 7 3 4 6 1 5 9
7 2 3 9 1 6 8 4 5       7 9 3 4 8 2 6 5 1       2 5 6 8 1 7 9 3 4       7 9 2 4 8 5 1 6 3       6 9 8 4 3 2 7 1 5
8 6 1 4 5 7 3 9 2       1 8 5 6 7 3 9 4 2       7 8 4 9 6 3 5 2 1       8 5 4 6 1 3 2 7 9       4 1 3 5 7 6 9 8 2
5 9 4 2 8 3 6 1 7       4 2 6 5 9 1 8 7 3       9 3 1 4 5 2 6 8 7       6 3 1 2 7 9 8 5 4       5 7 2 1 9 8 6 3 4
```

Solution # 491
```
1 7 5 6 9 3 8 4 2
3 9 6 2 4 8 5 1 7
4 2 8 1 7 5 6 9 3
5 1 4 7 8 6 3 2 9
9 6 2 4 3 1 7 5 8
7 8 3 9 5 2 4 6 1
2 3 1 8 6 4 9 7 5
8 4 9 5 1 7 2 3 6
6 5 7 3 2 9 1 8 4
```

Solution # 492
```
6 9 4 7 5 2 3 8 1
2 8 1 9 6 3 4 7 5
7 3 5 4 1 8 9 2 6
5 7 8 3 2 6 1 4 9
3 4 9 8 7 1 6 5 2
1 2 6 5 9 4 8 3 7
4 6 2 1 8 7 5 9 3
9 1 3 2 4 5 7 6 8
8 5 7 6 3 9 2 1 4
```

Solution # 493
```
7 6 4 9 1 8 2 5 3
9 5 2 7 3 6 1 4 8
8 3 1 5 4 2 6 9 7
2 9 6 4 5 3 7 8 1
4 7 8 6 2 1 9 3 5
3 1 5 8 9 7 4 6 2
6 2 3 1 8 9 5 7 4
1 4 9 3 7 5 8 2 6
5 8 7 2 6 4 3 1 9
```

Solution # 494
```
5 4 8 2 9 3 6 1 7
6 2 1 5 7 4 3 9 8
9 3 7 8 1 6 2 5 4
4 9 3 7 8 5 1 2 6
8 7 2 3 6 1 5 4 9
1 5 6 9 4 2 7 8 3
2 8 5 4 3 7 9 6 1
3 1 4 6 5 9 8 7 2
7 6 9 1 2 8 4 3 5
```

Solution # 495
```
6 5 4 3 1 7 2 9 8
8 7 1 9 2 5 4 6 3
3 9 2 4 8 6 5 1 7
9 4 3 7 6 8 1 5 2
1 2 6 5 9 3 7 8 4
5 8 7 2 4 1 6 3 9
2 3 9 1 5 4 8 7 6
7 6 5 8 3 2 9 4 1
4 1 8 6 7 9 3 2 5
```

Solution # 496
```
4 2 8 6 3 7 5 9 1
5 1 3 2 8 9 7 4 6
9 7 6 4 5 1 3 2 8
6 4 1 5 7 2 9 8 3
7 3 9 1 6 8 4 5 2
8 5 2 3 9 4 6 1 7
3 6 4 8 2 5 1 7 9
1 8 7 9 4 3 2 6 5
2 9 5 7 1 6 8 3 4
```

Solution # 497
```
7 5 2 6 3 8 4 1 9
3 6 1 7 9 4 5 2 8
4 8 9 5 1 2 3 6 7
5 7 4 3 6 9 2 8 1
1 2 3 8 4 7 6 9 5
8 9 6 2 5 1 7 4 3
9 1 5 4 2 3 8 7 6
6 4 7 1 8 5 9 3 2
2 3 8 9 7 6 1 5 4
```

Solution # 498
```
5 7 8 9 1 6 3 4 2
1 2 9 4 3 5 6 8 7
6 4 3 7 2 8 5 1 9
8 9 4 3 7 1 2 6 5
3 1 2 6 5 4 9 7 8
7 5 6 2 8 9 4 3 1
4 8 5 1 6 2 7 9 3
9 3 1 5 4 7 8 2 6
2 6 7 8 9 3 1 5 4
```

Solution # 499
```
9 6 7 4 3 5 2 1 8
5 1 4 8 2 7 9 3 6
3 2 8 1 6 9 5 7 4
6 7 3 5 9 8 4 2 1
4 5 2 6 7 1 3 8 9
1 8 9 3 4 2 6 5 7
2 4 6 7 1 3 8 9 5
8 3 1 9 5 4 7 6 2
7 9 5 2 8 6 1 4 3
```

Solution # 500
```
2 6 9 4 7 3 1 8 5
5 4 3 8 9 1 2 6 7
7 1 8 6 2 5 3 4 9
4 8 2 3 5 6 9 7 1
3 9 1 7 8 2 6 5 4
6 7 5 9 1 4 8 2 3
9 5 7 1 6 8 4 3 2
8 2 4 5 3 9 7 1 6
1 3 6 2 4 7 5 9 8
```

Solution # 501
```
7 2 1 6 8 9 4 3 5
6 5 4 2 3 7 1 8 9
8 3 9 1 5 4 6 2 7
9 4 6 3 7 8 2 5 1
1 8 2 5 4 6 9 7 3
3 7 5 9 2 1 8 4 6
2 6 8 7 1 3 5 9 4
5 1 3 4 9 2 7 6 8
4 9 7 8 6 5 3 1 2
```

Solution # 502
```
7 5 4 1 2 3 6 9 8
9 2 3 6 5 8 7 1 4
6 1 8 7 4 9 3 2 5
3 7 5 2 1 6 8 4 9
2 4 6 8 9 5 1 3 7
1 8 9 4 3 7 5 6 2
5 9 1 3 7 2 4 8 6
8 3 7 9 6 4 2 5 1
4 6 2 5 8 1 9 7 3
```

Solution # 503
```
3 9 4 7 1 5 6 8 2
8 5 7 6 2 3 9 4 1
1 2 6 9 8 4 7 3 5
9 1 5 2 4 7 8 6 3
7 8 3 5 6 9 1 2 4
6 4 2 8 3 1 5 7 9
2 7 9 3 5 8 4 1 6
5 3 1 4 7 6 2 9 8
4 6 8 1 9 2 3 5 7
```

Solution # 504
```
9 4 3 1 6 7 8 5 2
1 6 5 8 2 4 9 3 7
8 2 7 5 9 3 1 6 4
3 5 9 6 1 2 4 7 8
2 7 6 3 4 8 5 1 9
4 8 1 7 5 9 6 2 3
7 1 4 2 8 5 3 9 6
5 9 2 4 3 6 7 8 1
6 3 8 9 7 1 2 4 5
```

Solution # 505
```
5 8 4 2 7 1 6 9 3
3 2 7 6 8 9 5 4 1
9 1 6 3 4 5 2 7 8
6 3 8 4 1 7 9 2 5
7 4 5 9 3 2 1 8 6
2 9 1 5 6 8 4 3 7
8 7 9 1 2 6 3 5 4
4 6 2 7 5 3 8 1 9
1 5 3 8 9 4 7 6 2
```

Solution # 506
```
9 5 3 2 4 6 8 7 1
2 8 7 5 1 9 3 4 6
1 4 6 7 8 3 2 5 9
3 2 4 8 9 7 6 1 5
6 7 5 1 2 4 9 3 8
8 9 1 3 6 5 7 2 4
5 6 8 4 7 2 1 9 3
7 3 9 6 5 1 4 8 2
4 1 2 9 3 8 5 6 7
```

Solution # 507
```
2 4 9 3 7 6 5 8 1
1 3 5 4 2 8 6 7 9
6 8 7 1 9 5 4 3 2
8 2 3 5 1 7 9 4 6
9 7 1 6 8 4 3 2 5
4 5 6 9 3 2 8 1 7
7 6 2 8 5 3 1 9 4
5 1 8 2 4 9 7 6 3
3 9 4 7 6 1 2 5 8
```

Solution # 508
```
8 6 4 5 7 3 1 2 9
9 3 7 2 1 6 5 8 4
2 5 1 4 8 9 3 7 6
6 1 3 8 9 2 4 5 7
7 2 5 3 6 4 8 9 1
4 8 9 7 5 1 2 6 3
5 4 6 1 2 7 9 3 8
3 9 2 6 4 8 7 1 5
1 7 8 9 3 5 6 4 2
```

Solution # 509
```
3 2 4 5 6 9 1 8 7
9 5 7 8 4 1 6 2 3
1 8 6 2 3 7 5 4 9
8 3 5 1 9 4 2 7 6
4 7 1 6 8 2 9 3 5
2 6 9 3 7 5 4 1 8
7 4 3 9 2 6 8 5 1
5 9 2 7 1 8 3 6 4
6 1 8 4 5 3 7 9 2
```

Solution # 510
```
2 7 6 5 9 8 1 3 4
4 3 5 7 1 2 6 8 9
1 9 8 6 4 3 5 7 2
7 6 2 9 8 5 3 4 1
3 8 4 2 6 1 9 5 7
5 1 9 4 3 7 2 6 8
6 5 7 8 2 9 4 1 3
8 2 3 1 5 4 7 9 6
9 4 1 3 7 6 8 2 5
```

Solution # 511
```
4 9 5 1 2 6 7 8 3
8 3 1 5 7 9 6 4 2
6 2 7 4 3 8 9 5 1
5 7 6 2 9 1 4 3 8
1 8 3 7 5 4 2 9 6
2 4 9 6 8 3 5 1 7
7 1 2 8 4 5 3 6 9
3 5 8 9 6 2 1 7 4
9 6 4 3 1 7 8 2 5
```

Solution # 512
```
4 9 6 1 3 5 7 8 2
8 3 5 2 7 6 9 1 4
7 1 2 9 8 4 6 3 5
3 6 4 8 5 9 1 2 7
2 8 1 6 4 7 5 9 3
9 5 7 3 1 2 4 6 8
5 2 8 4 6 1 3 7 9
1 7 3 5 9 8 2 4 6
6 4 9 7 2 3 8 5 1
```

Solution # 513
```
7 6 9 3 2 1 5 4 8
1 5 4 6 9 8 3 7 2
2 3 8 7 4 5 1 6 9
4 2 7 5 1 3 8 9 6
3 8 6 4 7 9 2 5 1
9 1 5 8 6 2 4 3 7
8 4 2 9 5 7 6 1 3
6 9 3 1 8 4 7 2 5
5 7 1 2 3 6 9 8 4
```

Solution # 514
```
9 7 2 4 8 1 6 5 3
3 4 5 9 2 6 1 7 8
1 6 8 3 5 7 2 4 9
4 9 7 2 1 5 8 3 6
5 2 3 8 6 4 9 1 7
6 8 1 7 9 3 4 2 5
2 3 6 5 4 9 7 8 1
8 5 9 1 7 2 3 6 4
7 1 4 6 3 8 5 9 2
```

Solution # 515
```
9 1 6 4 2 7 8 5 3
4 3 5 6 9 8 7 2 1
2 7 8 3 5 1 6 4 9
6 8 7 1 3 2 4 9 5
5 2 4 7 6 9 3 1 8
3 9 1 8 4 5 2 7 6
7 5 3 2 1 6 9 8 4
1 6 2 9 8 4 5 3 7
8 4 9 5 7 3 1 6 2
```

Solution # 516
```
8 4 5 2 9 3 1 7 6
3 1 2 7 6 4 5 8 9
6 7 9 1 5 8 4 2 3
4 5 7 8 3 1 9 6 2
1 9 3 5 2 6 7 4 8
2 8 6 4 7 9 3 5 1
5 2 8 3 1 7 6 9 4
9 3 4 6 8 5 2 1 7
7 6 1 9 4 2 8 3 5
```

Solution # 517
```
9 4 2 5 3 1 6 8 7
7 1 6 8 4 2 5 9 3
8 5 3 9 7 6 2 4 1
4 2 8 7 6 3 9 1 5
6 3 1 2 5 9 8 7 4
5 7 9 1 8 4 3 2 6
1 6 4 3 9 8 7 5 2
2 8 5 6 1 7 4 3 9
3 9 7 4 2 5 1 6 8
```

Solution # 518
```
4 3 5 2 1 6 7 9 8
7 2 6 5 9 8 3 4 1
1 8 9 7 4 3 6 5 2
2 6 7 3 8 5 9 1 4
3 9 8 1 6 4 5 2 7
5 1 4 9 7 2 8 6 3
9 5 3 8 2 1 4 7 6
8 4 2 6 5 7 1 3 9
6 7 1 4 3 9 2 8 5
```

Solution # 519
```
9 7 4 2 6 1 8 3 5
6 2 3 4 5 8 9 7 1
5 1 8 9 3 7 6 2 4
4 6 7 1 9 3 2 5 8
1 8 2 7 4 5 3 9 6
3 5 9 8 2 6 4 1 7
8 9 1 6 7 2 5 4 3
7 4 5 3 8 9 1 6 2
2 3 6 5 1 4 7 8 9
```

Solution # 520
```
5 8 1 9 2 6 7 4 3
9 4 3 8 7 1 2 6 5
2 7 6 5 4 3 8 9 1
1 9 7 2 6 5 4 3 8
4 6 2 1 3 8 5 7 9
3 5 8 7 9 4 1 2 6
8 2 4 3 5 9 6 1 7
6 1 9 4 8 7 3 5 2
7 3 5 6 1 2 9 8 4
```

Solution # 521
```
3 6 4 5 8 2 1 9 7
5 9 2 7 1 6 4 8 3
1 8 7 4 9 3 6 5 2
6 7 8 3 5 9 2 1 4
9 2 1 6 4 8 7 3 5
4 5 3 2 7 1 9 6 8
2 3 5 9 6 4 8 7 1
7 1 6 8 2 5 3 4 9
8 4 9 1 3 7 5 2 6
```

Solution # 522
```
9 4 1 7 8 6 2 3 5
3 6 5 1 4 2 7 9 8
8 2 7 5 3 9 4 1 6
1 8 4 2 6 3 9 5 7
5 9 3 4 1 7 8 6 2
7 5 8 3 9 4 6 2 1
4 3 2 6 7 1 5 8 9
6 1 9 8 2 5 3 7 4
2 7 6 9 5 8 1 4 3
```

Solution # 523
```
7 9 6 2 4 5 8 3 1
8 4 2 3 6 1 9 5 7
1 5 3 7 9 8 6 2 4
2 6 5 9 8 7 4 1 3
9 1 4 6 3 2 7 8 5
3 7 8 5 1 4 2 9 6
5 3 7 8 2 6 1 4 9
6 8 1 4 5 9 3 7 2
4 2 9 1 7 3 5 6 8
```

Solution # 524
```
7 8 9 2 4 3 6 5 1
3 6 1 7 9 5 4 2 8
4 5 2 6 8 1 9 3 7
2 4 5 9 1 6 7 8 3
6 3 8 4 5 7 1 9 2
1 9 7 8 3 2 5 4 6
9 2 4 1 7 8 3 6 5
5 1 6 3 2 9 8 7 4
8 7 3 5 6 4 2 1 9
```

Solution # 525
```
5 4 7 3 2 6 9 8 1
3 1 2 7 8 9 4 5 6
9 8 6 4 1 5 3 2 7
8 9 1 6 7 2 5 4 3
6 3 5 9 4 1 8 7 2
7 2 4 5 3 8 6 1 9
1 5 3 2 9 4 7 6 8
4 7 8 1 6 3 2 9 5
2 6 9 8 5 7 1 3 4
```

Solution # 526
```
2 5 3 8 7 6 1 4 9
6 7 4 3 9 1 2 5 8
1 9 8 2 5 4 6 3 7
9 6 2 7 3 8 4 1 5
3 1 5 4 2 9 7 8 6
8 4 7 1 6 5 9 2 3
4 8 6 5 1 7 3 9 2
7 2 1 9 8 3 5 6 4
5 3 9 6 4 2 8 7 1
```

Solution # 527
```
2 5 8 6 9 3 4 1 7
3 6 4 1 7 8 2 9 5
1 7 9 4 5 2 6 3 8
4 2 7 9 3 5 8 6 1
5 1 3 8 4 6 9 7 2
9 8 6 7 2 1 3 5 4
8 4 5 3 1 9 7 2 6
7 3 2 5 6 4 1 8 9
6 9 1 2 8 7 5 4 3
```

Solution # 528
```
8 7 1 3 9 6 5 2 4
2 4 3 7 8 5 1 9 6
9 6 5 2 1 4 8 3 7
6 2 7 8 5 3 4 1 9
5 3 4 9 6 1 7 8 2
1 9 8 4 2 7 6 5 3
7 5 9 6 3 8 2 4 1
4 8 2 1 7 9 3 6 5
3 1 6 5 4 2 9 7 8
```

Solution # 529
```
4 1 7 2 5 3 6 9 8
2 3 5 8 6 9 4 1 7
8 6 9 4 1 7 5 3 2
1 4 6 7 3 5 2 8 9
7 9 8 6 4 2 1 5 3
5 2 3 9 8 1 7 4 6
6 5 1 3 2 8 9 7 4
9 8 2 5 7 4 3 6 1
3 7 4 1 9 6 8 2 5
```

Solution # 530
```
8 9 3 1 5 7 2 6 4
2 1 4 6 8 3 9 5 7
6 7 5 4 9 2 1 3 8
9 3 7 8 1 5 6 4 2
1 4 8 9 2 6 5 7 3
5 6 2 3 7 4 8 9 1
4 5 6 2 3 1 7 8 9
3 2 9 7 6 8 4 1 5
7 8 1 5 4 9 3 2 6
```

Solution # 531
```
1 2 3 9 4 8 5 6 7
7 9 8 5 3 6 2 4 1
4 6 5 1 2 7 8 3 9
9 5 4 8 1 3 7 2 6
8 7 1 4 6 2 9 5 3
2 3 6 7 9 5 1 8 4
3 4 7 2 5 1 6 9 8
6 8 2 3 7 9 4 1 5
5 1 9 6 8 4 3 7 2
```

Solution # 532
```
7 4 6 9 8 5 3 2 1
1 9 5 7 3 2 8 4 6
3 2 8 4 6 1 5 9 7
5 1 7 2 9 8 4 6 3
2 8 4 6 7 3 1 5 9
6 3 9 5 1 4 2 7 8
8 7 2 3 4 9 6 1 5
4 6 3 1 5 7 9 8 2
9 5 1 8 2 6 7 3 4
```

Solution # 533
```
2 4 9 6 1 7 5 3 8
6 3 1 5 8 2 7 9 4
5 7 8 3 9 4 6 2 1
9 5 6 4 2 3 1 8 7
4 8 7 1 5 9 2 6 3
3 1 2 7 6 8 4 5 9
1 6 3 8 4 5 9 7 2
7 2 4 9 3 6 8 1 5
8 9 5 2 7 1 3 4 6
```

Solution # 534
```
6 5 7 8 3 1 9 2 4
8 3 2 9 4 7 1 6 5
9 4 1 2 5 6 8 3 7
7 9 8 3 1 5 2 4 6
4 6 3 7 9 2 5 1 8
2 1 5 6 8 4 3 7 9
5 2 9 4 7 3 6 8 1
3 8 4 1 6 9 7 5 2
1 7 6 5 2 8 4 9 3
```

Solution # 535
```
1 8 3 5 6 7 2 9 4
5 4 6 9 2 3 1 8 7
7 2 9 1 8 4 5 6 3
2 1 8 7 5 9 3 4 6
9 7 5 3 4 6 8 2 1
3 6 4 2 1 8 7 5 9
4 3 2 8 9 1 6 7 5
6 5 1 4 7 2 9 3 8
8 9 7 6 3 5 4 1 2
```

Solution # 536
```
1 6 3 2 5 8 4 7 9
5 2 4 6 9 7 8 1 3
8 9 7 3 1 4 2 5 6
9 3 2 4 8 5 7 6 1
4 5 1 7 6 2 9 3 8
6 7 8 1 3 9 5 2 4
2 1 9 5 4 6 3 8 7
3 4 5 8 7 1 6 9 2
7 8 6 9 2 3 1 4 5
```

Solution # 537
```
3 7 2 4 8 6 9 1 5
4 8 5 2 9 1 6 3 7
9 6 1 7 5 3 8 2 4
2 3 6 9 4 5 1 7 8
5 9 8 3 1 7 4 6 2
7 1 4 6 2 8 3 5 9
1 4 9 5 3 2 7 8 6
8 5 7 1 6 9 2 4 3
6 2 3 8 7 4 5 9 1
```

Solution # 538
```
4 5 1 9 6 3 8 7 2
6 3 2 7 5 8 9 1 4
8 9 7 4 1 2 5 6 3
1 4 8 2 3 5 7 9 6
7 2 3 1 9 6 4 5 8
9 6 5 8 4 7 2 3 1
2 7 9 6 8 4 1 3 5
3 1 4 5 2 9 6 8 7
5 8 6 3 7 1 2 4 9
```

Solution # 539
```
1 3 4 2 8 6 5 7 9
2 6 9 5 7 4 8 3 1
5 8 7 3 1 9 6 4 2
3 5 2 4 6 7 1 9 8
4 9 6 1 5 8 3 2 7
8 7 1 9 2 3 4 6 5
9 1 5 6 3 2 7 8 4
7 4 3 8 9 1 2 5 6
6 2 8 7 4 5 9 1 3
```

Solution # 540
```
8 3 7 6 5 4 2 1 9
4 1 9 3 7 2 8 5 6
2 5 6 1 9 8 4 7 3
9 6 8 5 4 1 7 3 2
1 7 2 9 6 3 5 8 4
5 4 3 8 2 7 6 9 1
3 2 4 7 1 5 9 6 8
6 8 5 2 3 9 1 4 7
7 9 1 4 8 6 3 2 5
```

Solution # 541
```
5 6 2 3 8 7 1 4 9
8 9 4 5 6 1 2 3 7
1 3 7 9 2 4 5 8 6
4 7 5 2 1 9 3 6 8
6 2 3 7 5 8 9 1 4
9 1 8 4 3 6 7 5 2
2 4 1 8 7 5 6 9 3
7 5 9 6 4 3 8 2 1
3 8 6 1 9 2 4 7 5
```

Solution # 542
```
5 4 3 8 2 6 1 9 7
1 2 8 9 7 3 5 4 6
7 6 9 4 1 5 3 2 8
4 1 5 7 8 2 6 3 9
3 8 7 6 4 9 2 5 1
2 9 6 3 5 1 7 8 4
8 7 2 1 3 4 9 6 5
6 5 4 2 9 7 8 1 3
9 3 1 5 6 8 4 7 2
```

Solution # 543
```
9 7 6 4 3 5 1 8 2
3 1 4 2 9 8 5 6 7
2 5 8 6 7 1 4 3 9
6 8 5 7 2 9 3 1 4
4 9 3 1 5 6 2 7 8
7 2 1 8 4 3 6 9 5
1 6 7 5 8 4 9 2 3
5 3 2 9 1 7 8 4 6
8 4 9 3 6 2 7 5 1
```

Solution # 544
```
4 5 9 8 2 3 7 6 1
6 8 2 1 7 9 5 4 3
7 1 3 4 5 6 2 8 9
1 6 7 9 4 5 8 3 2
2 3 4 6 8 7 9 1 5
8 9 5 3 1 2 4 7 6
9 4 8 5 6 1 3 2 7
5 2 1 7 3 8 6 9 4
3 7 6 2 9 4 1 5 8
```

Solution # 545
```
7 2 9 3 8 6 5 4 1
1 5 6 7 2 4 9 8 3
4 8 3 5 9 1 2 6 7
3 9 4 6 1 2 7 5 8
5 7 8 9 4 3 1 2 6
2 6 1 8 7 5 3 9 4
9 4 2 1 3 8 6 7 5
8 1 5 2 6 7 4 3 9
6 3 7 4 5 9 8 1 2
```

Solution # 546
```
4 1 8 7 9 5 2 3 6
2 7 9 6 4 3 1 8 5
5 6 3 1 2 8 4 7 9
1 3 2 4 5 6 7 9 8
8 5 4 2 7 9 6 1 3
7 9 6 3 8 1 5 4 2
3 2 1 9 6 7 8 5 4
6 8 7 5 3 4 9 2 1
9 4 5 8 1 2 3 6 7
```

Solution # 547
```
5 6 4 7 8 9 2 1 3
8 7 1 3 4 2 6 9 5
9 2 3 1 6 5 4 7 8
7 9 5 2 1 3 8 4 6
3 8 2 6 9 4 7 5 1
4 1 6 8 5 7 3 2 9
2 5 7 9 3 6 1 8 4
6 4 8 5 7 1 9 3 2
1 3 9 4 2 8 5 6 7
```

Solution # 548
```
2 1 9 4 5 6 8 7 3
8 3 4 7 2 1 6 5 9
5 7 6 3 9 8 4 1 2
6 4 3 1 7 9 5 2 8
1 9 8 2 4 5 7 3 6
7 2 5 8 6 3 1 9 4
9 6 2 5 8 7 3 4 1
4 5 1 6 3 2 9 8 7
3 8 7 9 1 4 2 6 5
```

Solution # 549
```
5 9 8 6 7 3 2 4 1
1 3 4 2 9 8 6 5 7
7 2 6 1 5 4 9 3 8
6 8 3 4 2 9 7 1 5
4 7 2 5 8 1 3 9 6
9 1 5 3 6 7 8 2 4
8 4 1 9 3 6 5 7 2
3 5 7 8 1 2 4 6 9
2 6 9 7 4 5 1 8 3
```

Solution # 550
```
2 3 8 7 9 5 4 1 6
7 6 1 3 4 2 8 9 5
9 5 4 6 8 1 2 7 3
1 7 2 9 5 6 3 8 4
8 9 6 4 2 3 1 5 7
3 4 5 1 7 8 6 2 9
6 2 3 5 1 7 9 4 8
4 1 7 8 3 9 5 6 2
5 8 9 2 6 4 7 3 1
```

Solution # 551
```
1 3 4 8 6 5 2 9 7
2 9 8 1 3 7 4 6 5
6 5 7 2 9 4 8 3 1
8 1 5 3 4 2 9 7 6
3 2 6 9 7 8 5 1 4
7 4 9 6 5 1 3 8 2
4 6 1 5 8 9 7 2 3
9 7 3 4 2 6 1 5 8
5 8 2 7 1 3 6 4 9
```

Solution # 552
```
6 5 4 2 7 9 8 3 1
1 3 7 8 6 5 9 4 2
2 8 9 4 1 3 6 5 7
7 4 8 5 2 1 3 9 6
9 1 6 3 4 8 2 7 5
3 2 5 6 9 7 4 1 8
8 9 3 1 5 6 7 2 4
4 6 1 7 3 2 5 8 9
5 7 2 9 8 4 1 6 3
```

Solution # 553
```
6 8 4 1 3 9 7 2 5
7 9 2 5 8 6 3 4 1
1 3 5 4 7 2 9 6 8
9 4 6 2 5 8 1 3 7
2 5 3 7 4 1 6 8 9
8 7 1 9 6 3 4 5 2
4 2 8 3 1 7 5 9 6
5 6 7 8 9 4 2 1 3
3 1 9 6 2 5 8 7 4
```

Solution # 554
```
7 4 8 6 2 9 3 1 5
6 5 1 3 7 8 2 9 4
3 9 2 1 5 4 6 8 7
5 2 6 8 4 3 1 7 9
1 8 3 7 9 6 4 5 2
4 7 9 2 1 5 8 6 3
2 1 5 4 8 7 9 3 6
9 6 4 5 3 1 7 2 8
8 3 7 9 6 2 5 4 1
```

Solution # 555
```
9 2 8 6 7 4 1 3 5
4 6 3 5 1 8 9 2 7
1 7 5 9 3 2 6 4 8
6 5 1 2 4 9 7 8 3
3 4 9 7 8 1 5 6 2
2 8 7 3 5 6 4 1 9
8 3 4 1 9 5 2 7 6
5 1 2 8 6 7 3 9 4
7 9 6 4 2 3 8 5 1
```

Solution # 556
```
5 2 4 8 3 9 6 7 1
6 7 3 1 5 4 9 2 8
8 9 1 2 7 6 3 5 4
4 6 9 7 1 3 2 8 5
1 5 2 9 6 8 7 4 3
7 3 8 5 4 2 1 9 6
2 1 7 6 8 5 4 3 9
9 4 5 3 2 1 8 6 7
3 8 6 4 9 7 5 1 2
```

Solution # 557
```
5 3 9 2 1 6 4 8 7
7 2 6 3 8 4 9 5 1
4 1 8 5 9 7 3 2 6
9 5 7 8 6 3 1 4 2
3 8 2 1 4 5 7 6 9
1 6 4 9 7 2 5 3 8
6 4 5 9 2 1 8 7 3
8 7 3 6 5 1 2 9 4
2 9 1 4 3 8 6 7 5
```

Solution # 558
```
3 7 6 1 5 4 9 2 8
2 5 9 6 8 7 1 4 3
4 8 1 2 9 3 7 6 5
6 3 8 5 1 9 2 7 4
1 9 4 3 7 2 5 8 6
5 2 7 4 6 8 3 1 9
8 4 2 7 3 5 6 9 1
9 6 3 8 2 1 4 5 7
7 1 5 9 4 6 8 3 2
```

Solution # 559
```
2 3 8 9 5 1 6 7 4
4 1 6 7 2 3 8 5 9
7 5 9 6 4 8 3 2 1
6 2 4 5 3 7 9 1 8
9 7 3 8 1 6 5 4 2
1 8 5 4 9 2 7 3 6
5 4 7 2 6 9 1 8 3
8 6 1 3 7 4 2 9 5
3 9 2 1 8 5 4 6 7
```

Solution # 560
```
6 1 7 9 5 2 4 8 3
2 8 4 7 3 1 6 5 9
5 9 3 8 4 6 2 7 1
7 2 6 4 8 3 9 1 5
1 5 8 6 7 9 3 4 2
4 3 9 1 2 5 7 6 8
9 4 2 5 1 7 8 3 6
3 7 5 2 6 8 1 9 4
8 6 1 3 9 4 5 2 7
```

Solution # 561

1	2	6	5	9	4	7	3	8
8	5	7	2	1	3	4	9	6
4	9	3	7	6	8	5	2	1
2	7	9	1	4	6	8	5	3
6	8	4	3	5	9	1	7	2
5	3	1	8	7	2	6	4	9
7	6	2	4	3	1	9	8	5
9	4	8	6	2	5	3	1	7
3	1	5	9	8	7	2	6	4

Solution # 562

3	6	7	5	1	9	8	2	4
9	4	8	2	3	7	6	5	1
1	5	2	4	6	8	9	3	7
8	7	3	6	9	2	4	1	5
4	2	9	8	5	1	7	6	3
5	1	6	3	7	4	2	8	9
6	8	1	7	4	5	3	9	2
2	9	4	1	8	3	5	7	6
7	3	5	9	2	6	1	4	8

Solution # 563

3	5	1	2	4	9	6	7	8
6	7	9	8	1	5	4	3	2
2	4	8	7	6	3	5	9	1
4	6	3	5	2	7	1	8	9
1	2	7	4	9	8	3	5	6
8	9	5	6	3	1	2	4	7
5	8	4	1	7	2	9	6	3
9	1	6	3	8	4	7	2	5
7	3	2	9	5	6	8	1	4

Solution # 564

1	2	8	7	9	6	5	4	3
5	7	4	1	8	3	2	9	6
6	9	3	2	4	5	1	7	8
7	5	9	6	2	4	3	8	1
8	3	6	5	1	9	4	2	7
4	1	2	3	7	8	9	6	5
3	4	5	8	6	2	7	1	9
9	8	1	4	5	7	6	3	2
2	6	7	9	3	1	8	5	4

Solution # 565

4	8	9	3	1	7	5	6	2
6	5	2	4	9	8	3	7	1
3	7	1	5	2	6	8	4	9
2	4	8	9	6	1	7	3	5
7	9	3	8	4	5	1	2	6
1	6	5	7	3	2	9	8	4
9	3	7	6	5	4	2	1	8
8	1	6	2	7	9	4	5	3
5	2	4	1	8	3	6	9	7

Solution # 566

6	1	3	2	9	8	5	7	4
5	4	7	3	6	1	8	2	9
8	9	2	5	4	7	3	6	1
2	6	4	8	5	3	1	9	7
3	8	1	9	7	2	4	5	6
9	7	5	4	1	6	2	8	3
4	2	8	6	3	9	7	1	5
7	5	9	1	2	4	6	3	8
1	3	6	7	8	5	9	4	2

Solution # 567

5	3	2	8	7	1	6	9	4
9	6	4	2	5	3	1	7	8
8	7	1	9	6	4	2	5	3
6	5	8	4	1	7	9	3	2
1	9	7	3	8	2	5	4	6
4	2	3	5	9	6	7	8	1
3	4	5	1	2	9	8	6	7
2	8	6	7	4	5	3	1	9
7	1	9	6	3	8	4	2	5

Solution # 568

3	4	1	7	5	9	2	8	6
9	2	5	6	1	8	7	4	3
8	7	6	3	4	2	5	9	1
5	3	8	2	9	1	4	6	7
7	6	4	5	8	3	1	2	9
2	1	9	4	6	7	8	3	5
1	8	7	9	2	6	3	5	4
6	5	3	8	7	4	9	1	2
4	9	2	1	3	5	6	7	8

Solution # 569

6	4	2	9	8	5	3	1	7
1	3	8	4	7	6	2	5	9
9	7	5	3	1	2	4	8	6
4	1	7	8	9	3	5	6	2
8	2	6	5	4	1	9	7	3
5	9	3	6	2	7	1	4	8
3	5	4	7	6	9	8	2	1
7	8	1	2	3	4	6	9	5
2	6	9	1	5	8	7	3	4

Solution # 570

5	1	6	2	4	9	3	7	8
2	3	8	1	5	7	4	9	6
9	4	7	3	8	6	5	1	2
7	5	4	9	2	3	8	6	1
1	2	3	4	6	8	9	5	7
6	8	9	5	7	1	2	3	4
4	7	1	8	3	5	6	2	9
3	9	2	6	1	4	7	8	5
8	6	5	7	9	2	1	4	3

Solution # 571

5	4	7	6	2	1	3	8	9
2	8	9	3	5	7	1	4	6
6	1	3	4	8	9	2	5	7
8	3	5	9	1	6	7	2	4
1	2	4	5	7	8	9	6	3
7	9	6	2	3	4	5	1	8
4	5	2	8	9	3	6	7	1
3	6	1	7	4	5	8	9	2
9	7	8	1	6	2	4	3	5

Solution # 572

8	9	7	2	4	5	1	3	6
5	6	3	7	9	1	8	2	4
4	1	2	8	3	6	7	9	5
3	2	5	6	8	9	4	1	7
9	7	8	1	2	4	6	5	3
6	4	1	3	5	7	2	8	9
7	3	4	5	1	2	9	6	8
2	8	6	9	7	3	5	4	1
1	5	9	4	6	8	3	7	2

Solution # 573

5	1	2	3	4	9	6	8	7
7	4	8	1	2	6	5	9	3
9	6	3	8	5	7	2	4	1
1	5	4	2	9	3	7	6	8
3	8	6	5	7	4	1	2	9
2	7	9	6	1	8	3	5	4
6	2	7	4	8	1	9	3	5
8	9	5	7	3	2	4	1	6
4	3	1	9	6	5	8	7	2

Solution # 574

6	1	4	3	2	5	9	8	7
3	2	8	7	9	4	1	6	5
7	9	5	6	8	1	4	3	2
8	7	3	4	1	6	2	5	9
2	4	9	8	5	3	7	1	6
1	5	6	9	7	2	8	4	3
5	3	2	1	4	7	6	9	8
4	8	7	5	6	9	3	2	1
9	6	1	2	3	8	5	7	4

Solution # 575

2	4	9	3	1	7	5	8	6
8	1	7	4	6	5	9	3	2
6	3	5	2	9	8	1	7	4
3	5	1	8	4	9	2	6	7
7	8	6	1	5	2	3	4	9
4	9	2	7	3	6	8	1	5
9	6	3	5	8	4	7	2	1
1	2	4	9	7	3	6	5	8
5	7	8	6	2	1	4	9	3

Solution # 576

8	7	4	2	6	3	9	5	1
1	9	6	5	8	4	7	3	2
3	5	2	7	1	9	4	6	8
6	2	5	4	9	8	1	7	3
4	1	7	3	5	6	8	2	9
9	3	8	1	2	7	6	4	5
7	4	9	8	3	2	5	1	6
5	6	3	9	4	1	2	8	7
2	8	1	6	7	5	3	9	4

Solution # 577

8	7	5	4	6	9	2	3	1
1	4	2	8	3	7	5	9	6
3	6	9	1	2	5	7	4	8
6	9	7	2	5	1	4	8	3
4	2	3	7	8	6	1	5	9
5	8	1	9	4	3	6	7	2
9	1	8	5	7	2	3	6	4
2	5	6	3	9	4	8	1	7
7	3	4	6	1	8	9	2	5

Solution # 578

3	2	9	8	4	1	5	7	6
6	4	5	2	7	3	8	9	1
1	7	8	9	5	6	4	3	2
8	3	4	6	1	5	7	2	9
2	6	1	7	9	4	3	5	8
5	9	7	3	8	2	6	1	4
4	5	6	1	2	7	9	8	3
9	1	3	5	6	8	2	4	7
7	8	2	4	3	9	1	6	5

Solution # 579

2	5	4	8	9	7	6	1	3
9	7	1	3	6	2	5	8	4
8	6	3	4	5	1	9	7	2
4	2	8	5	1	9	7	3	6
7	3	9	6	8	4	2	5	1
5	1	6	2	7	3	4	9	8
1	4	7	9	2	8	3	6	5
6	9	2	1	3	5	8	4	7
3	8	5	7	4	6	1	2	9

Solution # 580

5	9	6	2	1	3	4	8	7
1	2	8	7	4	5	9	3	6
4	3	7	8	9	6	1	2	5
8	5	4	1	7	2	3	6	9
6	1	2	4	3	9	7	5	8
9	7	3	6	5	8	2	4	1
7	6	1	3	8	4	5	9	2
2	4	5	9	6	7	8	1	3
3	8	9	5	2	1	6	7	4

Solution # 581

2	7	5	4	3	9	6	8	1
1	9	8	6	2	7	4	3	5
4	3	6	5	1	8	7	2	9
3	6	4	2	5	1	8	9	7
7	1	9	3	8	4	2	5	6
5	8	2	7	9	6	3	1	4
8	5	7	1	6	3	9	4	2
6	2	3	9	4	5	1	7	8
9	4	1	8	7	2	5	6	3

Solution # 582

8	7	4	9	1	5	2	6	3
9	6	5	2	3	4	8	7	1
1	2	3	7	6	8	4	9	5
3	8	6	4	2	9	1	5	7
4	1	2	5	7	6	9	3	8
5	9	7	1	8	3	6	4	2
6	4	8	3	5	2	7	1	9
7	3	9	8	4	1	5	2	6
2	5	1	6	9	7	3	8	4

Solution # 583

1	9	5	7	4	6	2	8	3
4	8	2	5	3	1	6	9	7
3	6	7	8	2	9	1	5	4
2	1	9	3	6	7	5	4	8
7	4	8	1	9	5	3	6	2
5	3	6	2	8	4	7	1	9
6	7	3	4	1	8	9	2	5
9	2	4	6	5	3	8	7	1
8	5	1	9	7	2	4	3	6

Solution # 584

4	5	2	3	6	9	7	8	1
9	7	3	4	1	8	2	5	6
6	1	8	2	5	7	4	9	3
7	4	5	9	3	2	1	6	8
3	8	6	5	7	1	9	4	2
2	9	1	6	8	4	3	7	5
8	6	4	7	2	3	5	1	9
1	2	9	8	4	5	6	3	7
5	3	7	1	9	6	8	2	4

Solution # 585

1	3	5	2	8	7	6	9	4
8	7	9	5	4	6	1	2	3
2	4	6	1	9	3	7	8	5
4	1	7	6	3	9	2	5	8
6	5	8	4	7	2	9	3	1
3	9	2	8	1	5	4	6	7
7	2	1	3	6	8	5	4	9
9	6	3	7	5	4	8	1	2
5	8	4	9	2	1	3	7	6

Solution # 586

2	6	4	8	3	7	1	5	9
8	5	1	4	2	9	7	6	3
9	7	3	5	1	6	8	4	2
5	4	8	6	7	2	9	3	1
1	3	7	9	4	8	5	2	6
6	9	2	1	5	3	4	7	8
4	2	9	7	6	1	3	8	5
3	1	5	2	8	4	6	9	7
7	8	6	3	9	5	2	1	4

Solution # 587

8	4	9	2	5	7	3	6	1
5	2	1	3	8	6	7	4	9
7	3	6	4	1	9	5	2	8
6	7	3	5	2	8	9	1	4
2	1	5	6	9	4	8	7	3
4	9	8	1	7	3	6	5	2
9	5	7	8	4	2	1	3	6
1	6	2	9	3	5	4	8	7
3	8	4	7	6	1	2	9	5

Solution # 588

8	3	4	6	9	7	2	5	1
1	6	7	5	4	2	9	3	8
2	9	5	3	8	1	7	6	4
6	5	2	9	1	4	8	7	3
3	8	9	7	5	6	4	1	2
4	7	1	2	3	8	5	9	6
9	4	3	1	2	5	6	8	7
7	1	8	4	6	9	3	2	5
5	2	6	8	7	3	1	4	9

Solution # 589

8	3	9	1	4	7	6	2	5
4	5	7	8	6	2	3	1	9
6	2	1	9	5	3	4	8	7
2	9	8	3	7	6	5	4	1
5	6	3	4	9	1	8	7	2
7	1	4	5	2	8	9	6	3
3	4	2	7	8	5	1	9	6
9	7	5	6	1	4	2	3	8
1	8	6	2	3	9	7	5	4

Solution # 590

1	6	5	8	4	9	7	3	2
8	2	3	5	6	7	4	1	9
9	7	4	2	3	1	5	8	6
6	4	2	3	9	5	1	7	8
3	8	7	6	1	4	9	2	5
5	1	9	7	8	2	6	4	3
4	3	6	1	5	8	2	9	7
2	5	1	9	7	3	8	6	4
7	9	8	4	2	6	3	5	1

Solution # 591

8	7	4	6	1	9	2	5	3
1	2	9	5	3	7	6	4	8
5	6	3	2	8	4	9	1	7
6	1	5	3	9	8	7	2	4
7	9	2	4	5	6	3	8	1
4	3	8	7	2	1	5	9	6
9	5	1	8	6	3	4	7	2
2	4	6	1	7	5	8	3	9
3	8	7	9	4	2	1	6	5

Solution # 592

5	9	2	7	1	6	3	8	4
8	1	3	4	5	9	2	7	6
6	4	7	8	2	3	9	5	1
9	5	4	1	6	7	8	3	2
1	2	8	3	9	4	7	6	5
3	7	6	5	8	2	4	1	9
4	8	1	2	3	5	6	9	7
2	6	5	9	7	8	1	4	3
7	3	9	6	4	1	5	2	8

Solution # 593

5	4	9	6	2	8	7	1	3
3	6	8	9	1	7	5	2	4
1	2	7	3	4	5	9	6	8
8	3	5	7	9	6	2	4	1
2	7	1	5	8	4	6	3	9
6	9	4	2	3	1	8	5	7
9	5	2	1	7	3	4	8	6
4	1	6	8	5	9	3	7	2
7	8	3	4	6	2	1	9	5

Solution # 594

5	6	8	7	9	1	3	4	2
9	1	4	8	2	3	7	5	6
2	3	7	6	5	4	8	1	9
6	2	9	4	7	8	1	3	5
7	5	3	9	1	2	4	6	8
8	4	1	3	6	5	2	9	7
4	8	6	5	3	7	9	2	1
1	7	5	2	4	9	6	8	3
3	9	2	1	8	6	5	7	4

Solution # 595

8	7	5	2	6	9	3	4	1
3	4	9	1	7	8	5	2	6
1	2	6	5	4	3	7	9	8
5	3	4	8	2	7	6	1	9
7	9	1	4	3	6	8	5	2
2	6	8	9	5	1	4	7	3
9	5	7	6	8	2	1	3	4
6	1	3	7	9	4	2	8	5
4	8	2	3	1	5	9	6	7

Solution # 596

9	2	7	6	3	5	8	4	1
3	5	1	7	8	4	6	2	9
8	6	4	2	9	1	3	5	7
2	9	5	3	1	6	4	7	8
4	3	8	9	5	7	2	1	6
7	1	6	8	4	2	5	9	3
1	4	9	5	6	8	7	3	2
5	8	2	1	7	3	9	6	4
6	7	3	4	2	9	1	8	5

Solution # 597

2	9	6	7	5	8	4	3	1
3	4	5	9	6	1	7	8	2
7	8	1	2	3	4	6	9	5
5	7	2	3	8	6	1	4	9
1	6	4	5	2	9	3	7	8
8	3	9	4	1	7	5	2	6
4	2	3	1	9	5	8	6	7
6	5	7	8	4	2	9	1	3
9	1	8	6	7	3	2	5	4

Solution # 598

8	5	6	2	9	4	1	7	3
4	2	1	8	3	7	6	9	5
3	9	7	1	5	6	4	2	8
6	3	4	9	1	8	2	5	7
2	1	8	4	7	5	9	3	6
9	7	5	6	2	3	8	4	1
5	6	9	7	8	2	3	1	4
1	8	3	5	4	9	7	6	2
7	4	2	3	6	1	5	8	9

Solution # 599

4	2	3	1	5	8	9	6	7
1	9	7	6	3	2	5	4	8
5	8	6	4	7	9	1	2	3
9	1	4	2	6	3	7	8	5
2	3	5	7	8	1	4	9	6
6	7	8	9	4	5	2	3	1
7	4	9	3	1	6	8	5	2
3	5	2	8	9	7	6	1	4
8	6	1	5	2	4	3	7	9

Solution # 600

1	5	8	9	4	2	3	7	6
9	3	6	7	1	8	2	4	5
7	4	2	3	6	5	8	9	1
5	2	7	4	3	1	9	6	8
4	8	9	6	2	7	5	1	3
3	6	1	5	8	9	4	2	7
6	1	3	2	5	4	7	8	9
8	9	4	1	7	3	6	5	2
2	7	5	8	9	6	1	3	4

Solution # 601

5	9	6	1	8	2	3	4	7
3	4	1	5	9	7	8	6	2
8	7	2	4	3	6	5	9	1
4	8	3	6	2	5	1	7	9
1	2	9	8	7	4	6	5	3
6	5	7	3	1	9	2	8	4
7	3	5	2	4	8	9	1	6
9	1	8	7	6	3	4	2	5
2	6	4	9	5	1	7	3	8

Solution # 602

1	4	5	8	2	6	9	7	3
3	9	7	1	5	4	2	8	6
2	6	8	7	3	9	4	5	1
7	2	9	4	8	1	3	6	5
6	8	4	3	7	5	1	2	9
5	1	3	9	6	2	7	4	8
4	3	2	5	9	8	6	1	7
8	7	1	6	4	3	5	9	2
9	5	6	2	1	7	8	3	4

Solution # 603

2	4	1	7	5	3	8	9	6
9	5	3	1	8	6	7	2	4
7	6	8	4	2	9	5	1	3
4	1	9	5	7	2	6	3	8
6	3	5	9	4	8	2	7	1
8	7	2	3	6	1	4	5	9
3	2	6	8	9	5	1	4	7
1	8	7	2	3	4	9	6	5
5	9	4	6	1	7	3	8	2

Solution # 604

1	8	7	5	4	3	9	6	2
5	2	4	7	9	6	3	1	8
3	6	9	8	1	2	5	4	7
9	1	6	4	2	7	8	5	3
2	3	8	9	6	5	1	7	4
4	7	5	3	8	1	2	9	6
7	9	3	2	5	4	6	8	1
8	4	1	6	3	9	7	2	5
6	5	2	1	7	8	4	3	9

Solution # 605

6	2	7	5	3	4	1	8	9
3	5	8	1	7	9	4	6	2
1	9	4	2	6	8	3	7	5
9	6	2	4	8	1	7	5	3
7	8	1	3	2	5	6	9	4
5	4	3	7	9	6	8	2	1
2	3	9	8	4	7	5	1	6
4	7	5	6	1	2	9	3	8
8	1	6	9	5	3	2	4	7

Solution # 606

7	2	6	9	1	8	4	3	5
8	1	5	4	7	3	6	2	9
3	4	9	2	6	5	8	7	1
4	8	7	6	2	9	5	1	3
2	6	1	3	5	4	7	9	8
5	9	3	1	8	7	2	4	6
9	3	2	8	4	6	1	5	7
1	7	8	5	9	2	3	6	4
6	5	4	7	3	1	9	8	2

Solution # 607

1	3	2	4	9	7	5	8	6
7	4	5	8	1	6	3	9	2
6	9	8	5	3	2	1	7	4
8	2	9	3	6	5	7	4	1
4	5	6	7	8	1	9	2	3
3	7	1	2	4	9	8	6	5
2	6	7	9	5	3	4	1	8
9	8	3	1	2	4	6	5	7
5	1	4	6	7	8	2	3	9

Solution # 608

5	2	7	9	8	3	4	6	1
6	9	3	2	4	1	5	8	7
4	1	8	6	5	7	9	2	3
3	4	5	8	7	9	6	1	2
2	8	9	1	6	5	7	3	4
7	6	1	3	2	4	8	9	5
8	7	6	5	3	2	1	4	9
9	3	4	7	1	8	2	5	6
1	5	2	4	9	6	3	7	8

Solution # 609

4	2	9	7	5	1	8	3	6
6	8	1	2	3	9	4	5	7
3	5	7	6	8	4	2	1	9
7	6	5	3	4	8	9	2	1
2	1	4	9	6	5	7	8	3
9	3	8	1	2	7	6	4	5
8	9	3	5	7	2	1	6	4
5	7	2	4	1	6	3	9	8
1	4	6	8	9	3	5	7	2

Solution # 610

7	6	5	4	1	9	3	8	2
1	3	2	8	7	6	4	5	9
8	4	9	3	2	5	1	6	7
4	7	1	6	5	3	9	2	8
9	2	6	7	8	1	5	4	3
5	8	3	9	4	2	6	7	1
3	5	8	1	6	7	2	9	4
2	9	7	5	3	4	8	1	6
6	1	4	2	9	8	7	3	5

Solution # 611

6	3	7	1	5	8	9	2	4
1	5	9	4	2	6	7	8	3
2	4	8	9	3	7	6	5	1
7	8	2	6	1	9	4	3	5
5	9	4	2	7	3	1	6	8
3	1	6	5	8	4	2	9	7
4	6	1	3	9	5	8	7	2
9	7	3	8	4	2	5	1	6
8	2	5	7	6	1	3	4	9

Solution # 612

2	5	1	3	6	4	9	7	8
9	6	4	7	8	2	1	5	3
8	3	7	9	1	5	2	6	4
6	4	5	2	7	1	8	3	9
7	2	9	8	5	3	6	4	1
1	8	3	6	4	9	5	2	7
4	9	2	1	3	6	7	8	5
5	1	8	4	2	7	3	9	6
3	7	6	5	9	8	4	1	2

Solution # 613

1	8	2	3	5	7	9	4	6
7	6	9	2	4	1	3	5	8
4	5	3	9	8	6	7	2	1
5	9	7	4	1	2	6	8	3
2	3	8	6	9	5	4	1	7
6	4	1	7	3	8	5	9	2
9	2	4	1	6	3	8	7	5
8	7	6	5	2	9	1	3	4
3	1	5	8	7	4	2	6	9

Solution # 614

1	8	3	2	7	5	4	6	9
5	2	6	4	9	1	8	7	3
4	9	7	8	6	3	1	5	2
9	6	4	5	1	8	2	3	7
3	7	5	6	2	4	9	8	1
2	1	8	7	3	9	6	4	5
7	5	2	9	8	6	3	1	4
6	4	1	3	5	2	7	9	8
8	3	9	1	4	7	5	2	6

Solution # 615

1	7	5	3	8	2	4	9	6
4	8	2	6	9	7	1	3	5
6	9	3	1	4	5	2	7	8
2	4	8	9	6	3	7	5	1
9	6	1	5	7	4	3	8	2
3	5	7	2	1	8	6	4	9
8	3	6	7	5	1	9	2	4
5	2	9	4	3	6	8	1	7
7	1	4	8	2	9	5	6	3

Solution # 616

4	6	8	9	1	3	5	2	7
1	7	2	6	5	8	4	3	9
9	5	3	7	4	2	6	1	8
5	2	7	4	3	6	9	8	1
3	9	1	5	8	7	2	6	4
8	4	6	2	9	1	3	7	5
2	8	9	3	7	4	1	5	6
7	3	4	1	6	5	8	9	2
6	1	5	8	2	9	7	4	3

Solution # 617

3	1	6	4	5	8	9	7	2
8	7	2	1	6	9	5	3	4
4	5	9	3	7	2	8	6	1
5	9	1	2	4	6	3	8	7
6	3	4	8	9	7	2	1	5
2	8	7	5	3	1	6	4	9
1	2	3	9	8	4	7	5	6
9	6	8	7	1	5	4	2	3
7	4	5	6	2	3	1	9	8

Solution # 618

6	3	4	1	8	5	7	9	2
8	7	9	6	3	2	1	4	5
2	5	1	7	4	9	6	3	8
7	8	6	9	1	4	2	5	3
5	1	2	3	7	8	4	6	9
9	4	3	5	2	6	8	1	7
1	2	7	4	5	3	9	8	6
4	9	5	8	6	7	3	2	1
3	6	8	2	9	1	5	7	4

Solution # 619

5	9	4	7	6	1	3	8	2
7	2	6	3	5	8	9	4	1
3	8	1	4	9	2	5	6	7
6	1	9	5	2	7	8	3	4
4	7	3	8	1	9	6	2	5
8	5	2	6	4	3	1	7	9
2	4	5	9	3	6	7	1	8
9	6	8	1	7	4	2	5	3
1	3	7	2	8	5	4	9	6

Solution # 620

5	3	8	2	4	1	7	9	6
7	9	2	3	5	6	8	4	1
4	6	1	7	9	8	2	5	3
6	8	7	9	1	2	5	3	4
2	4	3	6	8	5	1	7	9
1	5	9	4	3	7	6	8	2
8	7	4	1	2	3	9	6	5
9	1	6	5	7	4	3	2	8
3	2	5	8	6	9	4	1	7

Solution # 621

4	8	6	2	7	3	9	5	1
5	9	1	6	8	4	2	7	3
3	2	7	1	5	9	4	6	8
1	3	4	5	9	8	6	2	7
7	5	8	4	6	2	1	3	9
9	6	2	7	3	1	8	4	5
6	1	5	8	2	7	3	9	4
8	7	9	3	4	6	5	1	2
2	4	3	9	1	5	7	8	6

Solution # 622

1	2	8	5	7	4	9	6	3
4	3	9	6	8	1	7	2	5
6	5	7	3	2	9	4	1	8
8	9	1	7	6	3	2	5	4
2	7	6	1	4	5	3	8	9
5	4	3	8	9	2	1	7	6
3	8	2	4	5	7	6	9	1
7	6	4	9	1	8	5	3	2
9	1	5	2	3	6	8	4	7

Solution # 623

3	7	2	9	1	5	8	4	6
9	5	1	4	6	8	3	7	2
4	6	8	7	2	3	5	9	1
5	4	3	2	8	9	1	6	7
2	8	6	1	5	7	4	3	9
7	1	9	3	4	6	2	5	8
6	3	4	8	7	1	9	2	5
8	2	7	5	9	4	6	1	3
1	9	5	6	3	2	7	8	4

Solution # 624

4	8	6	7	1	3	5	2	9
7	2	9	6	5	4	8	1	3
3	1	5	9	2	8	4	7	6
6	3	4	5	8	7	2	9	1
2	5	7	1	9	6	3	4	8
1	9	8	4	3	2	6	5	7
8	6	1	2	4	9	7	3	5
5	4	3	8	7	1	9	6	2
9	7	2	3	6	5	1	8	4

Solution # 625

7	6	2	4	9	8	3	1	5
4	8	3	1	7	5	6	2	9
1	9	5	2	6	3	8	4	7
9	4	7	3	8	2	5	6	1
3	5	1	7	4	6	2	9	8
8	2	6	5	1	9	4	7	3
5	3	4	9	2	7	1	8	6
6	1	9	8	5	4	7	3	2
2	7	8	6	3	1	9	5	4

Solution # 626

5	6	4	9	7	8	2	3	1
7	9	8	1	3	2	6	4	5
2	3	1	4	6	5	8	9	7
1	7	3	6	9	4	5	8	2
6	4	2	5	8	3	1	7	9
8	5	9	2	1	7	4	6	3
9	2	6	3	4	1	7	5	8
3	8	5	7	2	6	9	1	4
4	1	7	8	5	9	3	2	6

Solution # 627

5	2	1	9	3	4	8	6	7
8	4	3	7	5	6	2	9	1
6	7	9	1	8	2	3	5	4
4	3	2	8	6	5	1	7	9
1	5	6	3	9	7	4	2	8
7	9	8	4	2	1	5	3	6
3	6	7	5	1	8	9	4	2
2	1	5	6	4	9	7	8	3
9	8	4	2	7	3	6	1	5

Solution # 628

6	1	8	5	7	2	4	9	3
2	7	9	3	8	4	6	5	1
5	3	4	6	1	9	2	8	7
8	6	5	4	2	1	7	3	9
3	4	7	8	9	5	1	2	6
9	2	1	7	6	3	5	4	8
4	8	3	1	5	6	9	7	2
1	5	2	9	3	7	8	6	4
7	9	6	2	4	8	3	1	5

Solution # 629

2	5	9	8	6	1	4	7	3
7	6	8	3	9	4	2	5	1
4	3	1	7	2	5	6	9	8
1	2	6	4	7	9	8	3	5
3	7	4	2	5	8	9	1	6
8	9	5	1	3	6	7	2	4
9	4	7	5	8	3	1	6	2
5	1	2	6	4	7	3	8	9
6	8	3	9	1	2	5	4	7

Solution # 630

7	1	8	5	2	3	6	9	4
9	3	5	4	6	7	2	8	1
4	2	6	9	1	8	5	3	7
2	7	9	8	4	5	3	1	6
5	8	3	1	7	6	9	4	2
6	4	1	2	3	9	8	7	5
8	6	4	7	9	2	1	5	3
3	9	7	6	5	1	4	2	8
1	5	2	3	8	4	7	6	9

Solution # 631
```
6 8 5 2 1 7 3 4 9
3 1 7 4 9 8 6 2 5
9 4 2 5 6 3 8 7 1
8 9 4 3 2 6 1 5 7
7 2 6 8 5 1 4 9 3
1 5 3 7 4 9 2 6 8
4 7 1 9 3 2 5 8 6
2 3 9 6 8 5 7 1 4
5 6 8 1 7 4 9 3 2
```

Solution # 632
```
1 4 9 3 6 8 2 5 7
6 2 7 9 1 5 4 8 3
3 8 5 7 4 2 6 9 1
7 9 3 8 2 4 1 6 5
4 6 2 5 9 1 7 3 8
8 5 1 6 3 7 9 4 2
2 3 8 4 7 6 5 1 9
5 7 4 1 8 9 3 2 6
9 1 6 2 5 3 8 7 4
```

Solution # 633
```
8 4 9 3 5 2 7 1 6
1 3 6 4 9 7 5 2 8
2 7 5 8 1 6 4 9 3
3 6 1 9 4 5 2 8 7
7 9 4 1 2 8 3 6 5
5 2 8 6 7 3 1 4 9
9 5 3 2 6 1 8 7 4
6 1 7 5 8 4 9 3 2
4 8 2 7 3 9 6 5 1
```

Solution # 634
```
6 1 9 2 7 4 5 3 8
4 7 2 5 8 3 1 9 6
8 3 5 1 9 6 2 4 7
5 9 1 3 2 7 6 8 4
2 6 4 9 1 8 7 5 3
7 8 3 4 6 5 9 1 2
3 5 7 6 4 1 8 2 9
9 4 8 7 5 2 3 6 1
1 2 6 8 3 9 4 7 5
```

Solution # 635
```
7 6 9 1 2 5 8 3 4
3 5 2 4 8 6 1 7 9
8 4 1 9 3 7 5 2 6
9 2 3 6 5 8 7 4 1
6 1 7 2 4 9 3 8 5
5 8 4 7 1 3 9 6 2
2 9 5 3 7 4 6 1 8
4 3 8 5 6 1 2 9 7
1 7 6 8 9 2 4 5 3
```

Solution # 636
```
7 3 8 2 1 4 5 9 6
5 6 1 9 7 8 2 4 3
4 9 2 6 5 3 8 1 7
6 7 4 5 2 9 1 3 8
2 5 3 7 8 1 9 6 4
1 8 9 3 4 6 7 5 2
8 1 5 4 3 2 6 7 9
9 4 7 8 6 5 3 2 1
3 2 6 1 9 7 4 8 5
```

Solution # 637
```
8 1 5 6 9 3 4 7 2
3 6 2 7 1 4 9 8 5
7 9 4 2 8 5 1 3 6
6 2 7 4 3 1 8 5 9
5 4 1 9 2 8 7 6 3
9 8 3 5 6 7 2 1 4
2 5 6 8 7 9 3 4 1
1 7 9 3 4 6 5 2 8
4 3 8 1 5 2 6 9 7
```

Solution # 638
```
5 4 3 2 6 1 7 9 8
6 9 1 7 8 4 2 3 5
7 2 8 5 9 3 1 4 6
2 3 6 4 7 9 5 8 1
9 7 5 3 1 8 6 2 4
1 8 4 6 2 5 9 7 3
4 6 9 8 5 2 3 1 7
8 5 2 1 3 7 4 6 9
3 1 7 9 4 6 8 5 2
```

Solution # 639
```
2 8 7 4 6 9 1 5 3
6 5 4 7 1 3 2 9 8
1 3 9 8 2 5 6 4 7
9 2 1 6 4 7 8 3 5
8 6 5 3 9 2 4 7 1
4 7 3 5 8 1 9 6 2
7 1 8 9 5 6 3 2 4
3 4 6 2 7 8 5 1 9
5 9 2 1 3 4 7 8 6
```

Solution # 640
```
2 5 6 9 3 1 8 7 4
8 1 3 2 7 4 9 5 6
9 4 7 5 8 6 3 1 2
5 6 1 3 9 2 7 4 8
3 9 4 8 6 7 5 2 1
7 2 8 4 1 5 6 3 9
6 3 5 1 2 9 4 8 7
1 8 9 7 4 3 2 6 5
4 7 2 6 5 8 1 9 3
```

Solution # 641
```
5 3 6 1 9 2 7 4 8
1 8 2 4 7 6 3 9 5
9 4 7 5 8 3 2 1 6
3 7 5 2 4 9 6 8 1
8 1 9 6 5 7 4 3 2
2 6 4 3 1 8 5 7 9
7 2 8 9 6 4 1 5 3
6 9 1 7 3 5 8 2 4
4 5 3 8 2 1 9 6 7
```

Solution # 642
```
3 1 6 5 8 4 2 9 7
9 5 7 6 3 2 8 4 1
2 8 4 9 7 1 6 5 3
4 3 1 8 2 9 7 6 5
8 7 5 3 4 6 1 2 9
6 9 2 7 1 5 3 8 4
1 4 3 2 5 8 9 7 6
7 2 9 4 6 3 5 1 8
5 6 8 1 9 7 4 3 2
```

Solution # 643
```
1 4 7 6 8 5 9 3 2
3 5 6 1 2 9 8 7 4
8 9 2 3 7 4 6 5 1
9 3 8 4 1 6 5 2 7
6 2 1 7 5 3 4 9 8
4 7 5 2 9 8 1 6 3
2 1 4 9 6 7 3 8 5
5 6 3 8 4 2 7 1 9
7 8 9 5 3 1 2 4 6
```

Solution # 644
```
4 3 2 1 9 7 8 6 5
6 1 5 2 4 8 7 3 9
9 8 7 5 3 6 4 1 2
2 5 4 7 6 9 3 8 1
1 7 9 3 8 5 2 4 6
8 6 3 4 2 1 9 5 7
3 4 1 9 5 2 6 7 8
7 2 8 6 1 4 5 9 3
5 9 6 8 7 3 1 2 4
```

Solution # 645
```
1 3 4 8 9 7 2 5 6
8 6 2 3 5 4 7 9 1
7 5 9 6 2 1 4 3 8
4 2 6 7 8 9 3 1 5
3 7 1 2 6 5 9 8 4
9 8 5 4 1 3 6 2 7
2 1 8 9 4 6 5 7 3
6 9 7 5 3 8 1 4 2
5 4 3 1 7 2 8 6 9
```

Solution # 646
```
9 5 8 4 6 7 2 3 1
6 1 7 5 2 3 4 9 8
4 2 3 8 9 1 6 5 7
5 6 2 7 3 9 8 1 4
8 9 1 2 4 5 3 7 6
7 3 4 1 8 6 5 2 9
1 4 5 6 7 2 9 8 3
2 8 9 3 1 4 7 6 5
3 7 6 9 5 8 1 4 2
```

Solution # 647
```
8 5 3 9 1 4 7 2 6
9 1 2 5 7 6 3 4 8
4 6 7 3 2 8 5 9 1
1 8 9 4 6 3 2 5 7
5 2 4 8 9 7 6 1 3
3 7 6 1 5 2 9 8 4
2 4 1 7 3 9 8 6 5
6 3 5 2 8 1 4 7 9
7 9 8 6 4 5 1 3 2
```

Solution # 648
```
2 8 5 3 7 4 9 6 1
9 7 6 5 1 8 4 2 3
4 1 3 2 6 9 5 7 8
8 9 7 4 2 3 6 1 5
6 5 2 1 9 7 3 8 4
1 3 4 6 8 5 2 9 7
7 4 8 9 5 2 1 3 6
5 2 1 8 3 6 7 4 9
3 6 9 7 4 1 8 5 2
```

Solution # 649
```
5 4 9 1 2 7 3 8 6
3 7 2 8 4 6 1 9 5
8 6 1 5 3 9 7 4 2
1 5 6 7 9 8 2 3 4
7 9 4 2 5 3 8 6 1
2 3 8 4 6 1 9 5 7
4 8 5 9 1 2 6 7 3
6 2 7 3 8 5 4 1 9
9 1 3 6 7 4 5 2 8
```

Solution # 650
```
7 3 8 5 4 9 1 2 6
6 4 2 7 1 8 9 5 3
5 9 1 2 6 3 7 4 8
4 2 3 6 5 1 8 9 7
1 5 6 8 9 7 4 3 2
9 8 7 4 3 2 6 1 5
3 6 4 1 7 5 2 8 9
2 1 9 3 8 6 5 7 4
8 7 5 9 2 4 3 6 1
```

Solution # 651
```
4 2 6 1 8 7 3 9 5
7 5 9 6 2 3 4 1 8
3 1 8 5 9 4 2 7 6
2 8 5 3 4 9 7 6 1
1 4 3 7 5 6 9 8 2
9 6 7 2 1 8 5 3 4
8 9 2 4 3 1 6 5 7
6 3 4 8 7 5 1 2 9
5 7 1 9 6 2 8 4 3
```

Solution # 652
```
3 2 5 7 1 4 9 8 6
9 4 1 8 3 6 2 5 7
6 8 7 2 5 9 3 4 1
8 5 4 6 9 1 7 2 3
1 7 9 3 2 8 5 6 4
2 6 3 5 4 7 8 1 9
5 1 2 9 6 3 4 7 8
7 9 6 4 8 5 1 3 2
4 3 8 1 7 2 6 9 5
```

Solution # 653
```
6 3 9 7 5 4 2 1 8
5 7 2 9 8 1 4 3 6
1 8 4 3 6 2 9 5 7
9 2 6 4 1 7 5 8 3
7 1 8 2 3 5 6 9 4
4 5 3 6 9 8 7 2 1
8 9 7 1 2 6 3 4 5
2 4 5 8 7 3 1 6 9
3 6 1 5 4 9 8 7 2
```

Solution # 654
```
2 9 5 6 4 7 3 8 1
1 4 3 9 5 8 6 2 7
6 7 8 1 3 2 5 4 9
7 8 6 5 2 9 4 1 3
5 1 2 4 6 3 9 7 8
4 3 9 7 8 1 2 6 5
3 2 1 8 9 4 7 5 6
8 6 4 3 7 5 1 9 2
9 5 7 2 1 6 8 3 4
```

Solution # 655
```
4 5 8 9 2 7 3 6 1
3 6 2 8 1 5 4 9 7
9 7 1 6 3 4 8 2 5
7 8 6 2 5 3 1 4 9
5 3 9 4 6 1 2 7 8
2 1 4 7 9 8 5 3 6
6 9 5 3 8 2 7 1 4
8 4 3 1 7 6 9 5 2
1 2 7 5 4 9 6 8 3
```

Solution # 656
```
4 2 7 1 5 3 9 6 8
3 5 8 2 9 6 1 4 7
9 6 1 8 4 7 2 5 3
5 1 4 3 2 9 8 7 6
7 8 2 5 6 1 4 3 9
6 3 9 7 8 4 5 2 1
2 7 5 6 1 8 3 9 4
8 9 6 4 3 2 7 1 5
1 4 3 9 7 5 6 8 2
```

Solution # 657
```
2 7 5 3 8 6 4 9 1
4 6 8 5 1 9 2 3 7
1 9 3 4 7 2 8 5 6
5 8 6 9 3 4 1 7 2
7 3 1 2 5 8 9 6 4
9 2 4 7 6 1 3 8 5
8 4 2 6 9 7 5 1 3
3 1 7 8 4 5 6 2 9
6 5 9 1 2 3 7 4 8
```

Solution # 658
```
5 1 9 6 8 2 4 3 7
6 4 7 5 1 3 2 9 8
2 3 8 4 9 7 1 5 6
4 6 5 7 2 9 8 1 3
9 2 3 8 4 1 7 6 5
7 8 1 3 6 5 9 4 2
1 7 6 9 5 8 3 2 4
8 9 4 2 3 6 5 7 1
3 5 2 1 7 4 6 8 9
```

Solution # 659
```
3 6 7 5 2 1 8 9 4
2 5 8 4 7 9 3 1 6
9 4 1 6 3 8 5 2 7
6 2 9 3 8 5 7 4 1
7 3 4 9 1 2 6 8 5
1 8 5 7 6 4 2 3 9
4 7 6 8 9 3 1 5 2
5 1 3 2 4 7 9 6 8
8 9 2 1 5 6 4 7 3
```

Solution # 660
```
1 7 5 2 9 6 4 3 8
4 8 6 3 1 5 2 7 9
2 3 9 7 8 4 1 5 6
3 1 4 6 2 9 5 8 7
8 5 2 1 3 7 6 9 4
6 9 7 4 5 8 3 2 1
5 6 1 9 7 3 8 4 2
7 4 8 5 6 2 9 1 3
9 2 3 8 4 1 7 6 5
```

Solution # 661
```
3 2 7 6 4 1 8 5 9
4 8 6 2 9 5 7 3 1
9 5 1 8 3 7 4 6 2
5 7 8 3 2 4 9 1 6
2 9 3 1 6 8 5 7 4
1 6 4 7 5 9 3 2 8
7 1 5 4 8 6 2 9 3
8 3 9 5 1 2 6 4 7
6 4 2 9 7 3 1 8 5
```

Solution # 662
```
3 2 5 4 7 8 6 9 1
7 6 1 5 9 2 4 8 3
9 4 8 1 6 3 2 5 7
5 1 2 6 3 9 8 7 4
8 7 4 2 1 5 9 3 6
6 9 3 8 4 7 1 2 5
4 5 9 3 8 6 7 1 2
1 3 7 9 2 4 5 6 8
2 8 6 7 5 1 3 4 9
```

Solution # 663
```
9 5 6 8 3 1 4 7 2
8 3 2 7 4 5 6 9 1
4 7 1 2 9 6 8 5 3
7 8 9 1 6 4 3 2 5
5 6 3 9 2 8 1 4 7
2 1 4 5 7 3 9 6 8
6 2 7 3 1 9 5 8 4
3 9 8 4 5 2 7 1 6
1 4 5 6 8 7 2 3 9
```

Solution # 664
```
4 5 1 3 8 6 2 9 7
6 3 7 9 5 2 1 8 4
8 2 9 4 1 7 5 3 6
1 9 8 7 3 5 6 4 2
3 4 5 2 6 1 9 7 8
2 7 6 8 9 4 3 1 5
5 8 3 6 7 9 4 2 1
7 1 2 5 4 8 3 6 9
9 6 4 1 2 3 7 5 8
```

Solution # 665
```
4 3 8 2 5 7 6 1 9
9 5 2 1 8 6 3 4 7
6 1 7 9 4 3 5 8 2
8 4 1 7 3 2 9 6 5
3 6 5 4 9 8 7 2 1
7 2 9 6 1 5 4 3 8
2 7 3 8 6 9 1 5 4
5 9 4 3 2 1 8 7 6
1 8 6 5 7 4 2 9 3
```

Solution # 666

7	8	6	2	5	4	3	9	1
4	1	3	9	8	6	5	2	7
9	5	2	1	3	7	4	8	6
6	4	1	5	7	8	2	3	9
2	7	8	3	4	9	6	1	5
3	9	5	6	1	2	7	4	8
5	6	9	4	2	1	8	7	3
1	2	7	8	6	3	9	5	4
8	3	4	7	9	5	1	6	2

Solution # 667

1	2	8	4	9	7	5	6	3
7	5	4	3	2	6	1	8	9
9	6	3	8	5	1	7	4	2
8	3	6	9	1	4	2	7	5
5	9	1	2	7	8	6	3	4
2	4	7	5	6	3	8	9	1
4	7	2	6	3	5	9	1	8
3	1	9	7	8	2	4	5	6
6	8	5	1	4	9	3	2	7

Solution # 668

4	9	5	6	7	2	8	1	3
7	3	2	8	1	5	4	6	9
1	6	8	4	9	3	5	7	2
9	1	4	5	2	8	7	3	6
3	5	6	9	4	7	2	8	1
2	8	7	1	3	6	9	4	5
6	7	3	2	5	4	1	9	8
8	2	1	7	6	9	3	5	4
5	4	9	3	8	1	6	2	7

Solution # 669

4	5	3	7	6	2	1	9	8
6	1	2	4	9	8	3	5	7
8	7	9	5	3	1	6	2	4
9	4	1	3	7	6	2	8	5
5	3	7	2	8	4	9	6	1
2	8	6	1	5	9	7	4	3
1	9	5	8	2	3	4	7	6
3	2	8	6	4	7	5	1	9
7	6	4	9	1	5	8	3	2

Solution # 670

4	7	2	1	5	3	9	6	8
6	5	3	8	9	2	7	4	1
8	9	1	6	4	7	5	3	2
1	4	5	9	7	6	8	2	3
3	6	9	2	8	1	4	5	7
2	8	7	5	3	4	1	9	6
5	3	8	7	2	9	6	1	4
7	1	4	3	6	5	2	8	9
9	2	6	4	1	8	3	7	5

Solution # 671

3	6	7	2	8	1	9	5	4
5	2	1	6	4	9	3	7	8
9	4	8	7	3	5	6	1	2
1	3	6	9	5	8	2	4	7
4	7	9	3	1	2	5	8	6
2	8	5	4	6	7	1	3	9
6	5	2	8	7	3	4	9	1
7	9	3	1	2	4	8	6	5
8	1	4	5	9	6	7	2	3

Solution # 672

1	8	5	2	9	4	3	6	7
3	2	9	7	8	6	4	5	1
6	4	7	1	3	5	8	9	2
8	3	1	5	6	7	9	2	4
4	5	2	3	1	9	6	7	8
7	9	6	4	2	8	5	1	3
2	6	4	8	5	1	7	3	9
5	7	3	9	4	2	1	8	6
9	1	8	6	7	3	2	4	5

Solution # 673

2	8	7	5	3	6	9	4	1
6	5	4	9	2	1	7	3	8
1	9	3	8	4	7	2	5	6
7	4	9	1	5	3	6	8	2
3	2	1	7	6	8	5	9	4
8	6	5	2	9	4	1	7	3
5	7	6	3	8	2	4	1	9
9	3	2	4	1	5	8	6	7
4	1	8	6	7	9	3	2	5

Solution # 674

6	1	2	5	3	8	7	9	4
7	8	9	4	1	6	5	3	2
4	3	5	7	2	9	1	6	8
1	2	4	3	6	5	9	8	7
3	5	7	9	8	2	6	4	1
8	9	6	1	7	4	3	2	5
2	7	1	8	9	3	4	5	6
5	6	3	2	4	1	8	7	9
9	4	8	6	5	7	2	1	3

Solution # 675

4	3	8	1	9	6	2	5	7
5	6	9	3	2	7	1	8	4
7	2	1	5	8	4	6	3	9
3	1	6	9	4	2	5	7	8
8	5	2	7	3	1	9	4	6
9	4	7	6	5	8	3	1	2
2	9	5	8	7	3	4	6	1
6	8	3	4	1	9	7	2	5
1	7	4	2	6	5	8	9	3

Solution # 676

7	6	2	8	9	5	4	1	3
5	4	8	3	1	7	2	9	6
1	9	3	4	6	2	5	7	8
6	5	4	9	2	3	7	8	1
9	8	7	1	5	4	3	6	2
2	3	1	6	7	8	9	4	5
3	7	6	5	4	1	8	2	9
8	2	9	7	3	6	1	5	4
4	1	5	2	8	9	6	3	7

Solution # 677

4	8	5	7	1	6	9	2	3
6	2	9	4	8	3	7	1	5
1	7	3	5	2	9	6	4	8
3	6	8	1	9	5	2	7	4
2	1	4	3	6	7	8	5	9
9	5	7	8	4	2	3	6	1
5	9	6	2	3	1	4	8	7
7	4	2	9	5	8	1	3	6
8	3	1	6	7	4	5	9	2

Solution # 678

4	2	5	6	1	8	7	3	9
1	6	9	4	3	7	5	2	8
8	7	3	2	9	5	4	6	1
6	1	4	5	7	3	8	9	2
7	3	2	8	6	9	1	5	4
9	5	8	1	2	4	6	7	3
5	4	6	9	8	2	3	1	7
3	9	1	7	4	6	2	8	5
2	8	7	3	5	1	9	4	6

Solution # 679

3	8	2	7	6	5	9	1	4
5	1	7	4	9	2	6	3	8
6	4	9	8	3	1	7	5	2
8	2	6	1	7	9	5	4	3
9	7	5	3	8	4	1	2	6
4	3	1	5	2	6	8	7	9
1	6	3	2	5	8	4	9	7
2	9	4	6	1	7	3	8	5
7	5	8	9	4	3	2	6	1

Solution # 680

9	1	5	3	7	4	2	6	8
8	4	6	2	5	1	7	9	3
2	3	7	9	6	8	5	4	1
3	5	9	6	2	7	8	1	4
6	7	1	4	8	3	9	5	2
4	2	8	1	9	5	6	3	7
7	8	4	5	3	6	1	2	9
5	9	3	7	1	2	4	8	6
1	6	2	8	4	9	3	7	5

Solution # 681

9	5	7	1	8	4	6	3	2
6	3	1	9	5	2	7	8	4
4	8	2	7	3	6	5	1	9
2	9	4	6	7	1	8	5	3
8	7	3	2	4	5	1	9	6
1	6	5	8	9	3	2	4	7
5	4	6	3	1	7	9	2	8
3	2	8	5	6	9	4	7	1
7	1	9	4	2	8	3	6	5

Solution # 682

7	4	5	2	3	8	9	1	6
6	9	3	1	5	4	2	7	8
1	2	8	7	9	6	4	3	5
5	1	9	4	7	2	8	6	3
8	7	6	3	1	9	5	2	4
2	3	4	8	6	5	7	9	1
3	8	2	6	4	7	1	5	9
4	5	1	9	2	3	6	8	7
9	6	7	5	8	1	3	4	2

Solution # 683

2	4	7	1	6	3	8	9	5
6	5	9	2	4	8	1	7	3
1	3	8	5	7	9	4	6	2
9	1	2	8	5	4	6	3	7
8	7	5	3	1	6	9	2	4
4	6	3	9	2	7	5	1	8
5	8	6	7	3	1	2	4	9
3	2	1	4	9	5	7	8	6
7	9	4	6	8	2	3	5	1

Solution # 684

2	3	8	5	9	6	1	4	7
5	9	1	7	4	8	6	2	3
7	6	4	2	1	3	5	9	8
4	2	9	1	8	5	3	7	6
3	1	7	9	6	4	8	5	2
8	5	6	3	7	2	4	1	9
6	4	2	8	5	7	9	3	1
1	8	3	4	2	9	7	6	5
9	7	5	6	3	1	2	8	4

Solution # 685

7	6	8	1	4	5	9	3	2
2	4	9	8	3	6	5	7	1
1	3	5	2	7	9	6	4	8
3	9	4	5	8	7	2	1	6
8	2	7	9	6	1	4	5	3
5	1	6	4	2	3	7	8	9
6	8	2	3	5	4	1	9	7
9	5	3	7	1	2	8	6	4
4	7	1	6	9	8	3	2	5

Solution # 686

6	2	4	5	1	9	8	7	3
5	9	7	3	6	8	4	2	1
3	8	1	2	7	4	5	6	9
4	3	5	8	9	7	2	1	6
8	7	6	1	5	2	3	9	4
9	1	2	6	4	3	7	8	5
7	4	3	9	2	6	1	5	8
1	6	8	7	3	5	9	4	2
2	5	9	4	8	1	6	3	7

Solution # 687

2	8	1	6	7	5	3	9	4
7	9	4	2	3	8	6	1	5
6	3	5	4	9	1	2	7	8
3	6	2	5	1	9	4	8	7
5	4	7	8	6	2	1	3	9
8	1	9	3	4	7	5	6	2
4	7	3	9	5	6	8	2	1
9	5	8	1	2	3	7	4	6
1	2	6	7	8	4	9	5	3

Solution # 688

2	9	3	7	4	1	8	6	5
6	5	7	3	9	8	4	2	1
4	1	8	2	6	5	7	3	9
3	6	1	4	8	2	5	9	7
5	7	4	1	3	9	2	8	6
8	2	9	5	7	6	3	1	4
7	4	2	6	1	3	9	5	8
9	3	6	8	5	4	1	7	2
1	8	5	9	2	7	6	4	3

Solution # 689

7	6	2	5	4	8	9	1	3
9	8	4	1	7	3	5	2	6
1	5	3	2	9	6	4	8	7
5	9	1	8	6	7	2	3	4
3	4	6	9	2	1	7	5	8
2	7	8	3	5	4	6	9	1
8	2	7	4	3	5	1	6	9
4	1	9	6	8	2	3	7	5
6	3	5	7	1	9	8	4	2

Solution # 690

1	7	9	5	6	2	4	8	3
2	4	5	8	3	1	7	6	9
3	6	8	7	9	4	2	5	1
5	3	7	9	2	6	1	4	8
9	2	4	1	5	8	3	7	6
6	8	1	4	7	3	9	2	5
4	1	3	6	8	7	5	9	2
8	9	2	3	4	5	6	1	7
7	5	6	2	1	9	8	3	4

Solution # 691

9	7	8	2	6	1	3	5	4
4	6	1	3	5	9	8	2	7
2	5	3	8	7	4	6	9	1
8	2	4	1	3	6	5	7	9
6	9	5	7	4	2	1	3	8
3	1	7	5	9	8	4	6	2
5	4	2	9	1	3	7	8	6
7	8	6	4	2	5	9	1	3
1	3	9	6	8	7	2	4	5

Solution # 692

2	4	9	3	5	7	6	1	8
6	7	1	8	9	4	5	3	2
5	3	8	2	1	6	4	7	9
7	8	4	1	3	5	9	2	6
9	1	2	6	4	8	7	5	3
3	6	5	7	2	9	8	4	1
8	2	6	4	7	1	3	9	5
1	5	7	9	8	3	2	6	4
4	9	3	5	6	2	1	8	7

Solution # 693

2	5	9	6	8	4	3	1	7
3	8	4	5	1	7	9	2	6
6	7	1	2	9	3	5	4	8
4	1	7	3	5	2	8	6	9
5	6	3	8	4	9	2	7	1
9	2	8	1	7	6	4	5	3
8	4	2	7	3	1	6	9	5
1	9	5	4	6	8	7	3	2
7	3	6	9	2	5	1	8	4

Solution # 694

4	9	2	8	6	7	3	5	1
3	8	5	1	2	9	4	7	6
1	6	7	3	4	5	2	9	8
7	4	3	6	5	1	8	2	9
8	5	6	2	9	4	1	3	7
2	1	9	7	8	3	6	4	5
5	3	8	4	7	6	9	1	2
6	7	4	9	1	2	5	8	3
9	2	1	5	3	8	7	6	4

Solution # 695

4	6	5	1	9	7	3	2	8
3	1	2	4	5	8	9	7	6
8	9	7	6	2	3	5	4	1
9	3	8	2	7	5	1	6	4
7	2	4	9	6	1	8	5	3
1	5	6	8	3	4	2	9	7
5	7	1	3	4	9	6	8	2
2	4	3	5	8	6	7	1	9
6	8	9	7	1	2	4	3	5

Solution # 696

1	7	6	4	2	3	5	9	8
5	2	4	7	9	8	3	6	1
3	9	8	5	1	6	2	7	4
4	6	1	2	3	7	9	8	5
9	8	2	1	6	5	7	4	3
7	5	3	8	4	9	6	1	2
6	1	9	3	8	2	4	5	7
2	4	7	6	5	1	8	3	9
8	3	5	9	7	4	1	2	6

Solution # 697

6	7	8	3	5	9	4	2	1
5	9	4	8	2	1	6	3	7
3	1	2	6	7	4	9	5	8
4	8	5	7	9	6	3	1	2
9	2	3	1	8	5	7	6	4
7	6	1	4	3	2	5	8	9
8	5	6	2	4	7	1	9	3
2	4	9	5	1	3	8	7	6
1	3	7	9	6	8	2	4	5

Solution # 698

2	9	4	5	1	7	6	8	3
1	7	6	4	3	8	2	9	5
3	8	5	6	9	2	4	1	7
7	2	1	9	4	6	5	3	8
9	4	3	2	8	5	7	6	1
5	6	8	3	7	1	9	2	4
6	5	7	8	2	3	1	4	9
8	1	9	7	6	4	3	5	2
4	3	2	1	5	9	8	7	6

Solution # 699

9	1	3	7	6	4	2	8	5
6	5	8	1	3	2	4	7	9
7	2	4	8	5	9	6	3	1
5	4	7	9	2	8	3	1	6
1	6	9	5	7	3	8	2	4
8	3	2	4	1	6	5	9	7
4	8	6	2	9	1	7	5	3
2	9	5	3	4	7	1	6	8
3	7	1	6	8	5	9	4	2

Solution # 700

2	1	6	5	8	3	4	9	7
3	7	4	9	2	1	6	8	5
9	5	8	4	6	7	3	2	1
8	2	1	3	9	4	5	7	6
7	6	3	2	1	5	9	4	8
4	9	5	8	7	6	2	1	3
1	4	2	6	3	8	7	5	9
5	3	7	1	4	9	8	6	2
6	8	9	7	5	2	1	3	4

Solution # 701

4	8	1	2	7	6	3	5	9
3	7	2	1	9	5	8	4	6
6	9	5	3	4	8	2	7	1
1	2	9	4	3	7	5	6	8
5	4	6	8	2	1	7	9	3
7	3	8	6	5	9	4	1	2
8	1	4	5	6	3	9	2	7
2	6	7	9	8	4	1	3	5
9	5	3	7	1	2	6	8	4

Solution # 702

7	9	2	1	5	3	6	4	8
4	3	8	9	2	6	7	1	5
6	5	1	4	8	7	2	9	3
8	4	3	2	6	1	5	7	9
9	2	7	5	4	8	3	6	1
5	1	6	3	7	9	8	2	4
2	8	4	6	1	5	9	3	7
1	7	9	8	3	2	4	5	6
3	6	5	7	9	4	1	8	2

Solution # 703

8	5	2	4	3	1	9	6	7
3	7	4	6	5	9	8	2	1
6	9	1	2	8	7	5	4	3
1	8	6	3	7	5	2	9	4
7	4	9	8	6	2	3	1	5
2	3	5	9	1	4	7	8	6
4	1	3	7	2	8	6	5	9
9	2	7	5	4	6	1	3	8
5	6	8	1	9	3	4	7	2

Solution # 704

2	4	9	8	1	5	6	3	7
3	8	7	2	4	6	1	9	5
1	5	6	9	7	3	4	8	2
8	3	4	7	5	2	9	1	6
7	1	5	4	6	9	3	2	8
6	9	2	1	3	8	7	5	4
4	2	3	6	8	1	5	7	9
9	7	1	5	2	4	8	6	3
5	6	8	3	9	7	2	4	1

Solution # 705

7	9	4	3	8	1	5	2	6
5	6	8	2	7	9	3	1	4
1	2	3	5	4	6	9	7	8
4	3	5	1	6	2	8	9	7
6	1	7	8	9	5	4	3	2
9	8	2	7	3	4	6	5	1
2	4	9	6	5	7	1	8	3
3	7	6	9	1	8	2	4	5
8	5	1	4	2	3	7	6	9

Solution # 706

2	8	4	5	3	1	6	9	7
5	3	9	7	2	6	8	1	4
6	1	7	8	9	4	3	2	5
3	7	5	9	6	8	2	4	1
4	9	6	2	1	7	5	3	8
1	2	8	4	5	3	9	7	6
8	5	3	1	4	2	7	6	9
7	4	2	6	8	9	1	5	3
9	6	1	3	7	5	4	8	2

Solution # 707

1	9	6	3	4	7	2	5	8
7	4	8	2	5	9	1	3	6
3	5	2	6	8	1	4	7	9
2	7	1	8	9	4	5	6	3
4	3	9	5	6	2	8	1	7
6	8	5	1	7	3	9	2	4
8	6	7	4	2	5	3	9	1
5	1	4	9	3	6	7	8	2
9	2	3	7	1	8	6	4	5

Solution # 708

2	8	4	9	6	1	7	5	3
7	3	9	8	4	5	1	2	6
5	6	1	7	2	3	4	8	9
9	1	3	2	5	6	8	4	7
4	7	6	1	8	9	2	3	5
8	2	5	4	3	7	9	6	1
3	4	7	6	9	8	5	1	2
1	5	8	3	7	2	6	9	4
6	9	2	5	1	4	3	7	8

Solution # 709

9	7	3	8	5	2	1	6	4
2	6	8	3	1	4	9	7	5
1	4	5	9	7	6	8	2	3
4	9	7	6	3	8	2	5	1
3	5	2	1	9	7	6	4	8
6	8	1	2	4	5	7	3	9
7	1	9	5	2	3	4	8	6
8	3	4	7	6	9	5	1	2
5	2	6	4	8	1	3	9	7

Solution # 710

6	2	4	9	3	1	5	8	7
5	9	3	6	7	8	4	2	1
8	7	1	5	4	2	3	6	9
2	4	7	1	5	3	6	9	8
3	1	8	2	6	9	7	5	4
9	6	5	7	8	4	2	1	3
4	5	6	8	1	7	9	3	2
1	3	2	4	9	5	8	7	6
7	8	9	3	2	6	1	4	5

Solution # 711

7	5	8	2	3	1	6	4	9
3	4	1	6	9	5	7	2	8
6	9	2	4	8	7	5	3	1
9	2	7	1	5	3	8	6	4
5	6	4	9	2	8	1	7	3
8	1	3	7	6	4	9	5	2
2	8	6	5	4	9	3	1	7
1	3	5	8	7	2	4	9	6
4	7	9	3	1	6	2	8	5

Solution # 712

7	9	8	3	1	4	5	6	2
2	3	6	9	5	7	8	1	4
5	4	1	8	2	6	3	7	9
3	8	2	6	7	1	9	4	5
1	7	5	4	9	3	6	2	8
9	6	4	5	8	2	7	3	1
4	5	7	1	6	9	2	8	3
8	2	3	7	4	5	1	9	6
6	1	9	2	3	8	4	5	7

Solution # 713

9	4	6	2	8	5	3	7	1
2	1	8	3	7	6	9	5	4
3	5	7	9	1	4	2	6	8
7	9	2	1	4	3	5	8	6
1	8	5	6	9	7	4	3	2
6	3	4	5	2	8	1	9	7
5	2	3	8	6	1	7	4	9
4	6	9	7	3	2	8	1	5
8	7	1	4	5	9	6	2	3

Solution # 714

3	6	7	1	9	8	4	5	2
8	2	9	4	5	6	3	7	1
4	5	1	3	2	7	9	6	8
2	3	4	6	7	9	1	8	5
9	1	6	5	8	3	2	4	7
5	7	8	2	1	4	6	9	3
1	8	2	9	6	5	7	3	4
6	4	5	7	3	2	8	1	9
7	9	3	8	4	1	5	2	6

Solution # 715

5	8	7	2	6	4	3	9	1
6	9	1	7	3	5	4	2	8
4	2	3	1	8	9	7	6	5
2	6	8	3	4	7	5	1	9
3	4	9	5	1	2	8	7	6
7	1	5	8	9	6	2	4	3
8	3	2	9	7	1	6	5	4
1	7	4	6	5	3	9	8	2
9	5	6	4	2	8	1	3	7

Solution # 716

9	4	2	8	6	1	7	3	5
1	5	7	9	3	2	4	8	6
6	8	3	5	4	7	2	9	1
7	3	1	2	8	9	5	6	4
8	9	6	1	5	4	3	2	7
4	2	5	3	7	6	9	1	8
3	6	9	4	1	5	8	7	2
2	1	4	7	9	8	6	5	3
5	7	8	6	2	3	1	4	9

Solution # 717

8	2	1	9	4	3	7	5	6
4	3	5	6	7	2	1	8	9
6	9	7	1	8	5	3	2	4
9	1	8	7	2	4	5	6	3
3	6	4	5	9	8	2	1	7
7	5	2	3	6	1	4	9	8
2	4	6	8	5	7	9	3	1
1	7	9	2	3	6	8	4	5
5	8	3	4	1	9	6	7	2

Solution # 718

6	4	9	8	5	3	7	1	2
7	8	5	1	2	9	6	4	3
3	1	2	6	4	7	8	5	9
4	2	7	3	8	6	1	9	5
1	6	8	4	9	5	3	2	7
5	9	3	7	1	2	4	6	8
2	3	4	9	6	8	5	7	1
8	5	1	2	7	4	9	3	6
9	7	6	5	3	1	2	8	4

Solution # 719

2	5	9	3	1	6	7	4	8
8	4	6	9	5	7	1	2	3
3	1	7	2	8	4	5	6	9
4	2	1	7	3	8	9	5	6
6	7	3	5	2	9	8	1	4
9	8	5	6	4	1	3	7	2
7	9	8	4	6	5	2	3	1
1	3	4	8	7	2	6	9	5
5	6	2	1	9	3	4	8	7

Solution # 720

1	3	4	7	9	8	5	6	2
8	5	9	6	2	1	3	4	7
7	2	6	3	4	5	1	9	8
6	7	1	5	3	4	8	2	9
2	8	5	1	7	9	4	3	6
4	9	3	8	6	2	7	5	1
5	6	2	4	8	7	9	1	3
3	1	8	9	5	6	2	7	4
9	4	7	2	1	3	6	8	5

Solution # 721

5	7	3	8	6	1	2	4	9
8	2	1	5	9	4	7	3	6
6	4	9	7	2	3	5	8	1
4	1	5	3	7	6	8	9	2
7	8	2	4	5	9	6	1	3
3	9	6	1	8	2	4	5	7
1	3	7	2	4	8	9	6	5
2	6	8	9	1	5	3	7	4
9	5	4	6	3	7	1	2	8

Solution # 722

3	5	2	7	4	9	1	8	6
4	8	1	6	2	3	5	7	9
7	9	6	8	1	5	4	2	3
2	7	8	1	6	4	3	9	5
9	4	5	2	3	8	7	6	1
1	6	3	9	5	7	2	4	8
6	2	4	5	9	1	8	3	7
5	3	7	4	8	6	9	1	2
8	1	9	3	7	2	6	5	4

Solution # 723

2	5	3	9	4	7	8	6	1
9	6	4	8	1	3	5	2	7
7	8	1	6	2	5	3	4	9
3	9	5	2	7	8	6	1	4
1	4	2	3	5	6	7	9	8
8	7	6	4	9	1	2	5	3
4	2	7	5	3	9	1	8	6
6	3	9	1	8	2	4	7	5
5	1	8	7	6	4	9	3	2

Solution # 724

5	8	9	3	2	1	6	7	4
3	6	7	5	9	4	2	1	8
4	1	2	7	6	8	5	3	9
1	3	4	6	5	2	9	8	7
9	2	5	8	3	7	1	4	6
6	7	8	1	4	9	3	5	2
8	4	6	9	1	3	7	2	5
7	5	1	2	8	6	4	9	3
2	9	3	4	7	5	8	6	1

Solution # 725

2	4	9	3	5	1	7	8	6
8	1	3	6	4	7	5	9	2
6	5	7	2	8	9	4	3	1
4	8	5	7	9	2	1	6	3
7	9	1	8	6	3	2	4	5
3	6	2	5	1	4	9	7	8
5	2	4	9	3	8	6	1	7
9	3	6	1	7	5	8	2	4
1	7	8	4	2	6	3	5	9

Solution # 726

3	4	2	6	1	7	9	8	5
1	7	5	9	2	8	4	6	3
8	9	6	5	3	4	2	7	1
5	3	8	2	4	9	6	1	7
9	1	4	3	7	6	8	5	2
6	2	7	1	8	5	3	4	9
4	8	9	7	5	2	1	3	6
2	5	1	8	6	3	7	9	4
7	6	3	4	9	1	5	2	8

Solution # 727

3	4	6	8	2	1	5	7	9
7	2	8	4	9	5	6	1	3
9	5	1	6	3	7	4	2	8
5	8	9	7	6	2	1	3	4
4	7	2	5	1	3	9	8	6
1	6	3	9	8	4	7	5	2
6	9	5	3	7	8	2	4	1
2	3	7	1	4	9	8	6	5
8	1	4	2	5	6	3	9	7

Solution # 728

3	5	7	9	8	6	4	1	2
6	4	2	7	5	1	8	3	9
8	1	9	3	4	2	6	5	7
1	7	8	6	3	5	9	2	4
2	6	5	4	7	9	3	8	1
4	9	3	1	2	8	7	6	5
5	2	4	8	9	3	1	7	6
9	8	1	2	6	7	5	4	3
7	3	6	5	1	4	2	9	8

Solution # 729

2	8	9	6	1	4	5	3	7
7	6	3	5	9	8	2	4	1
4	1	5	2	3	7	9	6	8
9	3	4	7	8	2	6	1	5
1	5	7	4	6	9	3	8	2
6	2	8	3	5	1	4	7	9
8	4	2	9	7	6	1	5	3
3	9	1	8	4	5	7	2	6
5	7	6	1	2	3	8	9	4

Solution # 730

1	6	7	9	8	2	5	4	3
5	2	4	7	3	1	6	8	9
9	3	8	4	5	6	2	1	7
6	9	2	8	4	5	7	3	1
8	7	1	6	9	3	4	2	5
3	4	5	2	1	7	9	6	8
2	5	6	1	7	8	3	9	4
4	8	3	5	2	9	1	7	6
7	1	9	3	6	4	8	5	2

Solution # 731

2	8	4	3	1	9	7	5	6
9	1	5	7	4	6	8	3	2
6	7	3	8	2	5	9	1	4
5	2	7	9	6	3	4	8	1
4	9	1	2	8	7	5	6	3
3	6	8	4	5	1	2	9	7
1	3	9	5	7	4	6	2	8
7	5	2	6	3	8	1	4	9
8	4	6	1	9	2	3	7	5

Solution # 732

4	1	2	5	9	6	8	7	3
7	6	3	8	1	2	9	5	4
5	9	8	7	4	3	1	2	6
8	5	7	9	3	1	4	6	2
9	4	6	2	5	8	7	3	1
2	3	1	6	7	4	5	8	9
6	2	9	4	8	7	3	1	5
3	8	4	1	6	5	2	9	7
1	7	5	3	2	9	6	4	8

Solution # 733

6	2	9	7	8	3	5	4	1
5	7	3	2	1	4	6	8	9
8	1	4	5	6	9	3	2	7
3	9	7	8	4	6	2	1	5
4	5	1	9	3	2	7	6	8
2	6	8	1	7	5	9	3	4
1	4	6	3	5	7	8	9	2
7	3	2	4	9	8	1	5	6
9	8	5	6	2	1	4	7	3

Solution # 734

3	1	9	5	4	8	2	6	7
2	8	5	3	7	6	4	1	9
4	7	6	2	1	9	3	5	8
6	2	1	7	8	4	5	9	3
8	5	3	9	2	1	6	7	4
7	9	4	6	5	3	8	2	1
1	6	2	8	3	7	9	4	5
5	3	7	4	9	2	1	8	6
9	4	8	1	6	5	7	3	2

Solution # 735

5	3	8	6	2	9	1	7	4
6	1	7	4	3	8	5	9	2
2	4	9	1	7	5	6	8	3
7	8	4	5	6	2	3	1	9
1	5	6	9	4	3	7	2	8
3	9	2	7	8	1	4	5	6
4	6	5	2	9	7	8	3	1
8	2	1	3	5	6	9	4	7
9	7	3	8	1	4	2	6	5

Solution # 736
```
1 3 2 6 7 4 5 8 9
8 9 6 5 3 2 4 7 1
5 7 4 1 9 8 2 3 6
9 5 1 3 2 7 8 6 4
7 2 8 4 1 6 9 5 3
6 4 3 8 5 9 1 2 7
3 8 7 2 4 1 6 9 5
4 6 5 9 8 3 7 1 2
2 1 9 7 6 5 3 4 8
```

Solution # 737
```
3 1 9 8 2 5 6 4 7
6 2 4 7 9 3 1 8 5
8 7 5 4 6 1 9 3 2
4 5 1 6 3 9 7 2 8
2 8 3 5 1 7 4 6 9
7 9 6 2 4 8 5 1 3
9 4 2 3 5 6 8 7 1
5 3 7 1 8 4 2 9 6
1 6 8 9 7 2 3 5 4
```

Solution # 738
```
7 6 3 9 1 2 8 4 5
1 5 2 3 4 8 6 9 7
9 8 4 6 5 7 1 3 2
4 9 5 7 6 1 3 2 8
2 3 6 5 8 4 9 7 1
8 7 1 2 3 9 4 5 6
3 2 9 8 7 6 5 1 4
5 4 8 1 2 3 7 6 9
6 1 7 4 9 5 2 8 3
```

Solution # 739
```
1 3 9 7 6 2 5 4 8
5 6 2 8 4 1 3 7 9
8 7 4 9 3 5 2 6 1
3 5 6 4 9 7 8 1 2
4 2 1 6 5 8 9 3 7
9 8 7 1 2 3 4 5 6
2 1 3 5 7 9 6 8 4
7 4 5 2 8 6 1 9 3
6 9 8 3 1 4 7 2 5
```

Solution # 740
```
7 4 6 9 5 8 1 3 2
3 8 1 4 2 7 6 5 9
2 5 9 3 1 6 7 4 8
1 6 3 5 8 2 9 7 4
5 7 4 1 6 9 2 8 3
9 2 8 7 3 4 5 1 6
4 1 2 6 7 3 8 9 5
8 3 7 2 9 5 4 6 1
6 9 5 8 4 1 3 2 7
```

Solution # 741
```
3 9 6 4 1 8 5 7 2
5 2 4 7 9 3 1 6 8
8 1 7 6 5 2 3 4 9
6 3 9 1 2 5 4 8 7
7 5 8 9 4 6 2 3 1
1 4 2 8 3 7 9 5 6
9 8 1 3 6 4 7 2 5
4 7 5 2 8 9 6 1 3
2 6 3 5 7 1 8 9 4
```

Solution # 742
```
8 5 7 3 2 6 9 4 1
4 3 2 1 7 9 5 8 6
6 9 1 5 8 4 2 3 7
5 6 8 4 9 7 1 2 3
1 2 4 6 5 3 7 9 8
3 7 9 8 1 2 6 5 4
9 4 3 7 6 5 8 1 2
7 1 5 2 4 8 3 6 9
2 8 6 9 3 1 4 7 5
```

Solution # 743
```
5 3 2 6 8 9 4 1 7
8 6 1 2 7 4 9 5 3
9 4 7 3 1 5 2 6 8
4 2 9 1 6 7 8 3 5
1 8 6 4 5 3 7 2 9
3 7 5 9 2 8 1 4 6
7 1 3 5 9 2 6 8 4
2 5 8 7 4 6 3 9 1
6 9 4 8 3 1 5 7 2
```

Solution # 744
```
1 2 9 3 8 4 7 5 6
7 8 6 5 2 9 3 4 1
3 4 5 7 6 1 9 2 8
2 5 3 4 1 8 6 9 7
6 1 7 9 3 5 2 8 4
4 9 8 6 7 2 1 3 5
9 6 1 8 4 3 5 7 2
8 3 2 1 5 7 4 6 9
5 7 4 2 9 6 8 1 3
```

Solution # 745
```
5 1 3 7 9 2 8 4 6
2 8 4 3 1 6 5 7 9
6 7 9 5 8 4 1 3 2
7 5 1 8 4 9 6 2 3
3 2 8 6 7 1 4 9 5
9 4 6 2 3 5 7 8 1
4 6 5 9 2 8 3 1 7
1 9 7 4 6 3 2 5 8
8 3 2 1 5 7 9 6 4
```

Solution # 746
```
2 5 3 8 7 1 4 9 6
1 7 6 4 9 3 2 5 8
9 4 8 2 5 6 3 1 7
5 6 4 3 2 8 1 7 9
8 1 2 7 4 9 6 3 5
3 9 7 1 6 5 8 2 4
7 2 5 6 3 4 9 8 1
6 3 1 9 8 7 5 4 2
4 8 9 5 1 2 7 6 3
```

Solution # 747
```
4 8 3 9 2 1 6 5 7
2 6 1 3 5 7 4 9 8
5 7 9 6 8 4 1 2 3
9 3 4 1 7 8 2 6 5
6 5 8 4 9 2 3 7 1
7 1 2 5 3 6 8 4 9
8 4 7 2 1 9 5 3 6
3 9 6 8 4 5 7 1 2
1 2 5 7 6 3 9 8 4
```

Solution # 748
```
7 3 9 2 1 4 6 5 8
2 8 1 3 6 5 4 7 9
5 4 6 9 8 7 1 2 3
9 7 2 6 3 1 5 8 4
6 5 3 4 2 8 7 9 1
4 1 8 7 5 9 2 3 6
3 2 4 5 9 6 8 1 7
1 9 7 8 4 2 3 6 5
8 6 5 1 7 3 9 4 2
```

Solution # 749
```
7 6 1 4 5 9 8 3 2
8 4 5 2 1 3 9 6 7
3 2 9 8 7 6 4 5 1
9 8 4 3 2 5 7 1 6
2 1 6 9 4 7 3 8 5
5 3 7 6 8 1 2 4 9
6 9 2 1 3 8 5 7 4
4 5 8 7 6 2 1 9 3
1 7 3 5 9 4 6 2 8
```

Solution # 750
```
1 9 3 7 4 6 8 2 5
7 4 5 9 2 8 1 3 6
6 8 2 3 5 1 9 7 4
5 1 7 6 8 4 3 9 2
9 2 8 1 3 5 6 4 7
3 6 4 2 7 9 5 8 1
8 5 1 4 9 2 7 6 3
4 3 6 8 1 7 2 5 9
2 7 9 5 6 3 4 1 8
```

Solution # 751
```
6 3 4 7 2 9 1 5 8
8 7 5 4 3 1 2 9 6
1 9 2 6 8 5 3 4 7
5 2 9 1 4 7 6 8 3
3 1 6 8 9 2 4 7 5
7 4 8 5 6 3 9 1 2
4 5 7 2 1 6 8 3 9
9 6 1 3 5 8 7 2 4
2 8 3 9 7 4 5 6 1
```

Solution # 752
```
1 5 4 9 7 6 8 2 3
3 2 9 4 8 5 6 7 1
6 7 8 2 1 3 4 9 5
9 1 2 6 3 8 5 4 7
4 8 7 1 5 2 3 6 9
5 6 3 7 9 4 2 1 8
2 3 1 5 4 9 7 8 6
7 4 5 8 6 1 9 3 2
8 9 6 3 2 7 1 5 4
```

Solution # 753
```
5 1 4 3 8 9 6 2 7
3 8 2 5 7 6 4 9 1
9 7 6 2 1 4 3 5 8
2 4 8 6 3 7 5 1 9
1 6 9 8 4 5 7 3 2
7 3 5 1 9 2 8 4 6
4 9 3 7 2 8 1 6 5
6 2 7 4 5 1 9 8 3
8 5 1 9 6 3 2 7 4
```

Solution # 754
```
9 6 5 7 3 1 4 2 8
2 3 1 6 4 8 5 7 9
4 7 8 2 9 5 3 6 1
5 1 4 9 2 6 8 3 7
7 2 9 4 8 3 1 5 6
3 8 6 1 5 7 9 4 2
8 9 2 5 7 4 6 1 3
1 4 7 3 6 9 2 8 5
6 5 3 8 1 2 7 9 4
```

Solution # 755
```
6 5 2 1 3 8 4 9 7
4 3 8 7 6 9 2 5 1
1 9 7 5 4 2 6 3 8
5 4 6 2 8 7 9 1 3
2 8 9 4 1 3 5 7 6
3 7 1 9 5 6 8 4 2
7 2 5 6 9 1 3 8 4
8 1 4 3 2 5 7 6 9
9 6 3 8 7 4 1 2 5
```

Solution # 756
```
4 5 2 6 7 8 1 9 3
7 6 1 5 9 3 2 4 8
8 9 3 1 4 2 7 6 5
6 3 4 9 2 7 8 5 1
9 7 5 8 1 6 4 3 2
2 1 8 3 5 4 6 7 9
3 8 7 2 6 9 5 1 4
1 2 6 4 3 5 9 8 7
5 4 9 7 8 1 3 2 6
```

Solution # 757
```
8 5 2 6 3 7 4 1 9
4 9 6 2 5 1 3 7 8
1 3 7 4 9 8 5 6 2
2 4 5 3 7 6 8 9 1
6 8 3 1 4 9 2 5 7
9 7 1 5 8 2 6 3 4
7 6 4 9 2 3 1 8 5
5 1 8 7 6 4 9 2 3
3 2 9 8 1 5 7 4 6
```

Solution # 758
```
4 3 5 7 8 9 1 6 2
2 7 8 6 4 1 5 9 3
9 6 1 3 5 2 7 8 4
3 4 7 5 1 8 6 2 9
6 5 9 4 2 7 8 3 1
1 8 2 9 6 3 4 5 7
7 2 4 8 3 6 9 1 5
5 1 6 2 9 4 3 7 8
8 9 3 1 7 5 2 4 6
```

Solution # 759
```
3 4 1 8 7 2 5 6 9
5 9 8 4 6 1 7 3 2
6 7 2 3 5 9 8 4 1
9 5 4 2 1 6 3 7 8
2 1 6 7 8 3 9 5 4
8 3 7 9 4 5 2 1 6
1 8 5 6 9 7 4 2 3
7 2 9 1 3 4 6 8 5
4 6 3 5 2 8 1 9 7
```

Solution # 760
```
8 6 3 4 1 5 7 9 2
5 1 2 8 7 9 4 6 3
4 9 7 6 3 2 1 8 5
7 2 4 1 9 3 6 5 8
6 8 1 5 2 4 9 3 7
3 5 9 7 6 8 2 4 1
2 4 5 9 8 7 3 1 6
9 3 6 2 5 1 8 7 4
1 7 8 3 4 6 5 2 9
```

Solution # 761
```
2 8 7 5 9 3 6 1 4
4 1 9 2 7 6 5 8 3
5 3 6 8 1 4 2 7 9
1 5 8 7 4 2 9 3 6
3 9 2 6 8 5 7 4 1
7 6 4 1 3 9 8 5 2
6 2 1 3 5 8 4 9 7
8 4 3 9 2 7 1 6 5
9 7 5 4 6 1 3 2 8
```

Solution # 762
```
9 4 7 2 1 8 5 6 3
6 2 8 3 5 7 9 1 4
5 3 1 4 9 6 7 2 8
4 6 5 1 3 9 8 7 2
2 8 9 6 7 5 3 4 1
7 1 3 8 4 2 6 5 9
8 5 4 7 2 3 1 9 6
3 9 2 5 6 1 4 8 7
1 7 6 9 8 4 2 3 5
```

Solution # 763
```
2 3 9 6 8 1 4 5 7
7 1 6 4 9 5 3 2 8
8 5 4 7 2 3 6 1 9
6 7 5 2 3 8 1 9 4
4 2 3 1 6 9 8 7 5
9 8 1 5 7 4 2 3 6
5 4 2 9 1 6 7 8 3
3 6 7 8 5 2 9 4 1
1 9 8 3 4 7 5 6 2
```

Solution # 764
```
4 3 5 1 7 8 9 2 6
2 8 6 9 5 4 1 7 3
7 9 1 6 2 3 5 4 8
5 1 9 8 4 6 7 3 2
8 2 7 3 9 5 4 6 1
3 6 4 2 1 7 8 5 9
9 4 2 5 6 1 3 8 7
1 7 3 4 8 2 6 9 5
6 5 8 7 3 9 2 1 4
```

Solution # 765
```
4 1 6 3 5 9 8 2 7
3 8 5 1 7 2 6 9 4
7 9 2 6 4 8 3 1 5
8 2 9 7 6 5 4 3 1
5 7 3 4 9 1 2 6 8
1 6 4 2 8 3 7 5 9
6 5 1 8 3 7 9 4 2
2 3 8 9 1 4 5 7 6
9 4 7 5 2 6 1 8 3
```

Solution # 766
```
1 8 9 4 6 3 5 2 7
6 2 7 5 8 9 1 4 3
4 3 5 1 7 2 9 8 6
7 5 4 9 1 6 2 3 8
3 6 1 2 5 8 4 7 9
8 9 2 3 4 7 6 5 1
9 4 8 7 2 1 3 6 5
2 1 6 8 3 5 7 9 4
5 7 3 6 9 4 8 1 2
```

Solution # 767
```
7 2 6 3 5 8 4 1 9
1 3 9 7 2 4 6 5 8
5 4 8 6 9 1 3 2 7
2 9 3 5 8 6 1 7 4
4 7 5 2 1 9 8 3 6
6 8 1 4 7 3 2 9 5
3 6 2 9 4 7 5 8 1
8 5 7 1 6 2 9 4 3
9 1 4 8 3 5 7 6 2
```

Solution # 768
```
7 2 4 3 5 6 9 8 1
6 8 5 1 9 4 3 2 7
1 3 9 2 8 7 4 5 6
8 9 6 7 4 3 5 1 2
4 1 7 5 2 9 6 3 8
2 5 3 6 1 8 7 9 4
3 6 2 8 7 5 1 4 9
5 4 1 9 6 2 8 7 3
9 7 8 4 3 1 2 6 5
```

Solution # 769
```
7 8 6 5 9 1 3 4 2
9 5 2 4 8 3 7 6 1
1 4 3 7 2 6 8 9 5
5 3 9 2 6 8 4 1 7
2 1 4 9 3 7 6 5 8
8 6 7 1 4 5 9 2 3
6 2 1 8 7 4 5 3 9
4 7 5 3 1 9 2 8 6
3 9 8 6 5 2 1 7 4
```

Solution # 770
```
6 7 9 5 8 1 3 2 4
5 3 1 2 4 7 9 6 8
8 2 4 9 6 3 1 7 5
2 9 6 3 5 4 7 8 1
1 4 8 7 9 6 2 5 3
7 5 3 1 2 8 4 9 6
3 1 5 6 7 9 8 4 2
4 6 7 8 3 2 5 1 9
9 8 2 4 1 5 6 3 7
```

Solution # 771
```
4 9 3 6 1 7 5 8 2
7 8 6 5 2 3 1 4 9
1 5 2 9 8 4 7 3 6
3 2 9 7 6 5 4 1 8
8 6 4 2 3 1 9 5 7
5 7 1 4 9 8 2 6 3
6 4 7 8 5 9 3 2 1
2 1 5 3 7 6 8 9 4
9 3 8 1 4 2 6 7 5
```

Solution # 772
```
2 1 9 3 6 7 5 4 8
4 8 7 2 5 9 1 6 3
3 6 5 1 4 8 2 7 9
5 9 8 4 1 6 3 2 7
7 2 6 5 9 3 8 1 4
1 3 4 8 7 2 9 5 6
8 4 2 7 3 1 6 9 5
6 5 1 9 8 4 7 3 2
9 7 3 6 2 5 4 8 1
```

Solution # 773
```
5 2 3 9 7 1 8 4 6
1 4 6 2 8 3 5 9 7
7 8 9 4 5 6 1 2 3
8 1 4 6 2 9 7 3 5
2 9 7 8 3 5 6 1 4
3 6 5 1 4 7 2 8 9
4 7 2 5 9 8 3 6 1
6 5 8 3 1 4 9 7 2
9 3 1 7 6 2 4 5 8
```

Solution # 774
```
6 4 1 8 5 7 2 3 9
8 5 2 3 6 9 4 1 7
7 9 3 4 1 2 8 6 5
3 2 8 7 4 1 5 9 6
4 6 5 9 2 3 7 8 1
1 7 9 6 8 5 3 2 4
9 8 6 2 7 4 1 5 3
2 1 7 5 3 6 9 4 8
5 3 4 1 9 8 6 7 2
```

Solution # 775
```
4 3 9 2 7 8 1 6 5
6 8 7 9 1 5 4 2 3
2 5 1 3 6 4 7 8 9
3 9 2 8 4 6 5 7 1
5 7 4 1 3 2 8 9 6
1 6 8 5 9 7 2 3 4
8 2 6 4 5 9 3 1 7
9 1 5 7 8 3 6 4 2
7 4 3 6 2 1 9 5 8
```

Solution # 776
```
9 8 5 7 3 4 1 6 2
4 2 3 1 6 9 5 8 7
1 7 6 5 8 2 4 9 3
3 1 4 6 9 8 2 7 5
8 6 7 4 2 5 9 3 1
5 9 2 3 7 1 8 4 6
2 3 8 9 1 7 6 5 4
6 5 1 8 4 3 7 2 9
7 4 9 2 5 6 3 1 8
```

Solution # 777
```
9 4 6 3 1 5 2 7 8
5 8 1 2 7 9 4 3 6
7 2 3 4 8 6 5 1 9
1 9 4 7 6 2 8 5 3
8 6 2 5 3 1 9 4 7
3 7 5 8 9 4 6 2 1
2 1 7 9 5 8 3 6 4
4 3 8 6 2 7 1 9 5
6 5 9 1 4 3 7 8 2
```

Solution # 778
```
3 9 5 8 7 2 4 1 6
2 7 1 5 4 6 8 3 9
4 8 6 3 1 9 7 5 2
5 2 7 4 6 1 3 9 8
8 1 4 9 3 7 6 2 5
9 6 3 2 5 8 1 7 4
7 4 9 1 8 5 2 6 3
6 5 8 7 2 3 9 4 1
1 3 2 6 9 4 5 8 7
```

Solution # 779
```
3 1 5 4 9 8 6 2 7
4 2 7 5 3 6 9 8 1
6 9 8 2 7 1 4 3 5
2 5 6 3 8 7 1 9 4
1 8 4 6 5 9 3 7 2
9 7 3 1 4 2 8 5 6
5 3 2 9 1 4 7 6 8
8 4 9 7 6 5 2 1 3
7 6 1 8 2 3 5 4 9
```

Solution # 780
```
7 4 5 3 8 6 1 2 9
9 8 2 4 1 7 5 6 3
1 6 3 2 9 5 8 4 7
8 2 4 5 3 9 6 7 1
5 9 7 6 4 1 3 8 2
6 3 1 7 2 8 9 5 4
2 1 9 8 6 4 7 3 5
4 5 6 9 7 3 2 1 8
3 7 8 1 5 2 4 9 6
```

Solution # 781
```
6 4 8 3 7 5 1 9 2
5 2 3 6 1 9 4 7 8
7 1 9 4 2 8 5 3 6
1 3 6 2 5 7 9 8 4
8 7 5 9 4 6 3 2 1
2 9 4 8 3 1 7 6 5
9 6 7 5 8 4 2 1 3
3 5 1 7 6 2 8 4 9
4 8 2 1 9 3 6 5 7
```

Solution # 782
```
3 4 6 7 5 8 1 9 2
9 7 2 4 6 1 3 8 5
5 8 1 2 9 3 4 6 7
1 3 4 6 7 9 2 5 8
8 9 5 3 1 2 6 7 4
2 6 7 8 4 5 9 1 3
4 1 9 5 2 7 8 3 6
7 2 8 9 3 6 5 4 1
6 5 3 1 8 4 7 2 9
```

Solution # 783
```
2 8 4 1 3 7 5 6 9
6 3 5 9 2 8 4 1 7
7 9 1 6 5 4 2 8 3
8 1 6 3 4 2 7 9 5
9 5 2 8 7 1 6 3 4
3 4 7 5 6 9 8 2 1
4 6 8 7 1 3 9 5 2
1 7 9 2 8 5 3 4 6
5 2 3 4 9 6 1 7 8
```

Solution # 784
```
1 4 9 6 5 7 8 3 2
8 7 6 1 2 3 4 5 9
2 5 3 9 8 4 6 7 1
3 2 8 4 7 1 5 9 6
6 9 4 5 3 2 1 8 7
7 1 5 8 9 6 2 4 3
4 3 7 2 1 8 9 6 5
9 8 1 3 6 5 7 2 4
5 6 2 7 4 9 3 1 8
```

Solution # 785
```
3 4 7 9 2 8 5 1 6
6 5 9 4 3 1 2 7 8
2 8 1 7 6 5 3 4 9
7 3 8 6 5 4 9 2 1
5 1 2 8 7 9 6 3 4
9 6 4 3 1 2 8 5 7
1 9 3 5 8 7 4 6 2
8 7 5 2 4 6 1 9 3
4 2 6 1 9 3 7 8 5
```

Solution # 786
```
9 1 3 4 2 6 8 7 5
4 2 5 8 1 7 3 6 9
8 6 7 5 3 9 1 4 2
3 5 4 6 7 1 9 2 8
2 7 8 9 5 3 4 1 6
6 9 1 2 4 8 5 3 7
7 8 9 3 6 4 2 5 1
5 3 6 1 9 2 7 8 4
1 4 2 7 8 5 6 9 3
```

Solution # 787
```
9 6 1 2 7 8 4 3 5
2 4 5 1 6 3 8 9 7
8 3 7 5 4 9 2 6 1
3 2 9 7 8 4 1 5 6
5 7 4 6 3 1 9 8 2
6 1 8 9 2 5 7 4 3
1 9 6 8 5 7 3 2 4
4 8 2 3 1 6 5 7 9
7 5 3 4 9 2 6 1 8
```

Solution # 788
```
5 9 4 6 8 2 3 7 1
6 3 7 5 9 1 4 2 8
1 8 2 4 7 3 6 5 9
8 4 1 3 2 7 9 6 5
3 7 6 8 5 9 1 4 2
2 5 9 1 6 4 8 3 7
9 6 3 7 1 5 2 8 4
7 1 8 2 4 6 5 9 3
4 2 5 9 3 8 7 1 6
```

Solution # 789
```
8 9 4 1 7 6 5 3 2
5 7 2 3 8 9 6 1 4
3 1 6 2 4 5 9 8 7
6 8 1 4 3 2 7 5 9
7 3 5 6 9 1 4 2 8
2 4 9 8 5 7 3 6 1
1 2 3 9 6 4 8 7 5
9 6 7 5 2 8 1 4 3
4 5 8 7 1 3 2 9 6
```

Solution # 790
```
7 8 4 5 1 2 9 3 6
3 9 2 6 8 4 5 1 7
5 1 6 7 3 9 2 8 4
9 2 5 8 6 3 7 4 1
1 3 8 2 4 7 6 9 5
4 6 7 9 5 1 3 2 8
2 4 1 3 7 5 8 6 9
6 7 3 4 9 8 1 5 2
8 5 9 1 2 6 4 7 3
```

Solution # 791
```
8 4 1 2 7 6 3 5 9
9 6 3 1 5 8 2 4 7
2 5 7 9 4 3 6 1 8
4 9 5 7 6 2 1 8 3
3 1 2 8 9 4 5 7 6
7 8 6 5 3 1 4 9 2
6 3 9 4 8 5 7 2 1
5 2 8 6 1 7 9 3 4
1 7 4 3 2 9 8 6 5
```

Solution # 792
```
4 9 3 2 5 6 7 1 8
5 1 7 4 3 8 6 2 9
6 8 2 7 9 1 3 4 5
2 4 9 8 6 3 1 5 7
8 3 5 1 4 7 9 6 2
1 7 6 9 2 5 4 8 3
7 6 4 3 8 2 5 9 1
3 5 8 6 1 9 2 7 4
9 2 1 5 7 4 8 3 6
```

Solution # 793
```
4 6 3 9 7 1 8 2 5
1 8 5 2 6 3 9 4 7
9 7 2 5 8 4 3 1 6
3 1 8 7 2 5 6 9 4
5 9 4 1 3 6 7 8 2
7 2 6 8 4 9 5 3 1
8 4 7 3 5 2 1 6 9
2 3 1 6 9 7 4 5 8
6 5 9 4 1 8 2 7 3
```

Solution # 794
```
8 1 9 4 6 2 5 7 3
4 6 3 1 7 5 9 8 2
5 2 7 8 3 9 4 1 6
2 3 5 7 9 4 8 6 1
1 9 8 3 2 6 7 5 4
7 4 6 5 8 1 3 2 9
9 5 2 6 4 7 1 3 8
6 8 1 9 5 3 2 4 7
3 7 4 2 1 8 6 9 5
```

Solution # 795
```
2 4 8 9 5 6 7 3 1
9 1 5 3 7 8 4 2 6
3 7 6 4 1 2 5 8 9
1 3 2 7 6 4 8 9 5
8 9 4 2 3 5 1 6 7
6 5 7 8 9 1 3 4 2
7 6 3 1 8 9 2 5 4
4 8 9 5 2 7 6 1 3
5 2 1 6 4 3 9 7 8
```

Solution # 796
```
5 3 8 6 7 9 2 4 1
4 9 6 8 2 1 3 7 5
1 2 7 4 3 5 9 6 8
6 4 1 2 5 7 8 3 9
2 7 5 3 9 8 6 1 4
3 8 9 1 4 6 5 2 7
9 5 2 7 1 3 4 8 6
7 6 4 9 8 2 1 5 3
8 1 3 5 6 4 7 9 2
```

Solution # 797
```
6 8 7 5 9 3 4 1 2
1 4 5 7 2 6 3 8 9
9 2 3 4 8 1 6 7 5
4 9 6 8 5 7 2 3 1
2 5 8 3 1 4 9 6 7
7 3 1 2 6 9 5 4 8
3 1 4 9 7 5 8 2 6
5 6 2 1 3 8 7 9 4
8 7 9 6 4 2 1 5 3
```

Solution # 798
```
5 1 3 9 7 6 8 2 4
2 4 9 3 1 8 5 7 6
8 6 7 5 4 2 3 9 1
1 3 4 6 8 7 2 5 9
7 2 5 1 9 3 6 4 8
9 8 6 2 5 4 1 3 7
6 9 8 7 3 5 4 1 2
3 7 2 4 6 1 9 8 5
4 5 1 8 2 9 7 6 3
```

Solution # 799
```
3 6 2 9 5 4 1 7 8
5 1 8 6 7 2 9 3 4
9 7 4 1 3 8 5 6 2
2 5 6 4 1 7 3 8 9
7 4 1 8 9 3 2 5 6
8 3 9 2 6 5 7 4 1
4 2 7 5 8 9 6 1 3
6 9 5 3 4 1 8 2 7
1 8 3 7 2 6 4 9 5
```

Solution # 800
```
3 4 6 7 5 2 1 8 9
2 1 8 3 9 4 5 6 7
5 7 9 8 6 1 4 3 2
6 9 3 1 4 5 2 7 8
8 5 7 2 3 6 9 4 1
4 2 1 9 8 7 6 5 3
7 6 2 5 1 3 8 9 4
9 3 5 4 2 8 7 1 6
1 8 4 6 7 9 3 2 5
```

Solution # 801
```
6 9 1 2 7 3 4 5 8
7 3 5 8 4 6 2 9 1
4 2 8 5 1 9 3 7 6
5 7 3 4 8 2 6 1 9
9 4 6 3 5 1 8 2 7
8 1 2 6 9 7 5 4 3
2 8 7 9 3 4 1 6 5
1 5 4 7 6 8 9 3 2
3 6 9 1 2 5 7 8 4
```

Solution # 802
```
9 5 6 3 1 8 4 7 2
7 4 8 5 2 6 1 3 9
1 3 2 4 7 9 5 6 8
3 9 4 7 6 2 8 5 1
5 2 7 8 4 1 6 9 3
6 8 1 9 3 5 7 2 4
4 6 9 2 8 3 7 1 5
8 1 5 6 9 7 3 2 4
2 7 3 1 5 4 9 8 6
```

Solution # 803
```
1 7 4 3 5 9 2 8 6
9 3 6 2 7 8 4 5 1
2 8 5 1 4 6 3 9 7
3 4 2 7 8 5 6 1 9
8 6 9 4 3 1 5 7 2
7 5 1 6 9 2 8 4 3
5 1 7 8 2 3 9 6 4
6 9 3 5 1 4 7 2 8
4 2 8 9 6 7 1 3 5
```

Solution # 804
```
5 8 9 2 1 6 7 3 4
4 7 6 8 9 3 1 5 2
1 2 3 5 4 7 8 9 6
7 3 1 9 2 4 5 6 8
6 9 5 3 7 8 2 4 1
2 4 8 6 5 1 9 7 3
9 6 4 7 8 2 3 1 5
3 5 2 1 6 9 4 8 7
8 1 7 4 3 5 6 2 9
```

Solution # 805
```
8 3 2 1 6 9 5 4 7
7 1 6 4 5 8 3 9 2
4 9 5 2 7 3 6 8 1
3 2 7 5 8 6 4 1 9
1 8 9 7 3 4 2 5 6
5 6 4 9 2 1 7 3 8
2 4 3 8 1 7 9 6 5
6 7 8 3 9 5 1 2 4
9 5 1 6 4 2 8 7 3
```

Solution # 806

4	7	1	8	2	3	5	6	9
5	2	3	6	9	4	1	8	7
6	9	8	1	5	7	4	2	3
1	3	9	2	8	6	7	4	5
8	4	5	7	1	9	2	3	6
2	6	7	3	4	5	9	1	8
7	1	2	9	6	8	3	5	4
3	8	4	5	7	2	6	9	1
9	5	6	4	3	1	8	7	2

Solution # 807

7	5	6	2	4	8	3	9	1
3	8	4	9	1	5	7	6	2
2	1	9	7	3	6	4	8	5
1	6	3	8	5	9	2	4	7
8	4	2	3	7	1	6	5	9
5	9	7	6	2	4	8	1	3
9	7	5	4	8	2	1	3	6
4	2	1	5	6	3	9	7	8
6	3	8	1	9	7	5	2	4

Solution # 808

7	5	2	1	9	6	4	3	8
3	9	1	4	8	7	2	6	5
6	8	4	3	2	5	9	1	7
5	4	7	2	6	3	1	8	9
2	1	3	8	4	9	5	7	6
8	6	9	5	7	1	3	2	4
4	7	6	9	1	2	8	5	3
1	3	8	6	5	4	7	9	2
9	2	5	7	3	8	6	4	1

Solution # 809

8	5	9	3	4	6	2	1	7
7	2	3	1	9	8	4	5	6
4	1	6	2	5	7	3	8	9
9	4	1	6	2	5	8	7	3
2	8	5	7	1	3	6	9	4
6	3	7	9	8	4	5	2	1
1	6	2	5	3	9	7	4	8
5	7	8	4	6	1	9	3	2
3	9	4	8	7	2	1	6	5

Solution # 810

2	3	5	8	1	9	6	7	4
6	9	1	5	4	7	8	2	3
7	8	4	2	6	3	9	5	1
5	6	8	1	7	4	3	9	2
3	4	7	9	2	8	5	1	6
1	2	9	3	5	6	7	4	8
4	5	6	7	3	2	1	8	9
8	1	3	4	9	5	2	6	7
9	7	2	6	8	1	4	3	5

Solution # 811

8	7	2	1	4	5	3	9	6
9	4	1	3	6	8	2	7	5
3	6	5	2	7	9	1	4	8
2	9	7	8	5	1	4	6	3
5	1	8	6	3	4	9	2	7
4	3	6	9	2	7	8	5	1
6	8	4	5	1	2	7	3	9
7	5	9	4	8	3	6	1	2
1	2	3	7	9	6	5	8	4

Solution # 812

4	7	3	9	5	6	2	1	8
1	6	9	3	2	8	7	5	4
5	2	8	1	4	7	9	6	3
2	3	4	7	6	5	8	9	1
8	9	6	2	1	3	5	4	7
7	1	5	8	9	4	3	2	6
9	8	1	6	3	2	4	7	5
3	4	2	5	7	1	6	8	9
6	5	7	4	8	9	1	3	2

Solution # 813

3	2	6	1	5	8	7	9	4
4	7	5	3	9	6	8	2	1
8	9	1	2	4	7	5	3	6
7	1	2	4	8	3	9	6	5
5	3	8	9	6	1	2	4	7
6	4	9	5	7	2	3	1	8
9	6	4	8	3	5	1	7	2
2	8	3	7	1	4	6	5	9
1	5	7	6	2	9	4	8	3

Solution # 814

6	9	3	2	4	5	1	8	7
4	5	8	7	6	1	2	3	9
7	2	1	3	9	8	5	6	4
9	3	2	6	8	7	4	5	1
5	1	7	4	3	2	6	9	8
8	4	6	1	5	9	7	2	3
3	7	9	5	2	4	8	1	6
1	6	5	8	7	3	9	4	2
2	8	4	9	1	6	3	7	5

Solution # 815

4	2	3	5	9	8	1	6	7
1	5	7	2	6	3	8	4	9
8	9	6	4	7	1	3	2	5
6	1	4	8	3	7	9	5	2
7	3	2	1	5	9	6	8	4
5	8	9	6	4	2	7	1	3
9	4	5	3	1	6	2	7	8
3	6	8	7	2	4	5	9	1
2	7	1	9	8	5	4	3	6

Solution # 816

3	1	9	2	4	6	5	8	7
2	6	7	5	1	8	4	9	3
8	4	5	3	7	9	1	2	6
4	7	1	9	8	5	3	6	2
5	3	6	4	2	7	8	1	9
9	8	2	6	3	1	7	4	5
1	5	8	7	9	2	6	3	4
6	2	4	8	5	3	9	7	1
7	9	3	1	6	4	2	5	8

Solution # 817

4	5	1	3	6	9	8	7	2
7	3	6	4	8	2	5	1	9
9	2	8	7	5	1	6	3	4
8	9	3	6	1	4	2	5	7
2	6	4	5	9	7	1	8	3
1	7	5	2	3	8	4	9	6
5	4	9	8	2	3	7	6	1
3	8	2	1	7	6	9	4	5
6	1	7	9	4	5	3	2	8

Solution # 818

6	8	5	1	2	7	4	3	9
1	4	2	5	9	3	6	8	7
9	7	3	6	8	4	2	1	5
7	3	6	2	4	5	1	9	8
2	5	8	9	6	1	3	7	4
4	9	1	7	3	8	5	6	2
5	2	9	8	1	6	7	4	3
8	1	4	3	7	2	9	5	6
3	6	7	4	5	9	8	2	1

Solution # 819

6	5	2	3	8	1	9	7	4
9	4	8	7	6	2	5	3	1
7	3	1	9	4	5	2	6	8
3	2	9	5	7	4	1	8	6
1	7	5	8	3	6	4	9	2
4	8	6	1	2	9	3	5	7
5	6	3	2	1	8	7	4	9
8	1	7	4	9	3	6	2	5
2	9	4	6	5	7	8	1	3

Solution # 820

1	4	8	9	5	3	6	7	2
5	3	2	6	7	8	9	4	1
9	7	6	2	4	1	5	3	8
3	5	7	8	9	4	2	1	6
2	9	4	1	6	7	8	5	3
8	6	1	3	2	5	7	9	4
7	8	9	4	1	2	3	6	5
6	1	3	5	8	9	4	2	7
4	2	5	7	3	6	1	8	9

Solution # 821

3	6	2	7	4	8	5	9	1
4	1	7	2	5	9	6	3	8
8	9	5	6	3	1	2	7	4
9	5	8	4	2	7	1	6	3
6	4	1	3	9	5	8	2	7
7	2	3	1	8	6	4	5	9
2	3	9	8	6	4	7	1	5
1	8	6	5	7	3	9	4	2
5	7	4	9	1	2	3	8	6

Solution # 822

5	9	6	4	1	2	8	3	7
4	2	3	9	7	8	5	6	1
7	1	8	3	5	6	4	2	9
2	8	7	5	3	4	1	9	6
1	5	9	8	6	7	3	4	2
3	6	4	2	9	1	7	5	8
6	4	2	1	8	3	9	7	5
9	3	1	7	2	5	6	8	4
8	7	5	6	4	9	2	1	3

Solution # 823

1	9	4	8	2	5	3	6	7
2	5	3	9	7	6	8	1	4
7	8	6	1	3	4	9	2	5
9	4	2	3	6	1	7	5	8
6	3	1	7	5	8	4	9	2
5	7	8	4	9	2	6	3	1
8	6	5	2	4	3	1	7	9
3	1	9	5	8	7	2	4	6
4	2	7	6	1	9	5	8	3

Solution # 824

2	3	5	7	4	6	1	8	9
4	9	7	5	8	1	3	2	6
8	1	6	9	3	2	7	4	5
9	7	3	8	6	5	2	1	4
5	6	2	3	1	4	8	9	7
1	4	8	2	7	9	5	6	3
3	8	4	6	2	7	9	5	1
6	2	9	1	5	3	4	7	8
7	5	1	4	9	8	6	3	2

Solution # 825

1	3	5	2	7	4	6	8	9
9	4	2	8	3	6	7	1	5
6	7	8	9	1	5	2	4	3
3	8	7	4	6	2	9	5	1
2	5	1	3	9	8	4	6	7
4	6	9	1	5	7	3	2	8
7	2	4	5	8	9	1	3	6
5	9	3	6	2	1	8	7	4
8	1	6	7	4	3	5	9	2

Solution # 826

3	2	4	8	5	6	9	1	7
5	9	8	1	7	2	6	4	3
7	6	1	4	3	9	2	8	5
4	5	6	2	1	3	8	7	9
8	7	2	9	6	4	3	5	1
1	3	9	5	8	7	4	2	6
6	1	7	3	4	8	5	9	2
2	4	5	6	9	1	7	3	8
9	8	3	7	2	5	1	6	4

Solution # 827

4	1	2	3	7	9	5	6	8
3	5	8	1	4	6	9	2	7
7	9	6	5	2	8	4	1	3
9	3	5	2	1	4	8	7	6
2	7	4	8	6	5	1	3	9
6	8	1	9	3	7	2	5	4
8	4	3	6	5	1	7	9	2
1	2	7	4	9	3	6	8	5
5	6	9	7	8	2	3	4	1

Solution # 828

9	5	4	6	1	7	3	8	2
3	7	8	5	2	4	9	6	1
1	2	6	9	3	8	4	5	7
7	6	9	1	5	3	2	4	8
2	8	3	7	4	9	6	1	5
5	4	1	8	6	2	7	9	3
8	9	5	2	7	6	1	3	4
6	3	2	4	8	1	5	7	9
4	1	7	3	9	5	8	2	6

Solution # 829

6	4	1	2	3	9	5	8	7
5	3	7	4	8	6	2	9	1
8	9	2	7	5	1	6	3	4
9	2	8	3	6	4	1	7	5
3	1	5	9	2	7	4	6	8
7	6	4	8	1	5	9	2	3
2	7	9	1	4	8	3	5	6
1	5	3	6	7	2	8	4	9
4	8	6	5	9	3	7	1	2

Solution # 830

4	1	9	7	3	2	5	6	8
7	2	8	5	4	6	9	3	1
3	6	5	8	9	1	4	2	7
6	8	2	9	1	5	7	4	3
9	3	4	6	8	7	1	5	2
5	7	1	4	2	3	8	9	6
8	5	6	3	7	9	2	1	4
2	4	3	1	5	8	6	7	9
1	9	7	2	6	4	3	8	5

Solution # 831

8	1	7	4	9	3	5	2	6
9	4	6	2	5	1	7	3	8
5	2	3	6	8	7	1	4	9
6	7	4	5	1	9	2	8	3
3	8	5	7	6	2	9	1	4
2	9	1	3	4	8	6	5	7
4	6	2	9	3	5	8	7	1
1	5	9	8	7	4	3	6	2
7	3	8	1	2	6	4	9	5

Solution # 832

6	2	3	5	4	1	7	9	8
7	9	1	3	2	8	4	5	6
8	5	4	6	9	7	3	2	1
9	3	8	4	1	2	5	6	7
2	4	5	7	6	9	8	1	3
1	7	6	8	3	5	9	4	2
4	1	9	2	7	3	6	8	5
5	6	7	1	8	4	2	3	9
3	8	2	9	5	6	1	7	4

Solution # 833

1	6	2	9	8	7	3	5	4
7	5	3	2	4	6	1	9	8
9	4	8	5	3	1	2	7	6
5	2	6	8	7	4	9	1	3
3	8	9	6	1	5	4	2	7
4	1	7	3	9	2	6	8	5
8	3	4	1	5	9	7	6	2
2	7	1	4	6	8	5	3	9
6	9	5	7	2	3	8	4	1

Solution # 834

9	2	5	4	6	3	1	7	8
4	7	6	5	8	1	3	9	2
1	8	3	9	7	2	6	4	5
2	5	8	1	9	7	4	6	3
6	3	1	2	5	4	9	8	7
7	4	9	6	3	8	5	2	1
5	6	2	7	1	9	8	3	4
3	1	7	8	4	6	2	5	9
8	9	4	3	2	5	7	1	6

Solution # 835

5	8	4	1	7	2	3	6	9
9	1	3	5	4	6	7	8	2
2	6	7	8	3	9	4	1	5
4	5	8	2	6	7	9	3	1
1	3	6	9	8	4	2	5	7
7	9	2	3	5	1	6	4	8
6	7	9	4	1	5	8	2	3
3	4	1	7	2	8	5	9	6
8	2	5	6	9	3	1	7	4

Solution # 836

1	7	6	4	5	3	8	2	9
3	5	9	2	6	8	4	7	1
4	8	2	7	1	9	5	6	3
6	4	7	3	8	2	1	9	5
8	2	5	1	9	7	6	3	4
9	3	1	6	4	5	2	8	7
5	1	3	9	2	6	7	4	8
7	6	4	8	3	1	9	5	2
2	9	8	5	7	4	3	1	6

Solution # 837

9	4	3	1	2	7	6	5	8
6	1	7	9	5	8	2	4	3
2	8	5	6	4	3	9	7	1
8	9	6	5	3	1	4	2	7
3	7	2	4	9	6	1	8	5
4	5	1	7	8	2	3	9	6
1	3	4	2	7	5	8	6	9
7	2	8	3	6	9	5	1	4
5	6	9	8	1	4	7	3	2

Solution # 838

7	4	9	1	2	6	3	8	5
1	2	3	4	8	5	9	6	7
8	6	5	7	3	9	2	4	1
6	5	4	3	9	7	1	2	8
9	7	2	8	4	1	6	5	3
3	1	8	6	5	2	7	9	4
4	8	1	2	6	3	5	7	9
2	9	7	5	1	8	4	3	6
5	3	6	9	7	4	8	1	2

Solution # 839

8	7	6	4	3	5	1	2	9
4	9	1	2	6	7	3	8	5
5	3	2	1	9	8	6	7	4
2	4	7	6	1	9	8	5	3
1	5	8	7	2	3	9	4	6
9	6	3	8	5	4	2	1	7
6	1	5	9	4	2	7	3	8
7	2	4	3	8	6	5	9	1
3	8	9	5	7	1	4	6	2

Solution # 840

5	7	2	8	6	3	4	9	1
1	9	8	7	2	4	3	5	6
6	4	3	9	5	1	7	8	2
3	2	5	1	7	8	9	6	4
4	8	9	6	3	2	5	1	7
7	6	1	4	9	5	2	3	8
9	3	7	2	8	6	1	4	5
2	1	6	5	4	9	8	7	3
8	5	4	3	1	7	6	2	9

Solution # 841

```
8 5 2 1 7 9 3 6 4
1 3 7 6 4 2 9 8 5
9 6 4 5 8 3 2 7 1
7 8 3 4 9 5 1 2 6
4 2 1 8 3 6 5 9 7
5 9 6 7 2 1 4 3 8
3 7 8 9 5 4 6 1 2
2 1 5 3 6 7 8 4 9
6 4 9 2 1 8 7 5 3
```

Solution # 842

```
5 4 3 9 6 1 7 8 2
7 9 6 2 3 8 1 4 5
2 1 8 4 5 7 6 9 3
6 2 4 3 1 9 5 7 8
8 5 9 7 2 6 3 1 4
1 3 7 8 4 5 2 6 9
3 6 1 5 9 4 8 2 7
4 7 5 6 8 2 9 3 1
9 8 2 1 7 3 4 5 6
```

Solution # 843

```
4 9 7 2 5 1 6 3 8
2 6 3 7 8 4 5 9 1
1 5 8 6 9 3 4 2 7
3 2 4 8 1 6 9 7 5
7 8 5 3 4 9 1 6 2
9 1 6 5 2 7 8 4 3
5 3 2 4 6 8 7 1 9
8 4 9 1 7 2 3 5 6
6 7 1 9 3 5 2 8 4
```

Solution # 844

```
8 7 1 5 4 9 3 6 2
5 2 4 6 8 3 1 9 7
9 3 6 2 1 7 8 4 5
1 6 5 4 3 8 7 2 9
2 8 3 9 7 6 5 1 4
7 4 9 1 2 5 6 3 8
3 5 2 7 6 4 9 8 1
6 1 7 8 9 2 4 5 3
4 9 8 3 5 1 2 7 6
```

Solution # 845

```
9 2 5 7 8 6 4 1 3
1 8 6 9 3 4 2 5 7
4 3 7 5 1 2 8 9 6
5 1 9 2 7 8 6 3 4
8 4 2 3 6 9 5 7 1
7 6 3 4 5 1 9 2 8
3 7 4 6 2 5 1 8 9
6 5 1 8 9 7 3 4 2
2 9 8 1 4 3 7 6 5
```

Solution # 846

```
2 4 8 9 7 6 5 1 3
9 7 5 3 4 1 8 6 2
6 3 1 8 2 5 9 7 4
7 5 4 1 6 9 3 2 8
3 8 2 4 5 7 6 9 1
1 9 6 2 8 3 4 5 7
8 1 9 6 3 2 7 4 5
5 2 3 7 9 4 1 8 6
4 6 7 5 1 8 2 3 9
```

Solution # 847

```
4 3 7 6 1 5 2 8 9
5 2 6 3 8 9 4 1 7
8 9 1 7 4 2 3 5 6
7 4 2 1 5 6 9 3 8
9 6 5 2 3 8 1 7 4
3 1 8 4 9 7 6 2 5
1 5 3 9 7 4 8 6 2
2 8 9 5 6 1 7 4 3
6 7 4 8 2 3 5 9 1
```

Solution # 848

```
1 4 2 3 5 9 7 6 8
9 8 3 2 6 7 5 1 4
7 6 5 4 8 1 2 3 9
5 3 6 7 4 8 9 2 1
4 2 9 1 3 5 8 7 6
8 7 1 9 2 6 4 5 3
3 5 4 8 1 2 6 9 7
6 9 8 5 7 3 1 4 2
2 1 7 6 9 4 3 8 5
```

Solution # 849

```
6 4 5 3 8 7 2 9 1
2 8 3 9 6 1 5 4 7
9 7 1 4 5 2 8 6 3
4 5 7 1 2 9 6 3 8
1 9 8 6 3 4 7 5 2
3 2 6 5 7 8 4 1 9
7 3 4 8 1 5 9 2 6
5 1 2 7 9 6 3 8 4
8 6 9 2 4 3 1 7 5
```

Solution # 850

```
9 4 8 2 1 5 6 7 3
6 1 7 3 4 8 5 2 9
3 2 5 6 7 9 1 4 8
2 5 9 7 8 1 4 3 6
8 3 4 5 2 6 7 9 1
7 6 1 4 9 3 2 8 5
5 7 3 9 6 2 8 1 4
4 8 6 1 3 7 9 5 2
1 9 2 8 5 4 3 6 7
```

Solution # 851

```
5 8 9 4 1 7 2 6 3
3 2 4 9 5 6 1 7 8
6 7 1 8 3 2 4 5 9
9 4 5 2 6 3 7 8 1
7 1 3 5 8 9 6 2 4
2 6 8 1 7 4 3 9 5
8 3 2 6 9 1 5 4 7
4 5 7 3 2 8 9 1 6
1 9 6 7 4 5 8 3 2
```

Solution # 852

```
1 4 7 9 3 2 8 6 5
2 3 5 1 6 8 7 9 4
8 6 9 4 7 5 3 2 1
3 2 4 5 9 7 6 1 8
7 5 8 2 1 6 9 4 3
6 9 1 8 4 3 5 7 2
5 7 2 6 8 1 4 3 9
4 8 6 3 2 9 1 5 7
9 1 3 7 5 4 2 8 6
```

Solution # 853

```
3 2 5 7 9 6 4 1 8
4 6 9 3 8 1 2 5 7
8 1 7 4 5 2 3 9 6
6 7 1 5 3 4 8 2 9
5 9 3 2 7 8 6 4 1
2 8 4 6 1 9 7 3 5
7 5 6 9 4 3 1 8 2
1 4 2 8 6 5 9 7 3
9 3 8 1 2 7 5 6 4
```

Solution # 854

```
3 4 7 5 1 8 2 6 9
2 8 6 4 9 7 1 3 5
1 5 9 6 2 3 7 4 8
5 6 1 2 8 9 3 7 4
7 9 2 3 6 4 8 5 1
4 3 8 7 5 1 9 2 6
9 2 3 8 4 5 6 1 7
6 1 4 9 7 2 5 8 3
8 7 5 1 3 6 4 9 2
```

Solution # 855

```
6 7 4 8 2 9 1 3 5
8 2 1 5 4 3 7 9 6
5 3 9 7 6 1 8 2 4
4 8 7 9 3 2 5 6 1
1 5 2 4 8 6 9 7 3
3 9 6 1 7 5 4 8 2
9 4 3 2 5 8 6 1 7
7 6 8 3 1 4 2 5 9
2 1 5 6 9 7 3 4 8
```

Solution # 856

```
4 1 3 7 2 6 5 8 9
2 5 7 9 4 8 6 3 1
6 9 8 5 1 3 7 4 2
7 4 5 6 9 1 8 2 3
9 8 2 3 5 7 4 1 6
1 3 6 2 8 4 9 7 5
5 7 9 4 3 2 1 6 8
8 2 4 1 6 5 3 9 7
3 6 1 8 7 9 2 5 4
```

Solution # 857

```
4 8 2 9 3 5 6 7 1
3 5 7 2 6 1 9 8 4
1 9 6 4 8 7 2 3 5
7 2 8 5 1 4 3 6 9
9 6 1 7 2 3 5 4 8
5 4 3 6 9 8 1 2 7
8 1 5 3 7 2 4 9 6
6 3 4 8 5 9 7 1 2
2 7 9 1 4 6 8 5 3
```

Solution # 858

```
5 6 9 2 1 8 4 7 3
3 4 8 6 7 9 2 5 1
1 2 7 5 3 4 9 6 8
6 7 5 4 2 1 8 3 9
9 1 4 3 8 5 7 2 6
2 8 3 9 6 7 1 4 5
7 3 6 8 9 2 5 1 4
4 9 2 1 5 3 6 8 7
8 5 1 7 4 6 3 9 2
```

Solution # 859

```
5 7 4 1 2 3 9 6 8
8 1 3 4 6 9 7 2 5
6 2 9 8 7 5 3 1 4
9 5 6 7 3 4 2 8 1
1 3 7 5 8 2 6 4 9
2 4 8 9 1 6 5 7 3
3 8 2 6 9 1 4 5 7
4 9 1 2 5 7 8 3 6
7 6 5 3 4 8 1 9 2
```

Solution # 860

```
2 3 6 5 9 1 8 4 7
5 4 8 3 7 6 9 1 2
1 9 7 2 8 4 3 5 6
6 2 3 1 5 9 7 8 4
8 5 9 4 2 7 1 6 3
7 1 4 6 3 8 5 2 9
9 8 5 7 6 2 4 3 1
4 7 2 8 1 3 6 9 5
3 6 1 9 4 5 2 7 8
```

Solution # 861

```
5 7 3 4 9 8 2 1 6
1 6 4 2 3 5 7 9 8
9 8 2 1 6 7 4 5 3
6 1 9 7 5 3 8 4 2
8 2 7 9 1 4 3 6 5
4 3 5 6 8 2 1 7 9
2 5 1 3 7 6 9 8 4
3 9 6 8 4 1 5 2 7
7 4 8 5 2 9 6 3 1
```

Solution # 862

```
9 8 6 7 2 1 4 3 5
1 5 7 4 3 8 6 2 9
4 3 2 6 9 5 8 7 1
8 9 4 3 6 7 5 1 2
2 7 5 1 8 9 3 4 6
6 1 3 5 4 2 9 8 7
5 2 8 9 1 4 7 6 3
3 4 9 2 7 6 1 5 8
7 6 1 8 5 3 2 9 4
```

Solution # 863

```
1 3 5 6 7 9 2 8 4
8 7 9 4 2 3 5 1 6
6 4 2 5 8 1 3 7 9
7 6 4 1 3 5 9 2 8
9 5 8 2 6 7 1 4 3
3 2 1 8 9 4 6 5 7
2 8 7 3 1 6 4 9 5
4 1 6 9 5 8 7 3 2
5 9 3 7 4 2 8 6 1
```

Solution # 864

```
8 5 1 3 2 7 4 9 6
9 2 3 4 6 8 7 1 5
4 7 6 9 1 5 3 8 2
7 1 4 2 3 6 9 5 8
2 9 5 8 7 1 6 3 4
3 6 8 5 4 9 2 7 1
1 3 7 6 5 2 8 4 9
5 8 2 7 9 4 1 6 3
6 4 9 1 8 3 5 2 7
```

Solution # 865

```
4 6 2 3 8 7 5 9 1
9 7 1 4 5 6 3 2 8
8 5 3 1 9 2 6 4 7
1 2 9 7 3 4 8 5 6
5 4 7 2 6 8 9 1 3
6 3 8 9 1 5 4 7 2
3 1 5 8 2 9 7 6 4
2 9 4 6 7 3 1 8 5
7 8 6 5 4 1 2 3 9
```

Solution # 866

```
4 8 3 7 9 1 2 5 6
9 5 7 6 2 3 4 8 1
6 1 2 8 5 4 3 9 7
7 6 5 3 4 8 9 1 2
1 4 8 2 6 9 5 7 3
3 2 9 5 1 7 6 4 8
8 7 4 9 3 6 1 2 5
2 9 6 1 8 5 7 3 4
5 3 1 4 7 2 8 6 9
```

Solution # 867

```
6 1 4 3 5 7 9 2 8
7 2 5 4 8 9 3 1 6
8 3 9 6 1 2 7 4 5
9 8 2 1 7 5 6 3 4
5 4 6 9 2 3 8 7 1
1 7 3 8 4 6 5 9 2
3 6 1 2 9 8 4 5 7
4 9 7 5 6 1 2 8 3
2 5 8 7 3 4 1 6 9
```

Solution # 868

```
4 9 7 2 5 8 3 1 6
3 2 1 4 6 7 8 5 9
6 8 5 3 9 1 2 4 7
8 1 3 5 4 9 7 6 2
5 4 6 7 3 2 9 8 1
2 7 9 1 8 6 5 3 4
1 5 8 9 7 4 6 2 3
9 3 4 6 2 5 1 7 8
7 6 2 8 1 3 4 9 5
```

Solution # 869

```
9 1 6 3 8 7 4 5 2
4 8 5 2 6 1 3 7 9
3 2 7 4 5 9 1 6 8
8 5 3 7 9 6 2 1 4
2 6 9 5 1 4 8 3 7
1 7 4 8 3 2 5 9 6
6 4 8 1 7 5 9 2 3
5 9 2 6 4 3 7 8 1
7 3 1 9 2 8 6 4 5
```

Solution # 870

```
5 8 1 6 4 3 9 2 7
2 6 9 1 7 8 4 5 3
4 7 3 2 9 5 6 8 1
8 9 7 3 2 1 5 4 6
3 5 6 7 8 4 2 1 9
1 4 2 5 6 9 7 3 8
6 3 5 9 1 2 8 7 4
7 1 4 8 5 6 3 9 2
9 2 8 4 3 7 1 6 5
```

Solution # 871

```
2 7 5 6 4 8 1 9 3
9 4 8 1 3 5 6 7 2
1 3 6 7 2 9 5 8 4
5 6 3 4 9 7 2 1 8
8 9 1 2 6 3 4 5 7
4 2 7 5 8 1 3 6 9
3 8 4 9 5 6 7 2 1
7 5 9 3 1 2 8 4 6
6 1 2 8 7 4 9 3 5
```

Solution # 872

```
3 2 7 9 4 1 6 8 5
1 8 4 6 3 5 9 2 7
5 6 9 2 7 8 4 1 3
6 1 3 4 5 9 8 7 2
9 5 2 7 8 3 1 6 4
7 4 8 1 6 2 5 3 9
4 9 6 8 2 7 3 5 1
2 3 1 5 9 6 7 4 8
8 7 5 3 1 4 2 9 6
```

Solution # 873

```
4 2 3 5 8 6 1 9 7
7 1 8 9 3 4 5 6 2
9 6 5 1 2 7 3 8 4
8 5 2 7 9 3 6 4 1
1 4 6 2 5 8 9 7 3
3 9 7 4 6 1 2 5 8
5 7 9 3 4 2 8 1 6
2 8 4 6 1 9 7 3 5
6 3 1 8 7 5 4 2 9
```

Solution # 874

```
5 4 3 7 6 1 8 9 2
6 7 9 4 2 8 3 5 1
8 1 2 3 5 9 4 6 7
7 5 4 8 9 2 1 3 6
3 2 1 5 4 6 9 7 8
9 8 6 1 3 7 5 2 4
2 9 8 6 1 3 7 4 5
4 3 7 2 8 5 6 1 9
1 6 5 9 7 4 2 8 3
```

Solution # 875

```
8 2 4 6 3 1 7 5 9
1 6 9 5 7 8 3 4 2
7 3 5 4 9 2 8 6 1
4 5 8 2 1 3 9 7 6
2 7 3 9 5 6 4 1 8
6 9 1 8 4 7 2 3 5
3 1 6 7 2 9 5 8 4
9 4 7 1 8 5 6 2 3
5 8 2 3 6 4 1 9 7
```

Solution # 876

```
5 7 9 1 6 8 3 4 2
1 4 2 3 7 5 9 6 8
8 3 6 4 9 2 7 5 1
7 9 3 5 8 4 1 2 6
6 1 4 9 2 7 8 3 5
2 8 5 6 3 1 4 7 9
9 2 7 8 5 3 6 1 4
4 5 8 7 1 6 2 9 3
3 6 1 2 4 9 5 8 7
```

Solution # 877

```
9 2 8 1 7 5 4 6 3
6 5 3 4 2 9 1 8 7
4 1 7 8 6 3 9 2 5
7 4 6 5 1 8 2 3 9
5 3 2 6 9 7 8 1 4
1 8 9 3 4 2 5 7 6
3 9 4 7 8 1 6 5 2
8 6 5 2 3 4 7 9 1
2 7 1 9 5 6 3 4 8
```

Solution # 878

```
8 6 9 3 1 7 4 2 5
5 4 3 9 2 6 7 8 1
2 7 1 8 4 5 3 9 6
1 8 4 2 3 9 6 5 7
9 5 2 6 7 1 8 3 4
7 3 6 5 8 4 2 1 9
4 2 7 1 5 8 9 6 3
6 1 8 7 9 3 5 4 2
3 9 5 4 6 2 1 7 8
```

Solution # 879

```
4 2 8 1 6 3 9 5 7
1 6 7 9 5 2 4 3 8
5 3 9 7 4 8 6 1 2
2 8 4 6 1 5 7 9 3
3 7 6 4 8 9 5 2 1
9 5 1 3 2 7 8 6 4
6 4 5 8 3 1 2 7 9
7 1 2 5 9 4 3 8 6
8 9 3 2 7 6 1 4 5
```

Solution # 880

```
9 4 8 6 5 2 7 3 1
6 5 7 4 3 1 2 8 9
1 3 2 8 9 7 6 4 5
5 7 1 9 4 6 3 2 8
3 2 4 7 8 5 1 9 6
8 6 9 2 1 3 5 7 4
7 9 3 5 6 4 8 1 2
4 1 5 3 2 8 9 6 7
2 8 6 1 7 9 4 5 3
```

Solution # 881

```
5 9 2 3 1 4 6 8 7
6 1 3 9 7 8 2 5 4
8 7 4 6 5 2 3 1 9
9 8 1 7 3 5 4 6 2
4 3 5 2 6 1 9 7 8
7 2 6 4 8 9 1 3 5
2 5 7 1 4 3 8 9 6
1 4 8 5 9 6 7 2 3
3 6 9 8 2 7 5 4 1
```

Solution # 882

```
8 6 1 2 4 5 7 3 9
2 7 9 3 6 8 4 5 1
4 3 5 7 9 1 8 6 2
9 2 6 5 7 4 1 8 3
5 8 7 9 1 3 2 4 6
3 1 4 8 2 6 9 7 5
6 4 8 1 3 2 5 9 7
7 5 2 6 8 9 3 1 4
1 9 3 4 5 7 6 2 8
```

Solution # 883

```
1 2 8 5 6 4 7 3 9
4 7 6 9 8 3 1 5 2
3 9 5 1 2 7 8 4 6
6 1 2 7 3 8 4 9 5
5 4 9 6 1 2 3 8 7
7 8 3 4 9 5 2 6 1
9 6 4 8 7 1 5 2 3
2 5 7 3 4 6 9 1 8
8 3 1 2 5 9 6 7 4
```

Solution # 884

```
7 3 6 9 2 4 8 5 1
8 9 1 5 6 7 3 4 2
5 2 4 1 3 8 7 9 6
9 6 5 2 8 1 4 7 3
2 8 3 4 7 5 1 6 9
4 1 7 6 9 3 2 8 5
6 7 2 8 1 9 5 3 4
1 4 8 3 5 6 9 2 7
3 5 9 7 4 2 6 1 8
```

Solution # 885

```
4 8 7 9 6 5 2 1 3
9 5 3 1 2 4 7 6 8
2 6 1 3 8 7 5 9 4
7 9 8 2 3 1 4 5 6
1 4 2 6 5 8 3 7 9
6 3 5 7 4 9 8 2 1
5 2 4 8 9 6 1 3 7
8 7 9 5 1 3 6 4 2
3 1 6 4 7 2 9 8 5
```

Solution # 886

```
7 5 4 2 3 6 8 1 9
1 8 3 9 7 5 2 4 6
6 9 2 8 4 1 3 7 5
8 6 1 7 5 9 4 2 3
4 2 9 3 6 8 1 5 7
5 3 7 4 1 2 6 9 8
2 1 8 6 9 7 5 3 4
3 7 5 1 8 4 9 6 2
9 4 6 5 2 3 7 8 1
```

Solution # 887

```
6 5 1 7 8 3 2 4 9
9 2 8 6 4 5 3 7 1
4 7 3 1 2 9 6 5 8
8 4 6 3 9 2 7 1 5
2 1 7 4 5 6 8 9 3
5 3 9 8 1 7 4 2 6
1 6 2 9 3 4 5 8 7
7 8 5 2 6 1 9 3 4
3 9 4 5 7 8 1 6 2
```

Solution # 888

```
2 5 7 8 3 4 9 6 1
3 9 8 2 1 6 5 7 4
6 1 4 7 9 5 2 3 8
9 8 2 3 6 7 4 1 5
7 4 6 1 5 2 8 9 3
5 3 1 4 8 9 7 2 6
1 7 3 9 4 8 6 5 2
4 2 5 6 7 1 3 8 9
8 6 9 5 2 3 1 4 7
```

Solution # 889

```
7 3 2 5 4 8 6 9 1
5 6 1 2 9 3 4 7 8
8 4 9 1 6 7 2 5 3
2 1 8 3 5 6 7 4 9
6 7 4 8 2 9 1 3 5
3 9 5 7 1 4 8 6 2
9 2 7 4 8 5 3 1 6
4 8 6 9 3 1 5 2 7
1 5 3 6 7 2 9 8 4
```

Solution # 890

```
9 4 3 2 1 5 7 6 8
2 5 6 8 7 9 1 3 4
1 8 7 6 3 4 2 5 9
6 1 2 9 5 8 3 4 7
3 9 4 7 6 1 5 8 2
5 7 8 3 4 2 9 1 6
8 6 1 5 2 7 4 9 3
4 2 9 1 8 3 6 7 5
7 3 5 4 9 6 8 2 1
```

Solution # 891

```
4 1 8 5 9 7 3 2 6
5 9 6 3 1 2 8 7 4
2 3 7 4 8 6 9 5 1
9 7 3 2 6 4 5 1 8
1 4 5 9 7 8 2 6 3
6 8 2 1 3 5 7 4 9
3 5 4 6 2 9 1 8 7
7 6 9 8 5 1 4 3 2
8 2 1 7 4 3 6 9 5
```

Solution # 892

```
2 5 1 4 9 6 8 3 7
3 8 9 7 5 1 4 6 2
6 7 4 3 8 2 9 5 1
5 9 7 8 2 3 6 1 4
8 4 6 5 1 7 3 2 9
1 2 3 6 4 9 5 7 8
9 1 8 2 3 5 7 4 6
7 3 2 9 6 4 1 8 5
4 6 5 1 7 8 2 9 3
```

Solution # 893

```
2 5 1 3 8 7 9 6 4
9 8 3 5 4 6 2 7 1
7 4 6 1 9 2 8 3 5
3 6 7 4 2 5 1 9 8
4 9 8 6 3 1 7 5 2
1 2 5 9 7 8 6 4 3
8 3 4 7 1 9 5 2 6
6 1 9 2 5 3 4 8 7
5 7 2 8 6 4 3 1 9
```

Solution # 894

```
8 7 4 6 9 2 3 1 5
1 5 6 4 3 7 8 2 9
3 9 2 5 1 8 6 4 7
6 3 1 8 5 9 2 7 4
2 8 9 7 4 3 5 6 1
7 4 5 2 6 1 9 3 8
4 6 8 1 2 5 7 9 3
5 2 3 9 7 4 1 8 6
9 1 7 3 8 6 4 5 2
```

Solution # 895

```
7 8 9 5 2 6 1 4 3
4 5 2 1 3 9 7 8 6
3 6 1 8 7 4 2 9 5
5 3 7 9 4 1 8 6 2
8 1 4 6 5 2 9 3 7
2 9 6 3 8 7 4 5 1
1 4 3 2 6 8 5 7 9
6 2 8 7 9 5 3 1 4
9 7 5 4 1 3 6 2 8
```

Solution # 896

```
2 3 8 5 9 1 4 7 6
5 4 9 7 2 6 1 3 8
6 1 7 4 3 8 5 2 9
8 6 4 3 7 2 9 5 1
9 2 3 1 6 5 8 4 7
1 7 5 9 8 4 2 6 3
3 5 6 2 1 9 7 8 4
7 9 2 8 4 3 6 1 5
4 8 1 6 5 7 3 9 2
```

Solution # 897

```
9 1 6 2 4 7 8 5 3
8 4 3 5 1 9 6 7 2
5 7 2 3 8 6 1 9 4
6 5 1 9 7 4 3 2 8
3 2 7 6 5 8 4 1 9
4 9 8 1 3 2 5 6 7
7 3 5 8 9 1 2 4 6
2 8 4 7 6 5 9 3 1
1 6 9 4 2 3 7 8 5
```

Solution # 898

```
9 4 8 2 5 7 6 3 1
5 3 1 9 4 6 8 7 2
2 6 7 8 3 1 9 5 4
1 5 6 4 7 9 2 8 3
7 8 9 1 2 3 4 6 5
4 2 3 5 6 8 7 1 9
3 9 4 6 8 5 1 2 7
8 7 2 3 1 4 5 9 6
6 1 5 7 9 2 3 4 8
```

Solution # 899

```
7 2 4 6 5 3 8 9 1
5 6 1 9 8 7 3 4 2
3 9 8 4 2 1 6 5 7
2 7 5 3 6 9 1 8 4
8 3 6 5 1 4 2 7 9
1 4 9 8 7 2 5 3 6
4 1 2 7 3 8 9 6 5
9 5 3 2 4 6 7 1 8
6 8 7 1 9 5 4 2 3
```

Solution # 900

```
2 6 7 8 5 9 3 4 1
5 1 9 4 3 6 2 7 8
4 3 8 2 7 1 9 6 5
7 5 4 6 2 3 8 1 9
6 9 2 1 4 8 5 3 7
3 8 1 7 9 5 4 2 6
9 4 6 5 1 2 7 8 3
8 7 5 3 6 4 1 9 2
1 2 3 9 8 7 6 5 4
```

Solution # 901

```
2 6 9 8 3 4 1 7 5
5 1 8 6 9 7 4 3 2
4 7 3 2 1 5 9 6 8
1 8 4 7 5 9 6 2 3
6 5 7 3 4 2 8 9 1
9 3 2 1 8 6 5 4 7
8 2 5 4 6 3 7 1 9
7 9 6 5 2 1 3 8 4
3 4 1 9 7 8 2 5 6
```

Solution # 902

```
9 3 6 4 2 5 8 7 1
7 5 4 1 8 6 2 9 3
1 2 8 3 7 9 6 5 4
6 8 5 2 9 3 4 1 7
2 4 1 8 5 7 9 3 6
3 7 9 6 4 1 5 2 8
4 6 7 5 3 2 1 8 9
8 9 2 7 1 4 3 6 5
5 1 3 9 6 8 7 4 2
```

Solution # 903

```
5 7 8 2 6 4 3 1 9
4 9 6 3 1 8 7 5 2
3 2 1 7 9 5 4 6 8
2 6 4 8 5 3 1 9 7
1 3 5 9 2 7 6 8 4
9 8 7 1 4 6 5 2 3
6 5 2 4 3 9 8 7 1
8 1 3 5 7 2 9 4 6
7 4 9 6 8 1 2 3 5
```

Solution # 904

```
8 1 2 3 5 9 7 4 6
4 7 5 1 6 2 3 9 8
9 3 6 8 4 7 1 5 2
3 4 1 7 8 5 6 2 9
5 6 8 9 2 3 4 7 1
7 2 9 4 1 6 8 3 5
2 8 3 6 9 4 5 1 7
1 5 7 2 3 8 9 6 4
6 9 4 5 7 1 2 8 3
```

Solution # 905

```
7 2 6 1 5 8 4 3 9
8 5 9 4 3 7 6 2 1
1 4 3 6 9 2 8 7 5
4 6 1 5 8 3 7 9 2
2 3 5 9 7 4 1 6 8
9 7 8 2 6 1 3 5 4
5 1 2 3 4 6 9 8 7
6 9 7 8 1 5 2 4 3
3 8 4 7 2 9 5 1 6
```

Solution # 906

```
8 2 6 7 4 1 5 9 3
9 1 3 5 6 2 8 4 7
7 4 5 3 8 9 1 6 2
5 7 1 8 9 6 2 3 4
3 9 8 2 5 4 7 1 6
4 6 2 1 7 3 9 8 5
1 5 4 6 2 8 3 7 9
2 3 9 4 1 7 6 5 8
6 8 7 9 3 5 4 2 1
```

Solution # 907

```
2 1 4 3 8 7 6 5 9
6 7 3 1 9 5 4 2 8
8 5 9 4 6 2 3 1 7
4 8 6 5 7 1 2 9 3
1 9 2 8 3 4 5 7 6
5 3 7 9 2 6 8 4 1
9 6 1 2 5 3 7 8 4
7 2 8 6 4 9 1 3 5
3 4 5 7 1 8 9 6 2
```

Solution # 908

```
5 4 8 2 3 9 7 1 6
7 3 6 5 8 1 4 2 9
9 1 2 7 6 4 3 8 5
8 2 1 4 7 6 9 5 3
6 9 3 1 5 8 2 4 7
4 5 7 9 2 3 1 6 8
2 7 4 6 9 5 8 3 1
3 6 9 8 1 2 5 7 4
1 8 5 3 4 7 6 9 2
```

Solution # 909

```
2 8 1 3 6 5 9 4 7
6 9 4 2 1 7 5 3 8
3 7 5 9 4 8 1 6 2
8 5 6 1 3 4 7 2 9
4 2 9 7 5 6 8 1 3
7 1 3 8 9 2 4 5 6
9 6 2 5 7 1 3 8 4
5 3 8 4 2 9 6 7 1
1 4 7 6 8 3 2 9 5
```

Solution # 910

```
2 9 5 3 1 6 4 8 7
7 6 3 4 2 8 5 9 1
4 8 1 9 5 7 2 6 3
5 2 6 8 7 9 1 3 4
3 7 8 5 4 1 6 2 9
1 4 9 6 3 2 7 5 8
8 1 7 2 9 5 3 4 6
6 5 4 1 8 3 9 7 2
9 3 2 7 6 4 8 1 5
```

Solution # 911

```
5 6 4 8 1 7 3 2 9
3 9 1 4 2 5 6 8 7
2 7 8 3 9 6 4 1 5
4 1 6 9 3 8 5 7 2
8 5 3 6 7 2 9 4 1
7 2 9 5 4 1 8 6 3
6 3 2 1 5 4 7 9 8
1 8 5 7 6 9 2 3 4
9 4 7 2 8 3 1 5 6
```

Solution # 912

```
6 2 9 4 3 1 7 8 5
8 7 1 9 5 6 4 3 2
5 4 3 8 7 2 6 1 9
7 9 2 5 6 8 1 4 3
4 8 5 3 1 9 2 7 6
3 1 6 7 2 4 5 9 8
9 6 8 2 4 7 3 5 1
1 3 7 6 8 5 9 2 4
2 5 4 1 9 3 8 6 7
```

Solution # 913

```
1 6 3 2 5 9 8 4 7
5 9 4 3 7 8 2 6 1
2 7 8 4 1 6 9 5 3
3 5 2 1 8 7 6 9 4
9 4 7 5 6 2 1 3 8
6 8 1 9 4 3 5 7 2
4 2 6 7 9 1 3 8 5
8 1 5 6 3 4 7 2 9
7 3 9 8 2 5 4 1 6
```

Solution # 914

```
5 4 1 7 6 2 9 8 3
2 6 8 5 9 3 1 7 4
9 7 3 8 1 4 5 2 6
7 8 9 4 2 5 6 3 1
6 2 4 9 3 1 8 5 7
1 3 5 6 7 8 2 4 9
4 9 2 1 8 7 3 6 5
3 5 6 2 4 9 7 1 8
8 1 7 3 5 6 4 9 2
```

Solution # 915

```
7 5 6 9 4 3 2 8 1
2 9 8 6 1 5 4 3 7
3 4 1 7 8 2 5 9 6
8 6 3 2 5 4 1 7 9
4 1 2 8 7 9 6 5 3
9 7 5 3 6 1 8 4 2
5 3 9 4 2 6 7 1 8
6 8 4 1 3 7 9 2 5
1 2 7 5 9 8 3 6 4
```

Solution # 916

```
8 2 6 3 5 7 9 1 4
5 9 1 6 4 8 2 3 7
3 7 4 2 9 1 8 5 6
4 3 5 9 7 6 1 8 2
7 8 2 4 1 5 3 6 9
1 6 9 8 3 2 4 7 5
6 5 3 1 2 4 7 9 8
2 1 7 5 8 9 6 4 3
9 4 8 7 6 3 5 2 1
```

Solution # 917

```
2 8 1 9 3 5 4 7 6
6 5 9 8 4 7 1 3 2
3 4 7 6 1 2 5 8 9
5 7 4 1 8 9 2 6 3
8 1 6 4 2 3 7 9 5
9 3 2 7 5 6 8 4 1
7 9 8 2 6 1 3 5 4
4 2 5 3 9 8 6 1 7
1 6 3 5 7 4 9 2 8
```

Solution # 918

```
8 5 6 9 2 4 7 3 1
9 4 3 7 1 5 8 2 6
7 1 2 6 8 3 4 9 5
5 3 1 8 6 9 2 4 7
4 6 7 3 5 2 1 8 9
2 9 8 4 7 1 6 5 3
3 2 9 1 4 7 5 6 8
6 7 4 5 3 8 9 1 2
1 8 5 2 9 6 3 7 4
```

Solution # 919

```
6 9 3 4 7 1 2 5 8
2 4 8 9 6 5 3 7 1
5 7 1 3 2 8 4 6 9
9 5 2 6 8 4 7 1 3
1 3 4 2 5 7 8 9 6
8 6 7 1 3 9 5 4 2
7 2 6 5 1 3 9 8 4
3 8 9 7 4 6 1 2 5
4 1 5 8 9 2 6 3 7
```

Solution # 920

```
6 4 2 5 7 1 9 3 8
3 7 5 8 2 9 4 1 6
9 1 8 3 4 6 2 7 5
1 3 7 6 9 5 8 4 2
8 5 4 1 3 2 6 9 7
2 9 6 7 8 4 3 5 1
5 2 3 4 1 8 7 6 9
7 6 9 2 5 3 1 8 4
4 8 1 9 6 7 5 2 3
```

Solution # 921

```
9 5 7 2 3 6 1 8 4
8 4 3 7 1 5 6 9 2
6 1 2 8 4 9 7 5 3
1 7 8 5 2 3 9 4 6
3 6 9 4 7 8 5 2 1
4 2 5 6 9 1 8 3 7
7 9 1 3 8 4 2 6 5
5 8 4 1 6 2 3 7 9
2 3 6 9 5 7 4 1 8
```

Solution # 922

```
7 8 1 2 6 5 3 4 9
6 9 2 3 1 4 7 5 8
5 4 3 8 7 9 2 6 1
4 6 8 9 3 1 5 2 7
1 3 9 5 2 7 4 8 6
2 5 7 4 8 6 9 1 3
3 1 6 7 4 2 8 9 5
8 2 5 6 9 3 1 7 4
9 7 4 1 5 8 6 3 2
```

Solution # 923

```
9 5 8 3 2 7 6 1 4
3 2 1 4 6 8 5 9 7
7 4 6 9 5 1 2 8 3
4 3 7 5 8 2 9 6 1
8 6 2 1 4 9 7 3 5
1 9 5 7 3 6 4 2 8
6 7 9 8 1 5 3 4 2
2 1 4 6 7 3 8 5 9
5 8 3 2 9 4 1 7 6
```

Solution # 924

```
5 8 3 1 4 7 9 2 6
6 4 7 2 9 8 3 5 1
9 2 1 5 3 6 4 8 7
4 5 8 7 6 3 2 1 9
2 3 9 8 5 1 6 7 4
7 1 6 4 2 9 5 3 8
1 9 5 3 8 4 7 6 2
3 7 4 6 1 2 8 9 5
8 6 2 9 7 5 1 4 3
```

Solution # 925

```
5 1 9 2 8 3 4 6 7
8 2 4 5 6 7 1 9 3
3 6 7 4 9 1 5 2 8
6 3 2 9 5 8 7 1 4
9 4 8 1 7 6 2 3 5
7 5 1 3 2 4 9 8 6
2 7 5 6 3 9 8 4 1
4 8 6 7 1 2 3 5 9
1 9 3 8 4 5 6 7 2
```

Solution # 926

```
3 7 9 5 2 6 4 8 1
1 8 6 9 3 4 5 2 7
4 2 5 8 7 1 3 6 9
7 3 8 2 1 5 6 9 4
6 5 4 7 8 9 2 1 3
2 9 1 6 4 3 7 5 8
8 1 2 3 6 7 9 4 5
5 6 3 4 9 8 1 7 2
9 4 7 1 5 2 8 3 6
```

Solution # 927

```
7 9 3 4 8 1 2 5 6
4 6 2 3 9 5 1 7 8
1 8 5 2 6 7 3 9 4
9 2 7 6 1 4 5 8 3
3 5 1 7 2 8 4 6 9
8 4 6 9 5 3 7 2 1
6 3 9 1 7 2 8 4 5
5 7 4 8 3 6 9 1 2
2 1 8 5 4 9 6 3 7
```

Solution # 928

```
5 2 6 7 1 3 8 4 9
4 8 1 6 9 2 3 5 7
7 9 3 4 8 5 2 6 1
1 6 2 8 4 9 5 7 3
3 5 4 1 2 7 6 9 8
9 7 8 3 5 6 4 1 2
6 4 9 2 7 8 1 3 5
8 3 5 9 6 1 7 2 4
2 1 7 5 3 4 9 8 6
```

Solution # 929

```
9 4 5 3 1 2 7 8 6
6 1 7 5 8 4 3 2 9
3 8 2 6 9 7 5 4 1
1 3 6 2 4 9 8 5 7
5 2 4 7 6 8 9 1 3
7 9 8 1 3 5 4 6 2
2 5 9 8 7 1 6 3 4
4 6 1 9 5 3 2 7 8
8 7 3 4 2 6 1 9 5
```

Solution # 930

```
2 5 4 8 6 1 9 3 7
6 3 7 5 9 4 8 1 2
9 1 8 7 2 3 6 4 5
8 9 2 4 3 6 7 5 1
4 6 3 1 7 5 2 9 8
1 7 5 2 8 9 3 6 4
5 8 9 6 4 2 1 7 3
3 2 1 9 5 7 4 8 6
7 4 6 3 1 8 5 2 9
```

Solution # 931

```
4 2 3 9 7 1 5 6 8
1 7 8 4 5 6 3 2 9
6 9 5 3 2 8 7 1 4
5 3 4 6 1 9 8 7 2
7 8 9 2 3 5 1 4 6
2 6 1 8 4 7 9 5 3
8 5 6 7 9 4 2 3 1
9 1 2 5 6 3 4 8 7
3 4 7 1 8 2 6 9 5
```

Solution # 932

```
2 7 3 4 6 8 9 1 5
1 6 9 2 7 5 3 4 8
8 4 5 1 9 3 6 2 7
4 5 2 9 1 6 7 8 3
9 1 7 3 8 2 5 6 4
6 3 8 5 4 7 2 9 1
3 8 1 7 2 9 4 5 6
5 2 6 8 3 4 1 7 9
7 9 4 6 5 1 8 3 2
```

Solution # 933

```
3 7 5 9 1 8 2 6 4
1 8 4 5 6 2 3 7 9
9 6 2 7 3 4 1 5 8
8 2 3 4 7 1 5 9 6
5 4 9 3 2 6 8 1 7
7 1 6 8 9 5 4 3 2
4 5 7 1 8 9 6 2 3
2 3 1 6 4 7 9 8 5
6 9 8 2 5 3 7 4 1
```

Solution # 934

```
9 1 6 2 4 3 7 5 8
3 5 4 7 8 1 9 2 6
7 8 2 5 6 9 1 3 4
1 3 5 4 9 6 8 7 2
8 2 9 3 5 7 6 4 1
6 4 7 1 2 8 3 9 5
2 6 1 9 7 4 5 8 3
5 9 3 8 1 2 4 6 7
4 7 8 6 3 5 2 1 9
```

Solution # 935

```
3 1 6 2 8 7 5 9 4
8 2 4 3 5 9 7 1 6
9 5 7 1 6 4 8 2 3
4 8 5 6 9 2 3 7 1
2 9 3 7 1 5 6 4 8
7 6 1 8 4 3 9 5 2
5 3 2 4 7 8 1 6 9
1 7 8 9 2 6 4 3 5
6 4 9 5 3 1 2 8 7
```

Solution # 936

```
7 1 3 8 9 6 4 2 5
6 2 9 5 4 1 8 3 7
5 4 8 3 7 2 6 9 1
8 6 1 2 3 5 7 4 9
3 9 2 7 6 4 1 5 8
4 7 5 9 1 8 2 6 3
2 3 7 4 8 9 5 1 6
1 8 4 6 5 3 9 7 2
9 5 6 1 2 7 3 8 4
```

Solution # 937

```
7 6 8 9 3 5 2 1 4
1 5 2 7 4 6 9 3 8
4 9 3 8 2 1 5 6 7
2 3 9 6 5 4 8 7 1
5 8 4 3 1 7 6 2 9
6 7 1 2 8 9 4 5 3
8 4 6 5 7 3 1 9 2
3 1 5 4 9 2 7 8 6
9 2 7 1 6 8 3 4 5
```

Solution # 938

```
2 8 4 5 3 9 6 7 1
6 3 1 8 4 7 2 5 9
9 5 7 6 2 1 8 4 3
8 2 6 1 9 4 5 3 7
4 9 3 7 5 2 1 6 8
1 7 5 3 8 6 9 2 4
7 1 9 4 6 5 3 8 2
5 4 8 2 1 3 7 9 6
3 6 2 9 7 8 4 1 5
```

Solution # 939

```
8 6 5 2 9 7 3 4 1
3 7 9 1 6 4 2 5 8
1 4 2 5 8 3 9 6 7
5 3 1 4 2 8 6 7 9
2 8 7 6 1 9 5 3 4
4 9 6 7 3 5 1 8 2
9 5 4 3 7 1 8 2 6
7 2 8 9 5 6 4 1 3
6 1 3 8 4 2 7 9 5
```

Solution # 940

```
3 4 7 6 5 9 2 1 8
1 2 5 8 4 3 9 6 7
8 6 9 1 7 2 5 4 3
4 7 2 5 3 6 8 9 1
5 8 6 9 1 7 3 2 4
9 3 1 4 2 8 7 5 6
6 5 8 3 9 1 4 7 2
7 1 4 2 8 5 6 3 9
2 9 3 7 6 4 1 8 5
```

Solution # 941

```
9 3 1 6 2 7 4 8 5
7 2 8 5 9 4 3 6 1
6 4 5 3 1 8 7 9 2
2 5 3 1 7 9 6 4 8
4 8 9 2 6 5 1 3 7
1 6 7 4 8 3 2 5 9
5 1 6 8 4 2 9 7 3
3 7 2 9 5 6 8 1 4
8 9 4 7 3 1 5 2 6
```

Solution # 942

```
3 1 2 6 7 8 4 5 9
5 8 6 4 9 3 2 1 7
4 7 9 5 2 1 3 6 8
6 5 4 2 3 7 9 8 1
7 3 8 9 1 5 6 4 2
2 9 1 8 6 4 7 3 5
9 4 5 3 8 2 1 7 6
8 6 7 1 4 9 5 2 3
1 2 3 7 5 6 8 9 4
```

Solution # 943

```
6 5 1 2 3 9 7 4 8
4 9 8 7 5 1 3 2 6
7 2 3 8 6 4 9 1 5
1 6 7 9 2 8 5 3 4
2 4 9 3 1 5 6 8 7
3 8 5 6 4 7 1 9 2
5 3 6 4 9 2 8 7 1
8 1 4 5 7 3 2 6 9
9 7 2 1 8 6 4 5 3
```

Solution # 944

```
1 6 2 7 5 8 3 9 4
5 9 4 6 3 1 2 8 7
3 8 7 2 4 9 1 5 6
4 2 1 8 9 7 6 3 5
6 5 9 4 2 3 7 1 8
7 3 8 5 1 6 4 2 9
9 1 6 3 8 4 5 7 2
2 4 3 9 7 5 8 6 1
8 7 5 1 6 2 9 4 3
```

Solution # 945

```
4 3 7 8 9 5 2 1 6
6 5 1 3 2 4 8 7 9
9 8 2 1 6 7 4 5 3
2 7 3 4 1 8 9 6 5
8 6 4 9 5 3 7 2 1
1 9 5 2 7 6 3 4 8
5 4 6 7 8 9 1 3 2
3 2 9 5 4 1 6 8 7
7 1 8 6 3 2 5 9 4
```

Solution # 946
```
5 7 3 9 4 2 6 8 1
6 2 8 5 3 1 7 4 9
4 9 1 8 7 6 3 5 2
1 4 5 7 9 8 2 3 6
7 6 2 4 1 3 5 9 8
8 3 9 2 6 5 4 1 7
3 5 6 1 2 9 8 7 4
9 8 4 6 5 7 1 2 3
2 1 7 3 8 4 9 6 5
```

Solution # 947
```
4 7 9 5 1 8 3 6 2
8 5 2 4 3 6 9 7 1
1 3 6 2 9 7 4 8 5
7 9 1 8 6 5 2 4 3
3 6 4 1 7 2 5 9 8
2 8 5 9 4 3 6 1 7
6 4 7 3 5 1 8 2 9
9 2 3 7 8 4 1 5 6
5 1 8 6 2 9 7 3 4
```

Solution # 948
```
1 4 9 3 5 7 2 6 8
2 7 3 6 1 8 5 9 4
8 5 6 2 9 4 1 3 7
6 2 4 7 8 1 3 5 9
3 9 7 5 2 6 8 4 1
5 1 8 9 4 3 7 2 6
4 3 1 8 6 5 9 7 2
9 8 5 4 7 2 6 1 3
7 6 2 1 3 9 4 8 5
```

Solution # 949
```
2 7 8 1 5 4 3 6 9
4 6 5 9 3 7 8 1 2
9 3 1 8 6 2 4 5 7
6 1 4 7 2 5 9 8 3
8 5 3 6 4 9 2 7 1
7 9 2 3 1 8 6 4 5
3 2 6 5 8 1 7 9 4
5 8 9 4 7 3 1 2 6
1 4 7 2 9 6 5 3 8
```

Solution # 950
```
9 6 2 8 4 5 7 1 3
5 4 3 2 7 1 9 8 6
1 8 7 3 9 6 4 5 2
3 1 9 4 5 7 2 6 8
2 5 4 9 6 8 3 7 1
8 7 6 1 2 3 5 4 9
6 2 1 5 3 4 8 9 7
4 3 8 7 1 9 6 2 5
7 9 5 6 8 2 1 3 4
```

Solution # 951
```
4 5 2 6 3 9 8 1 7
1 6 8 2 4 7 5 9 3
3 9 7 5 8 1 4 6 2
8 1 5 9 2 6 7 3 4
6 7 3 8 5 4 9 2 1
9 2 4 7 1 3 6 8 5
7 4 6 3 9 2 1 5 8
5 3 1 4 6 8 2 7 9
2 8 9 1 7 5 3 4 6
```

Solution # 952
```
4 1 3 8 6 5 9 7 2
2 5 6 9 7 4 1 3 8
9 8 7 2 3 1 4 6 5
7 2 4 6 1 8 5 9 3
5 6 8 7 9 3 2 1 4
1 3 9 4 5 2 6 8 7
8 7 5 1 2 6 3 4 9
6 9 2 3 4 7 8 5 1
3 4 1 5 8 9 7 2 6
```

Solution # 953
```
1 6 5 2 7 8 9 3 4
2 7 3 5 4 9 8 1 6
8 9 4 3 6 1 2 7 5
3 8 9 4 5 7 1 6 2
5 2 1 9 3 6 7 4 8
7 4 6 8 1 2 5 9 3
6 5 2 1 9 3 4 8 7
9 3 8 7 2 4 6 5 1
4 1 7 6 8 5 3 2 9
```

Solution # 954
```
4 3 7 1 9 6 5 2 8
5 9 6 2 8 4 3 1 7
2 1 8 7 3 5 6 4 9
3 2 9 4 7 1 8 6 5
8 4 1 5 6 9 2 7 3
6 7 5 3 2 8 4 9 1
1 6 3 8 4 7 9 5 2
9 5 2 6 1 3 7 8 4
7 8 4 9 5 2 1 3 6
```

Solution # 955
```
7 4 6 3 8 2 9 1 5
9 8 1 5 4 6 2 3 7
5 2 3 1 7 9 6 4 8
1 5 9 4 6 8 7 2 3
2 7 4 9 3 5 8 6 1
3 6 8 7 2 1 5 9 4
8 9 7 2 1 4 3 5 6
4 3 2 6 5 7 1 8 9
6 1 5 8 9 3 4 7 2
```

Solution # 956
```
2 9 3 8 6 7 4 1 5
8 6 5 4 2 1 9 3 7
1 7 4 5 3 9 8 2 6
4 5 2 1 8 6 3 7 9
7 8 6 3 9 5 2 4 1
3 1 9 7 4 2 6 5 8
5 4 8 6 7 3 1 9 2
9 3 7 2 1 8 5 6 4
6 2 1 9 5 4 7 8 3
```

Solution # 957
```
5 8 3 6 1 4 2 9 7
2 4 6 3 9 7 5 8 1
9 1 7 8 5 2 6 4 3
7 6 9 5 8 3 1 2 4
4 3 1 7 2 9 8 5 6
8 2 5 1 4 6 7 3 9
3 7 4 2 6 8 9 1 5
1 9 2 4 7 5 3 6 8
6 5 8 9 3 1 4 7 2
```

Solution # 958
```
2 8 4 7 3 1 5 6 9
3 6 9 5 4 8 7 1 2
1 5 7 2 9 6 4 8 3
5 3 2 1 8 9 6 4 7
6 4 1 3 7 5 2 9 8
9 7 8 4 6 2 3 5 1
7 1 3 9 5 4 8 2 6
8 9 5 6 2 7 1 3 4
4 2 6 8 1 7 9 3 5
```

Solution # 959
```
6 9 1 4 3 8 5 2 7
7 8 5 6 2 9 4 1 3
2 3 4 5 1 7 8 6 9
4 2 6 7 8 3 1 9 5
3 5 8 9 4 1 6 7 2
9 1 7 2 6 5 3 8 4
1 4 9 3 7 6 2 5 8
8 7 3 1 5 2 9 4 6
5 6 2 8 9 4 7 3 1
```

Solution # 960
```
5 2 9 4 8 7 6 1 3
3 6 7 1 2 9 8 5 4
1 4 8 6 3 5 9 2 7
2 8 3 7 9 1 5 4 6
7 5 1 2 6 4 3 9 8
6 9 4 8 5 3 2 7 1
9 7 2 3 1 6 4 8 5
4 3 5 9 7 8 1 6 2
8 1 6 5 4 2 7 3 9
```

Solution # 961
```
9 4 1 3 6 7 5 8 2
3 8 5 9 2 4 7 1 6
2 7 6 8 1 5 9 4 3
6 2 4 1 7 8 3 9 5
1 5 7 4 9 3 6 2 8
8 3 9 6 5 2 4 7 1
4 1 8 7 3 6 2 5 9
5 9 3 2 4 1 8 6 7
7 6 2 5 8 9 1 3 4
```

Solution # 962
```
4 8 3 9 6 2 1 7 5
5 6 1 4 3 7 2 8 9
2 9 7 8 5 1 6 3 4
8 2 4 5 9 3 7 6 1
6 7 9 1 4 8 3 5 2
3 1 5 2 7 6 4 9 8
1 5 6 7 2 9 8 4 3
7 4 8 3 1 5 9 2 6
9 3 2 6 8 4 5 1 7
```

Solution # 963
```
4 6 7 2 5 3 8 9 1
8 2 3 7 1 9 4 5 6
9 1 5 4 8 6 7 3 2
1 7 6 8 3 5 2 4 9
3 8 9 1 2 4 5 6 7
5 4 2 6 9 7 1 8 3
6 3 8 5 7 1 9 2 4
7 5 4 9 6 2 3 1 8
2 9 1 3 4 8 6 7 5
```

Solution # 964
```
5 6 2 1 7 4 9 3 8
3 4 7 6 8 9 5 1 2
8 9 1 2 3 5 4 6 7
9 1 5 4 2 6 8 7 3
4 2 8 3 9 7 6 5 1
6 7 3 8 5 1 2 9 4
2 8 6 5 1 3 7 4 9
7 3 4 9 6 8 1 2 5
1 5 9 7 4 2 3 8 6
```

Solution # 965
```
1 7 3 8 4 5 2 9 6
8 4 6 3 2 9 1 5 7
9 5 2 1 6 7 4 3 8
6 9 4 2 5 3 7 8 1
5 8 1 6 7 4 3 2 9
3 2 7 9 1 8 6 4 5
7 3 5 4 9 6 8 1 2
4 1 9 7 8 2 5 6 3
2 6 8 5 3 1 9 7 4
```

Solution # 966
```
8 2 9 7 1 4 5 6 3
5 7 6 3 8 9 4 1 2
1 4 3 6 2 5 7 8 9
9 1 5 8 4 2 6 3 7
2 6 8 9 3 7 1 4 5
7 3 4 1 5 6 9 2 8
3 9 7 4 6 8 2 5 1
6 5 1 2 9 3 8 7 4
4 8 2 5 7 1 3 9 6
```

Solution # 967
```
3 9 7 4 6 1 2 8 5
8 6 4 5 7 2 3 9 1
1 2 5 8 3 9 6 7 4
4 7 8 1 2 5 9 6 3
9 5 2 3 8 6 4 1 7
6 1 3 7 9 4 5 2 8
5 4 6 2 1 7 8 3 9
2 3 1 9 5 8 7 4 6
7 8 9 6 4 3 1 5 2
```

Solution # 968
```
5 7 3 8 6 1 4 2 9
9 8 1 4 3 2 6 7 5
2 4 6 7 9 5 1 8 3
1 3 4 6 7 8 9 5 2
7 5 8 2 1 9 3 6 4
6 2 9 5 4 3 8 1 7
3 9 7 1 5 6 2 4 8
4 1 2 9 8 7 5 3 6
8 6 5 3 2 4 7 9 1
```

Solution # 969
```
6 4 1 2 3 8 5 7 9
2 8 3 7 5 9 1 6 4
5 9 7 6 4 1 2 3 8
3 2 5 8 9 6 4 1 7
1 7 8 4 2 5 6 9 3
4 6 9 1 7 3 8 5 2
7 5 6 9 8 2 3 4 1
8 1 4 3 6 7 9 2 5
9 3 2 5 1 4 7 8 6
```

Solution # 970
```
5 8 2 6 1 9 4 3 7
9 4 1 5 7 3 2 8 6
7 6 3 2 4 8 5 9 1
2 5 6 7 3 4 9 1 8
3 9 8 1 6 2 7 4 5
1 7 4 9 8 5 6 2 3
8 3 9 4 5 6 1 7 2
6 2 7 3 9 1 8 5 4
4 1 5 8 2 7 3 6 9
```

Solution # 971
```
7 2 9 4 6 1 8 5 3
1 3 8 9 2 5 4 6 7
5 6 4 8 3 7 9 2 1
6 9 3 7 5 2 1 4 8
2 4 7 1 8 6 3 9 5
8 5 1 3 4 9 2 7 6
3 8 6 2 7 4 5 1 9
4 1 5 6 9 8 7 3 2
9 7 2 5 1 3 6 8 4
```

Solution # 972
```
9 6 8 5 2 3 4 7 1
4 3 7 6 8 1 9 5 2
2 5 1 9 4 7 8 3 6
8 4 3 2 1 6 7 9 5
7 2 5 8 3 9 1 6 4
1 9 6 7 5 4 3 2 8
5 7 9 1 6 8 2 4 3
3 1 2 4 7 5 6 8 9
6 8 4 3 9 2 5 1 7
```

Solution # 973
```
2 4 1 7 6 3 5 8 9
6 5 3 9 8 1 4 7 2
9 7 8 2 4 5 1 3 6
8 2 4 5 7 6 9 1 3
3 9 7 1 2 4 6 5 8
1 6 5 3 9 8 2 4 7
5 8 2 6 1 7 3 9 4
7 1 9 4 3 2 8 6 5
4 3 6 8 5 9 7 2 1
```

Solution # 974
```
6 4 8 5 9 1 2 3 7
2 9 3 7 8 4 1 5 6
5 1 7 3 6 2 4 8 9
1 2 9 4 5 8 6 7 3
7 3 5 6 1 9 8 2 4
8 6 4 2 7 3 9 1 5
4 5 1 8 3 6 7 9 2
3 8 6 9 2 7 5 4 1
9 7 2 1 4 5 3 6 8
```

Solution # 975
```
4 5 8 3 9 2 6 7 1
3 6 9 5 7 1 2 8 4
1 7 2 8 6 4 3 5 9
5 8 3 2 4 6 1 9 7
9 4 1 7 3 8 5 6 2
6 2 7 9 1 5 4 3 8
8 1 4 6 5 7 9 2 3
7 3 5 4 2 9 8 1 6
2 9 6 1 8 3 7 4 5
```

Solution # 976
```
6 1 3 8 2 7 5 4 9
4 9 8 3 1 5 6 7 2
5 2 7 4 6 9 3 1 8
3 8 5 6 9 4 7 2 1
9 4 1 7 3 2 8 6 5
2 7 6 5 8 1 9 3 4
8 3 4 1 5 6 2 9 7
1 5 2 9 7 3 4 8 6
7 6 9 2 4 8 1 5 3
```

Solution # 977
```
5 1 2 6 7 4 8 9 3
9 7 4 5 3 8 2 6 1
6 8 3 1 9 2 7 4 5
4 6 8 7 1 5 9 3 2
2 9 7 3 4 6 5 1 8
1 3 5 2 8 9 4 7 6
8 2 9 4 6 1 3 5 7
3 5 1 9 2 7 6 8 4
7 4 6 8 5 3 1 2 9
```

Solution # 978
```
1 4 5 2 7 6 9 8 3
9 8 6 3 4 1 2 5 7
2 7 3 8 9 5 4 6 1
5 9 7 1 6 2 8 3 4
6 2 1 4 8 3 5 7 9
8 3 4 9 5 7 1 2 6
3 1 8 7 2 4 6 9 5
4 6 9 5 3 8 7 1 2
7 5 2 6 1 9 3 4 8
```

Solution # 979
```
9 3 8 2 4 1 6 7 5
5 2 7 9 6 3 1 8 4
4 1 6 7 8 5 9 3 2
7 6 3 8 5 9 4 2 1
2 9 1 6 3 4 7 5 8
8 4 5 1 7 2 3 9 6
3 7 4 5 1 8 2 6 9
1 5 9 3 2 6 8 4 7
6 8 2 4 9 7 5 1 3
```

Solution # 980
```
6 7 8 1 4 5 2 9 3
2 4 5 9 3 8 1 7 6
1 3 9 7 2 6 5 8 4
7 9 1 2 5 3 4 6 8
4 2 3 8 6 1 9 5 7
8 5 6 4 7 9 3 1 2
3 6 4 5 9 7 8 2 1
5 1 2 6 8 4 7 3 9
9 8 7 3 1 2 6 4 5
```

Solution # 981
```
7 5 3 9 4 8 6 2 1
8 1 2 5 6 7 4 3 9
9 6 4 2 3 1 8 7 5
2 9 6 8 1 4 7 5 3
4 8 5 3 7 9 2 1 6
3 7 1 6 5 2 9 4 8
5 4 7 1 8 6 3 9 2
6 3 9 4 2 5 1 8 7
1 2 8 7 9 3 5 6 4
```

Solution # 982
```
7 4 8 5 2 3 6 9 1
6 5 3 1 8 9 4 7 2
2 1 9 7 6 4 3 8 5
8 3 1 4 9 2 5 6 7
4 2 5 8 7 6 1 3 9
9 7 6 3 1 5 2 4 8
1 6 2 9 4 8 7 5 3
5 8 7 6 3 1 9 2 4
3 9 4 2 5 7 8 1 6
```

Solution # 983
```
3 6 9 2 1 4 8 7 5
5 4 7 6 8 3 2 1 9
2 8 1 7 5 9 4 3 6
4 9 3 8 2 6 7 5 1
1 5 2 4 3 7 9 6 8
6 7 8 5 9 1 3 2 4
9 1 4 3 7 5 6 8 2
7 2 5 9 6 8 1 4 3
8 3 6 1 4 2 5 9 7
```

Solution # 984
```
9 7 4 3 5 2 1 6 8
2 5 1 6 8 7 4 3 9
3 8 6 9 4 1 5 2 7
4 9 7 5 1 6 3 8 2
1 6 3 8 2 9 7 4 5
8 2 5 7 3 4 6 9 1
6 4 9 1 7 8 2 5 3
7 3 8 2 6 5 9 1 4
5 1 2 4 9 3 8 7 6
```

Solution # 985
```
9 7 5 8 3 2 1 6 4
8 2 3 1 4 6 9 7 5
4 6 1 9 5 7 2 3 8
7 1 9 5 6 3 8 4 2
6 4 2 7 1 8 3 5 9
5 3 8 2 9 4 6 1 7
1 8 4 6 2 5 7 9 3
2 5 6 3 7 9 4 8 1
3 9 7 4 8 1 5 2 6
```

Solution # 986
```
4 2 6 7 8 3 9 5 1
3 1 8 4 5 9 2 6 7
9 5 7 2 6 1 3 4 8
6 3 1 8 2 5 4 7 9
5 7 2 3 9 4 1 8 6
8 4 9 6 1 7 5 3 2
1 9 4 5 7 6 8 2 3
2 6 5 1 3 8 7 9 4
7 8 3 9 4 2 6 1 5
```

Solution # 987
```
5 6 1 7 4 9 2 8 3
8 7 3 1 6 2 4 9 5
2 4 9 8 3 5 7 6 1
3 8 4 9 7 6 1 5 2
9 2 6 5 1 4 8 3 7
7 1 5 2 8 3 6 4 9
1 3 2 6 9 8 5 7 4
4 5 8 3 2 7 9 1 6
6 9 7 4 5 1 3 2 8
```

Solution # 988
```
4 9 8 3 7 5 2 6 1
5 3 2 6 9 1 7 8 4
7 1 6 2 8 4 5 3 9
2 6 9 8 5 3 1 4 7
8 5 4 9 1 7 6 2 3
3 7 1 4 2 6 9 5 8
1 4 3 5 6 9 8 7 2
9 8 5 7 4 2 3 1 6
6 2 7 1 3 8 4 9 5
```

Solution # 989
```
5 7 1 2 9 6 4 3 8
2 6 3 4 8 7 5 9 1
8 4 9 5 1 3 2 6 7
4 3 5 6 7 2 8 1 9
7 9 6 1 4 8 3 2 5
1 8 2 9 3 5 7 4 6
3 5 4 8 6 9 1 7 2
9 1 8 7 2 4 6 5 3
6 2 7 3 5 1 9 8 4
```

Solution # 990
```
6 8 7 4 2 5 3 9 1
1 5 4 6 9 3 8 7 2
2 3 9 8 1 7 6 4 5
8 7 6 5 3 1 4 2 9
5 4 1 2 6 9 7 3 8
3 9 2 7 4 8 5 1 6
9 2 8 3 5 4 1 6 7
4 6 5 1 7 2 9 8 3
7 1 3 9 8 6 2 5 4
```

Solution # 991
```
2 6 4 9 1 5 3 8 7
3 9 8 2 7 6 5 1 4
7 1 5 3 8 4 9 2 6
8 5 1 4 3 7 6 9 2
9 2 3 6 5 1 4 7 8
6 4 7 8 9 2 1 3 5
1 7 2 5 4 3 8 6 9
4 8 6 1 2 9 7 5 3
5 3 9 7 6 8 2 4 1
```

Solution # 992
```
1 8 6 3 9 5 2 4 7
3 7 5 4 2 6 1 8 9
4 2 9 8 7 1 5 6 3
6 5 7 2 4 8 3 9 1
2 9 4 6 1 3 7 5 8
8 1 3 7 5 9 4 2 6
5 4 8 1 6 7 9 3 2
9 3 1 5 8 2 6 7 4
7 6 2 9 3 4 8 1 5
```

Solution # 993
```
6 2 1 7 8 4 9 5 3
8 9 7 3 2 5 6 1 4
3 4 5 9 1 6 8 7 2
4 1 8 2 6 7 5 3 9
9 6 3 1 5 8 2 4 7
5 7 2 4 9 3 1 6 8
1 8 4 6 3 2 7 9 5
7 5 6 8 4 9 3 2 1
2 3 9 5 7 1 4 8 6
```

Solution # 994
```
8 6 2 9 1 5 3 4 7
3 7 9 8 4 2 5 1 6
5 4 1 6 3 7 2 8 9
9 3 4 7 2 1 8 6 5
2 5 6 4 9 8 1 7 3
1 8 7 3 5 6 9 2 4
6 1 5 2 7 9 4 3 8
7 2 3 5 8 4 6 9 1
4 9 8 1 6 3 7 5 2
```

Solution # 995
```
1 9 8 3 2 4 6 7 5
3 6 5 9 1 7 4 8 2
2 7 4 5 6 8 9 3 1
5 2 3 1 4 9 8 6 7
7 4 6 2 8 3 5 1 9
8 1 9 6 7 5 3 2 4
6 8 2 4 5 1 7 9 3
4 3 7 8 9 2 1 5 6
9 5 1 7 3 6 2 4 8
```

Solution # 996
```
7 4 8 5 3 9 2 6 1
3 5 6 2 7 1 8 9 4
9 2 1 6 8 4 5 7 3
1 7 4 9 2 3 6 5 8
8 6 9 7 1 5 4 3 2
2 3 5 8 4 6 9 1 7
4 9 3 1 6 2 7 8 5
6 1 7 4 5 8 3 2 9
5 8 2 3 9 7 1 4 6
```

Solution # 997
```
2 9 6 3 7 4 5 8 1
5 4 1 2 8 6 9 7 3
8 3 7 9 5 1 6 4 2
7 5 3 1 6 8 2 9 4
1 8 9 4 2 7 3 5 6
6 2 4 5 3 9 8 1 7
4 6 8 7 9 2 1 3 5
3 7 2 8 1 5 4 6 9
9 1 5 6 4 3 7 2 8
```

Solution # 998
```
2 6 5 8 7 1 4 3 9
1 3 8 4 5 9 2 7 6
4 7 9 3 2 6 1 5 8
9 8 2 7 4 5 3 6 1
3 4 6 1 8 2 7 9 5
5 1 7 9 6 3 8 2 4
8 5 1 6 3 7 9 4 2
7 2 4 5 9 8 6 1 3
6 9 3 2 1 4 5 8 7
```

Solution # 999
```
9 1 3 4 5 7 2 6 8
5 2 8 6 1 9 3 7 4
4 7 6 8 2 3 1 9 5
3 4 9 2 7 6 5 8 1
2 6 7 5 8 1 4 3 9
1 8 5 3 9 4 6 2 7
8 9 2 1 3 5 7 4 6
7 5 4 9 6 2 8 1 3
6 3 1 7 4 8 9 5 2
```

Solution # 1000
```
7 8 6 1 2 4 9 3 5
2 1 5 3 7 9 4 6 8
4 3 9 6 5 8 7 2 1
5 4 3 7 8 2 6 1 9
1 6 2 9 4 3 5 8 7
8 9 7 5 6 1 2 4 3
6 7 4 8 1 5 3 9 2
3 2 8 4 9 7 1 5 6
9 5 1 2 3 6 8 7 4
```

Solution # 1001
```
7 4 8 2 5 6 1 3 9
5 2 6 1 9 3 4 8 7
1 9 3 7 8 4 2 5 6
3 7 9 5 4 1 8 6 2
4 8 2 3 6 9 5 7 1
6 1 5 8 2 7 9 4 3
9 3 4 6 1 8 7 2 5
8 5 7 9 3 2 6 1 4
2 6 1 4 7 5 3 9 8
```

Solution # 1002
```
2 9 1 3 7 5 4 6 8
6 5 8 9 1 4 2 3 7
7 3 4 6 8 2 1 9 5
4 7 2 5 9 6 3 8 1
9 1 5 2 3 8 6 7 4
8 6 3 7 4 1 9 5 2
1 4 9 8 5 3 7 2 6
5 2 7 1 6 9 8 4 3
3 8 6 4 2 7 5 1 9
```

Solution # 1003
```
1 7 3 4 2 5 8 6 9
9 6 5 7 8 3 4 2 1
8 4 2 1 9 6 5 3 7
5 8 7 3 6 4 9 1 2
4 9 1 2 7 8 3 5 6
3 2 6 9 5 1 7 4 8
7 1 9 5 4 2 6 8 3
6 3 4 8 1 7 2 9 5
2 5 8 6 3 9 1 7 4
```

Solution # 1004
```
1 8 7 5 4 3 2 6 9
5 2 9 7 6 8 3 4 1
4 6 3 1 9 2 5 8 7
2 3 8 9 5 4 7 1 6
7 4 5 6 8 1 9 2 3
9 1 6 3 2 7 4 5 8
3 7 2 4 1 6 8 9 5
6 9 4 8 3 5 1 7 2
8 5 1 2 7 9 6 3 4
```

Solution # 1005
```
7 4 1 5 2 9 3 8 6
6 2 5 3 8 4 1 7 9
3 9 8 7 6 1 5 2 4
2 8 4 9 5 6 7 1 3
9 5 3 1 7 8 4 6 2
1 7 6 4 3 2 8 9 5
4 3 2 8 9 7 6 5 1
8 1 9 6 4 5 2 3 7
5 6 7 2 1 3 9 4 8
```

Solution # 1006
```
5 6 4 7 9 1 8 2 3
3 1 7 5 8 2 9 6 4
2 8 9 6 3 4 5 1 7
4 3 6 9 7 5 1 8 2
8 5 1 2 6 3 4 7 9
7 9 2 4 1 8 6 3 5
6 7 8 3 5 9 2 4 1
1 2 5 8 4 7 3 9 6
9 4 3 1 2 6 7 5 8
```

Solution # 1007
```
9 5 7 6 1 3 2 4 8
4 2 1 7 5 8 9 6 3
6 3 8 2 9 4 5 7 1
1 6 5 4 8 7 3 2 9
7 8 2 1 3 9 6 5 4
3 9 4 5 2 6 8 1 7
8 4 6 3 7 2 1 9 5
2 1 9 8 4 5 7 3 6
5 7 3 9 6 1 4 8 2
```

Solution # 1008
```
4 8 2 1 3 9 6 5 7
9 6 3 2 5 7 8 4 1
5 7 1 6 4 8 3 9 2
7 2 4 8 6 3 5 1 9
6 3 5 9 1 4 2 7 8
8 1 9 7 2 5 4 6 3
3 4 8 5 9 1 7 2 6
1 5 6 3 7 2 9 8 4
2 9 7 4 8 6 1 3 5
```

Solution # 1009
```
5 3 2 4 7 1 9 8 6
6 9 1 2 3 8 7 4 5
8 7 4 5 6 9 3 2 1
4 8 6 3 1 2 5 7 9
2 1 9 7 4 5 8 6 3
3 5 7 8 9 6 4 1 2
9 2 5 6 8 4 1 3 7
7 6 8 1 5 3 2 9 4
1 4 3 9 2 7 6 5 8
```

Solution # 1010
```
2 4 3 5 8 7 6 1 9
6 7 1 2 9 4 8 5 3
9 8 5 6 3 1 2 7 4
7 9 6 1 5 2 3 4 8
8 1 2 3 4 9 5 6 7
3 5 4 7 6 8 9 2 1
4 2 8 9 7 6 1 3 5
5 6 7 8 1 3 4 9 2
1 3 9 4 2 5 7 8 6
```

Solution # 1011
```
7 4 6 3 2 8 9 1 5
2 5 8 7 9 1 3 4 6
9 1 3 6 5 4 2 8 7
1 3 9 5 4 6 8 7 2
4 2 7 8 1 3 6 5 9
6 8 5 2 7 9 4 3 1
3 7 1 9 8 2 5 6 4
8 9 4 1 6 5 7 2 3
5 6 2 4 3 7 1 9 8
```

Solution # 1012
```
3 7 6 8 1 9 2 5 4
8 1 5 2 7 4 3 6 9
4 2 9 6 5 3 8 7 1
9 8 2 4 3 6 7 1 5
7 4 1 5 2 8 9 3 6
6 5 3 1 9 7 4 8 2
2 3 8 9 6 1 5 4 7
5 6 7 3 4 2 1 9 8
1 9 4 7 8 5 6 2 3
```

Solution # 1013
```
4 9 6 2 3 1 5 7 8
5 7 3 6 8 4 9 1 2
1 2 8 5 9 7 4 6 3
8 5 7 9 4 2 1 3 6
3 4 2 1 5 6 7 8 9
9 6 1 8 7 3 2 4 5
6 8 5 4 1 9 3 2 7
2 3 4 7 6 5 8 9 1
7 1 9 3 2 8 6 5 4
```

Solution # 1014
```
9 5 2 4 3 8 6 7 1
3 1 7 9 6 2 8 4 5
4 8 6 1 5 7 3 2 9
2 3 5 8 7 1 4 9 6
7 4 8 2 9 6 1 5 3
1 6 9 3 4 5 2 8 7
8 2 3 7 1 9 5 6 4
5 7 4 6 2 3 9 1 8
6 9 1 5 8 4 7 3 2
```

Solution # 1015
```
8 2 6 4 5 7 9 1 3
5 9 7 6 3 1 2 4 8
4 3 1 2 8 9 7 6 5
7 4 5 1 2 6 8 3 9
2 8 9 3 4 5 1 7 6
6 1 3 7 9 8 5 2 4
1 5 4 8 7 3 6 9 2
3 6 8 9 1 2 4 5 7
9 7 2 5 6 4 3 8 1
```

Solution # 1016
```
7 6 5 4 2 1 3 9 8
3 1 8 9 5 6 4 2 7
2 9 4 7 3 8 1 5 6
8 5 2 3 1 4 6 7 9
9 4 7 6 8 2 5 3 1
1 3 6 5 9 7 8 4 2
5 2 9 1 6 3 7 8 4
4 8 1 2 7 5 9 6 3
6 7 3 8 4 9 2 1 5
```

Solution # 1017
```
6 7 1 8 5 2 3 9 4
5 8 9 6 3 4 7 2 1
4 3 2 9 7 1 6 5 8
8 9 3 5 2 6 4 1 7
7 1 5 3 4 8 2 6 9
2 6 4 1 9 7 8 3 5
3 5 6 4 8 9 1 7 2
1 4 7 2 6 5 9 8 3
9 2 8 7 1 3 5 4 6
```

Solution # 1018
```
1 6 8 4 5 3 2 9 7
7 5 3 9 2 1 6 8 4
9 4 2 6 7 8 5 3 1
5 1 7 2 3 4 9 6 8
8 3 9 5 1 6 4 7 2
4 2 6 7 8 9 3 1 5
2 7 1 3 6 5 8 4 9
3 8 4 1 9 2 7 5 6
6 9 5 8 4 7 1 2 3
```

Solution # 1019
```
6 7 1 4 5 8 9 3 2
2 3 5 6 1 9 4 8 7
8 9 4 3 7 2 1 5 6
5 1 6 2 3 4 8 7 9
3 2 7 8 9 1 6 4 5
4 8 9 7 6 5 2 1 3
9 5 3 1 8 6 7 2 4
7 4 8 9 2 3 5 6 1
1 6 2 5 4 7 3 9 8
```

Solution # 1020
```
9 8 6 5 4 1 2 3 7
2 3 1 7 8 9 6 5 4
7 5 4 2 6 3 9 8 1
1 7 8 6 9 2 3 4 5
4 2 5 3 1 8 7 9 6
6 9 3 4 5 7 1 2 8
5 1 9 8 2 6 4 7 3
3 4 2 1 7 5 8 6 9
8 6 7 9 3 4 5 1 2
```

Solution # 1021
```
2 6 5 9 3 7 1 8 4
9 8 1 6 5 4 7 2 3
7 3 4 8 1 2 5 6 9
5 9 7 2 4 8 6 3 1
4 1 3 5 9 6 8 7 2
8 2 6 3 7 1 4 9 5
3 7 2 4 6 5 9 1 8
6 4 8 1 2 9 3 5 7
1 5 9 7 8 3 2 4 6
```

Solution # 1022
```
2 8 4 1 6 5 9 7 3
1 7 3 2 9 4 5 8 6
5 6 9 8 3 7 4 1 2
9 1 8 6 7 2 3 4 5
7 2 6 5 4 3 8 9 1
3 4 5 9 8 1 2 6 7
6 3 7 4 5 9 1 2 8
4 5 1 7 2 8 6 3 9
8 9 2 3 1 6 7 5 4
```

Solution # 1023
```
9 3 4 6 1 2 8 7 5
2 6 7 4 5 8 1 9 3
1 8 5 3 9 7 2 6 4
6 4 3 9 2 1 7 5 8
8 1 2 5 7 4 6 3 9
7 5 9 8 6 3 4 1 2
5 9 8 1 4 6 3 2 7
4 7 6 2 3 9 5 8 1
3 2 1 7 8 5 9 4 6
```

Solution # 1024
```
6 7 5 2 3 8 4 1 9
4 9 3 5 7 1 8 2 6
1 8 2 9 4 6 7 5 3
7 5 1 8 9 3 6 4 2
9 4 8 7 6 2 5 3 1
3 2 6 1 5 4 9 7 8
2 1 9 4 8 7 3 6 5
5 3 4 6 2 9 1 8 7
8 6 7 3 1 5 2 9 4
```

Solution # 1025
```
3 9 2 7 4 8 1 6 5
5 8 1 9 3 6 4 7 2
7 4 6 1 5 2 3 9 8
4 7 5 8 2 1 9 3 6
8 2 9 4 6 3 5 1 7
1 6 3 5 9 7 2 8 4
6 3 7 2 1 5 8 4 9
2 1 4 6 8 9 7 5 3
9 5 8 3 7 4 6 2 1
```

Solution # 1026
```
6 2 8 7 1 5 9 4 3
1 3 9 8 6 4 2 5 7
5 7 4 9 3 2 1 6 8
7 9 5 2 4 1 8 3 6
4 1 2 6 8 3 7 9 5
3 8 6 5 7 9 4 2 1
8 5 7 4 9 6 3 1 2
2 4 3 1 5 7 6 8 9
9 6 1 3 2 8 5 7 4
```

Solution # 1027
```
5 3 9 8 6 4 1 2 7
7 8 6 2 1 3 5 4 9
1 2 4 5 9 7 6 3 8
2 1 5 6 3 9 7 8 4
6 7 3 4 8 2 9 5 1
4 9 8 1 7 5 2 6 3
9 5 7 3 2 8 4 1 6
8 6 2 9 4 1 3 7 5
3 4 1 7 5 6 8 9 2
```

Solution # 1028
```
1 5 7 9 8 3 4 2 6
2 3 9 4 6 5 1 7 8
6 4 8 7 2 1 5 9 3
7 1 4 6 5 9 8 3 2
8 6 5 2 3 4 7 1 9
3 9 2 1 7 8 6 5 4
4 2 3 5 1 6 9 8 7
5 7 6 8 9 2 3 4 1
9 8 1 3 4 7 2 6 5
```

Solution # 1029
```
1 7 8 3 2 9 4 6 5
6 3 4 8 5 7 1 9 2
9 5 2 1 4 6 7 8 3
4 9 7 2 6 8 3 5 1
2 8 3 4 1 5 6 7 9
5 1 6 9 7 3 2 4 8
8 6 5 7 3 1 9 2 4
3 4 9 6 8 2 5 1 7
7 2 1 5 9 4 8 3 6
```

Solution # 1030
```
2 5 6 7 8 9 1 4 3
7 8 1 4 3 6 2 5 9
4 9 3 2 5 1 6 8 7
9 2 5 6 7 8 4 3 1
3 4 8 9 1 2 5 7 6
1 6 7 3 4 5 8 9 2
6 7 4 5 2 3 9 1 8
5 1 2 8 9 7 3 6 4
8 3 9 1 6 4 7 2 5
```

Solution # 1031
```
6 2 5 1 8 9 3 7 4
3 1 8 5 7 4 2 9 6
9 7 4 6 2 3 5 1 8
4 9 6 8 3 5 7 2 1
2 5 3 4 1 7 6 8 9
1 8 7 9 6 2 4 3 5
7 6 9 3 5 1 8 4 2
8 3 1 2 4 6 9 5 7
5 4 2 7 9 8 1 6 3
```

Solution # 1032
```
9 5 1 6 2 3 4 7 8
4 6 7 1 5 8 9 3 2
3 2 8 4 9 7 6 1 5
7 4 2 3 8 9 1 5 6
6 8 9 7 1 5 3 2 4
5 1 3 2 4 6 7 8 9
2 9 6 8 3 1 5 4 7
8 3 5 9 7 2 1 6 4
1 7 4 5 6 2 8 9 3
```

Solution # 1033
```
6 1 8 9 7 4 2 5 3
3 9 5 6 8 2 4 7 1
7 4 2 5 1 3 6 8 9
9 6 7 1 2 5 3 4 8
5 2 4 7 3 8 1 9 6
1 8 3 4 6 9 5 2 7
8 7 1 2 5 6 9 3 4
2 3 9 8 4 1 7 6 5
4 5 6 3 9 7 8 1 2
```

Solution # 1034
```
6 1 4 3 2 8 7 9 5
7 8 3 6 9 5 4 2 1
2 9 5 1 7 4 8 6 3
1 6 2 7 4 3 9 5 8
5 7 9 2 8 1 6 3 4
3 4 8 9 5 6 2 1 7
8 3 1 4 6 2 5 7 9
9 5 6 8 1 7 3 4 2
4 2 7 5 3 9 1 8 6
```

Solution # 1035
```
5 8 9 2 6 4 1 3 7
3 6 4 7 9 1 8 5 2
2 7 1 3 8 5 9 6 4
4 5 8 1 3 9 2 7 6
1 2 7 8 5 6 3 4 9
6 9 3 4 2 7 5 8 1
8 1 2 6 7 3 4 9 5
9 3 6 5 4 2 7 1 8
7 4 5 9 1 8 6 2 3
```

Solution # 1036
```
1 3 2 4 9 6 8 5 7
5 7 9 3 2 8 4 1 6
4 6 8 7 1 5 2 3 9
6 1 3 8 5 9 7 2 4
8 9 7 1 4 2 5 6 3
2 5 4 6 3 7 9 8 1
9 4 6 2 8 1 3 7 5
7 8 5 9 6 3 1 4 2
3 2 1 5 7 4 6 9 8
```

Solution # 1037
```
7 1 8 4 5 2 6 3 9
9 6 2 3 1 7 5 8 4
5 4 3 9 6 8 7 1 2
4 2 7 5 8 6 1 9 3
1 9 6 2 7 3 4 5 8
8 3 5 1 4 9 2 6 7
2 8 4 6 9 5 3 7 1
3 5 9 7 2 1 8 4 6
6 7 1 8 3 4 9 2 5
```

Solution # 1038
```
6 7 8 1 3 9 4 2 5
9 3 2 5 6 4 7 1 8
5 4 1 2 8 7 3 6 9
3 6 5 4 9 8 2 7 1
4 8 7 6 1 2 9 5 3
2 1 9 3 7 5 8 4 6
7 9 6 8 4 1 5 3 2
8 2 3 7 5 6 1 9 4
1 5 4 9 2 3 6 8 7
```

Solution # 1039
```
6 8 9 2 3 1 5 4 7
2 1 5 6 7 4 9 8 3
4 7 3 5 8 9 6 2 1
3 5 1 8 2 6 4 7 9
7 2 8 4 9 5 3 1 6
9 4 6 7 1 3 2 5 8
8 3 7 9 4 2 1 6 5
1 6 2 3 5 8 7 9 4
5 9 4 1 6 7 8 3 2
```

Solution # 1040
```
8 9 1 6 4 5 2 3 7
7 5 2 8 3 9 1 4 6
6 4 3 1 7 2 5 9 8
5 3 4 7 2 1 8 6 9
9 6 7 4 5 8 3 1 2
2 1 8 3 9 6 4 7 5
1 7 5 2 6 4 9 8 3
3 8 9 5 1 7 6 2 4
4 2 6 9 8 3 7 5 1
```

Solution # 1041
```
7 2 4 8 6 3 5 9 1
9 5 6 7 4 1 3 2 8
3 8 1 5 2 9 4 6 7
4 3 9 1 8 2 6 7 5
5 6 8 4 3 7 9 1 2
2 1 7 6 9 5 8 3 4
6 7 3 2 5 8 1 4 9
8 9 2 3 1 4 7 5 6
1 4 5 9 7 6 2 8 3
```

Solution # 1042
```
9 8 2 5 4 7 1 6 3
3 4 6 1 8 2 5 9 7
1 5 7 9 3 6 2 8 4
6 7 4 3 1 9 8 5 2
5 3 1 4 2 8 6 7 9
8 2 9 6 7 5 3 4 1
4 6 5 2 9 3 7 1 8
7 9 3 8 5 1 4 2 6
2 1 8 7 6 4 9 3 5
```

Solution # 1043
```
4 2 6 7 8 3 9 5 1
1 9 7 2 5 6 4 8 3
3 8 5 4 9 1 2 7 6
2 5 9 6 3 4 7 1 8
8 4 3 5 1 7 6 2 9
7 6 1 9 2 8 5 3 4
5 1 4 8 7 9 3 6 2
9 7 8 3 6 2 1 4 5
6 3 2 1 4 5 8 9 7
```

Solution # 1044
```
9 3 4 6 5 7 2 1 8
6 8 5 2 4 1 7 9 3
1 7 2 3 8 9 6 4 5
3 5 1 8 2 6 4 7 9
8 6 7 4 9 3 5 2 1
4 2 9 7 1 5 8 3 6
5 4 3 1 7 8 9 6 2
7 1 8 9 6 2 3 5 4
2 9 6 5 3 4 1 8 7
```

Solution # 1045
```
5 3 6 2 4 8 9 1 7
9 1 8 5 3 7 2 6 4
7 4 2 9 6 1 5 3 8
1 8 4 6 9 3 7 2 5
3 2 7 4 1 5 6 8 9
6 9 5 7 8 2 3 4 1
4 5 3 1 2 9 8 7 6
8 6 9 3 7 4 1 5 2
2 7 1 8 5 6 4 9 3
```

Solution # 1046
```
2 4 7 1 6 8 9 5 3
6 3 9 5 4 7 2 1 8
5 1 8 2 3 9 6 7 4
9 8 6 3 7 4 1 2 5
4 7 5 9 1 2 8 3 6
1 2 3 6 8 5 4 9 7
3 5 2 4 9 6 7 8 1
7 9 4 8 5 1 3 6 2
8 6 1 7 2 3 5 4 9
```

Solution # 1047
```
2 6 4 7 5 8 9 3 1
9 1 8 6 2 3 4 5 7
5 3 7 1 9 4 8 2 6
1 4 5 3 8 9 6 7 2
3 2 9 4 7 6 1 8 5
7 8 6 2 1 5 3 9 4
8 5 1 9 4 7 2 6 3
4 9 3 5 6 2 7 1 8
6 7 2 8 3 1 5 4 9
```

Solution # 1048
```
4 3 7 2 8 5 6 1 9
1 5 8 9 3 6 7 2 4
9 2 6 4 7 1 8 3 5
2 8 1 5 6 7 4 9 3
5 6 4 3 2 9 1 7 8
3 7 9 1 4 8 5 6 2
8 1 5 7 9 3 2 4 6
7 9 2 6 5 4 3 8 1
6 4 3 8 1 2 9 5 7
```

Solution # 1049
```
5 4 3 9 7 2 8 6 1
8 9 2 5 1 6 4 7 3
1 7 6 3 4 8 5 9 2
9 5 8 7 2 1 6 3 4
6 1 4 8 3 9 7 2 5
2 3 7 6 5 4 9 1 8
4 6 9 2 8 3 1 5 7
7 2 1 4 6 5 3 8 9
3 8 5 1 9 7 2 4 6
```

Solution # 1050
```
8 4 1 6 3 9 2 7 5
2 9 5 1 7 4 8 6 3
6 7 3 2 5 8 9 4 1
1 6 2 8 9 7 3 5 4
7 3 9 5 4 2 1 8 6
4 5 8 3 1 6 7 2 9
5 8 4 9 2 3 6 1 7
3 1 6 7 8 5 4 9 2
9 2 7 4 6 1 5 3 8
```